辽宁省“十二五”普通高等教育本科省级规划教材

材料成形计算机模拟

（第2版）

辛啟斌　王琳琳　编著

北京
冶金工业出版社
2020

内 容 提 要

本书介绍了材料成形过程中数值模拟的基础理论和研究方法。内容包括：有限差分法的基本原理，利用有限差分法计算材料成形过程温度场的方法和应用；有限元法的基本概念、基本原理、求解过程及在材料成形中的应用；刚塑性有限元法的基本原理和求解过程；金属材料凝固过程数值模拟原理、方法和应用；金属液态成形过程产品缺陷和性能的模拟预测和控制方法。书中附有复习思考题和必要的上机练习题。

本书在介绍材料成形过程计算机模拟基本原理和基本方法的同时，附有一定数量的应用实例和相关的计算机语言程序，注重应用能力的培养。

本书可作为工科高等院校材料成形与控制工程及相关专业本科学生的教材，也可供科研和生产单位的工程技术人员参考。

图书在版编目(CIP)数据

材料成形计算机模拟/辛啟斌，王琳琳编著．—2 版．—北京：冶金工业出版社，2013.12（2020.2 重印）
辽宁省“十二五”普通高等教育本科省级规划教材
ISBN 978-7-5024-6462-2

Ⅰ.①材…　Ⅱ.①辛…　②王…　Ⅲ.①工程材料—成形—计算机模拟—高等学校—教材　Ⅳ.①TB3

中国版本图书馆 CIP 数据核字(2013)第 301774 号

出 版 人　陈玉千
地　　址　北京市东城区嵩祝院北巷 39 号　邮编　100009　电话　(010)64027926
网　　址　www.cnmip.com.cn　电子信箱　yjcbs@cnmip.com.cn
责任编辑　郭冬艳　美术编辑　彭子赫　版式设计　孙跃红
责任校对　卿文春　责任印制　李玉山
ISBN 978-7-5024-6462-2
冶金工业出版社出版发行；各地新华书店经销；北京虎彩文化传播有限公司印刷
2006 年 2 月第 1 版，2013 年 12 月第 2 版，2020 年 2 月第 2 次印刷
787mm×1092mm　1/16；11.75 印张；280 千字；177 页
28.00 元

冶金工业出版社　投稿电话　(010)64027932　投稿信箱　tougao@cnmip.com.cn
冶金工业出版社营销中心　电话　(010)64044283　传真　(010)64027893
冶金工业出版社天猫旗舰店　yjgycbs.tmall.com
（本书如有印装质量问题，本社营销中心负责退换）

第2版前言

随着计算机功能的不断提高、数值模拟技术的不断进步及其应用范围的不断扩大，材料成形过程的计算机模拟在近七八年来出现了许多新技术、新方法和新应用，数值模拟由宏观模拟（温度场、位移场、速度场、应力场模拟）向微观模拟（晶体形核与生长模拟、相变过程模拟、材料变形与动态损伤模拟）发展，并开发出许多成熟的计算机数值模拟工程应用商品软件。例如，由德国Magma Foundry Technologies公司开发的MAGMA Soft铸造过程模拟软件，采用基于有限差分法的数值计算和综合求解的方法，对铸件充型、凝固和冷却过程中的流场、温度场、应力场、电磁场和凝固组织进行模拟分析，预测铸件的缩孔缩松、气孔、夹渣、浇不足等铸造缺陷，优化铸造工艺。“华铸CAE”铸造工艺分析软件是分析和优化铸造工艺的重要工具，它以铸件充型、凝固过程数值模拟技术为核心对铸件的成形过程进行工艺分析和质量预测，从而协助工艺人员完成铸件的工艺优化工作。

作为辽宁省首批“十二五”普通高等教育本科省级规划教材，本书在第1版的基础上，增加了晶体形核与生长模拟及相变过程模拟技术的原理、方法和应用，计算机模拟技术和软件在铸件充型和凝固过程中应用的相关内容，使全书内容更加充实和系统。本书首先介绍液态成形过程温度场数值模拟的有限差分法，其次是固态成形过程应力场、位移场和应变速率场数值模拟的有限元法，再来是微观模拟方法和产品性能的数值模拟预测方法，非常适合普通高等教育的本科教学。

本书第1、2、3、4、6章由辛啟斌编写，第5章由王琳琳编写，全书由辛啟斌统稿。感谢东北大学刘越教授、谷佳伦和杜鹏举同学为第6章内容提供的素材和模拟计算结果，感谢同行专家和学者发表的研究成果，感谢东北大学教务处和材料与冶金学院对本书编写的支持和出版的资助。

由于作者水平所限，书中难免有疏漏之处，敬请广大读者批评指正。

编　者

2013年9月10日于东北大学

第 1 版前言

材料成形的工艺方法种类繁多，涉及到的物理、化学、金属学和力学现象十分复杂，是一个多学科交叉、融合的研究和应用领域。但是，材料成形过程的基本规律还是可以利用相关控制方程来进行描述和分析的。随着计算机技术、数值计算技术、图形学技术的不断发展，随着材料成形过程基本规律研究的不断深入和完善，形成了一门将计算机和数值计算技术应用于材料成形过程基本规律研究和工艺分析的新兴技术——材料成形计算机模拟。

材料成形计算机模拟技术的应用非常广泛，例如在液态金属成形过程中，通过流体流动速度场和铸件与铸型温度场的数值计算，就可以模拟金属液充填铸型和固－液界面的推进情况，进而预测铸件能否产生浇不足、砂眼、气孔、缩松、缩孔等铸造缺陷。还有工件淬火处理淬透层厚度的数值计算，热轧过程钢坯加热温度和加热时间的计算，轧钢过程钢坯变形情况的数值分析等。本书介绍了材料成形过程中计算机模拟的基础理论和研究方法，其中心内容是讲授材料成形过程中温度场、位移场、速度场、应力场、应变速率场等数值模拟技术的原理、方法和应用，使学生初步掌握材料成形过程先进的科学研究和性能预测方法。本书在注重基本原理和基本方法的前提下，辅以材料成形领域的有关研究成果，并使教学内容由浅入深，首先介绍液态成形过程温度场数值模拟的有限差分法，再来学习固态成形过程应力场、位移场和应变速率场数值模拟的有限元法，非常适合普通高等教育的本科教学。本书每章均配有应用实例，附有复习思考题和上机实习练习题，注重学生应用能力及计算机编程能力的培养。

由于编者的水平有限，本书在内容选择和编排上以及学术观点方面，如有偏颇失当之处，恳请读者批评指正。

编　者

2005 年 10 月 18 日

目 录

1 绪 论

材料科学已成为现代科学发展的重要方向。核能利用材料、航空航天材料、超导材料、纳米材料、生物医学材料、新型电子材料、智能材料等等，都成为人们研究和开发的重要课题。材料科学是研究材料的结构与性能的规律，而材料成形的任务就是把材料加工成形，得到满足一定性能要求的可供使用的产品。

1.1 材料成形方法

在现代制造业中，材料成形是生产各种零件或零件毛坯的主要方法。对金属材料而言，按原料的形态其成形过程可分为液态成形、固态成形、半固态成形和重熔成形几种。

（1）液态成形：

液体金属 $\xrightarrow{\text{铸造}}$ 铸件（成品、毛坯件），铸锭

液体金属 $\xrightarrow{\text{连铸、连轧}}$ 钢坯、钢材（板材、线材、管材、型材）

（2）固态成形：

固体金属 $\xrightarrow{\text{轧制、挤压、拉拔}}$ 钢材（板材、线材、管材、型材）
（坯料）

固体金属 $\xrightarrow{\text{锻压}}$ 锻件（成品、毛坯件）
（钢坯、铸锭）

固体金属 $\xrightarrow{\text{冲压}}$ 冲压件（成品、毛坯件）
（板材）

固体金属 $\xrightarrow{\text{粉末冶金}}$ 零件（成品、毛坯件）
（粉末）

固体金属 $\xrightarrow{\text{切削}}$ 零件（成品）
（毛坯件）

（3）半固态成形：

金属浆 $\xrightarrow{\text{挤压、铸造}}$ 铸件（成品、毛坯件），型材

（4）重熔成形：

固体金属 $\xrightarrow{\text{焊接}}$ 焊接件（成品、毛坯件）
（钢材）

固体金属 $\xrightarrow{\text{电渣熔铸}}$ 铸件（成品、毛坯件），铸锭
（坯料）

采用上述加工方法将金属材料加工成所需的形状和尺寸，并达到一定的组织性能要求的过程称为材料成形。

液态成形方法是将液态金属浇注到具有和机械零件形状相适应的铸型型腔或一定截面形状的结晶器中，经过凝固、冷却之后，获得毛坯、零件或坯料的材料成形方法。固态成形方法中的轧制、挤压、拉拔、冲压和锻造属于塑性加工工艺。通常，轧制、挤压和拉拔是生产板材、线材、管材和型材等金属材料的加工方法，属于冶金工业行业；而锻造、冲压是用来制造机器零件或毛坯的加工方法，属于机械制造行业。随着加工技术的不断发展，一些传统塑性加工工艺方法相互渗透、交织和演变，产生了一些新的工艺方法（如锻轧、轧挤等），使生产率和产品质量都有所提高，并扩大了塑性加工工艺的应用领域。

塑性加工中依据变形特征的不同又可分为体积成形工艺和板料成形工艺。体积成形工艺是通过金属材料体积的大量转移来获得产品，其重要特征是金属产生较大的塑性变形，因此要求材料要具有较好的塑性，成形过程通常在热态下进行，如轧制、挤压、锻造等工艺方法。板料成形工艺是利用专用模具对板料进行塑性加工，成形时金属材料的塑性变形不是很大，但与模具的相对运动较多，如冲压、冷轧等工艺方法。

1.2 材料成形数值模拟

材料成形的工艺方法种类繁多，涉及到的物理、化学和力学现象十分复杂，是一个多学科交叉、融合的研究和应用领域。例如：液态金属成形涉及到金属液的流动（流体力学）、金属液的凝固（传热学、物理化学、金属学）；固态金属成形涉及到金属的变形（材料力学、弹性力学、塑性力学）、金属的温度变化（传热学）、金属的结构变化（金属学）；半固态金属成形还涉及到金属的流动与变形（流变学）。

材料成形过程的基本规律可以用一组微分方程（组）来描述，例如流动方程、热传导方程、运动方程、平衡方程等。描述某一物理现象（材料成形过程中的物理场）的微分方程（组）称为控制方程（也称场方程）。例如：

钢坯弹性变形阶段的应力分布可用弹性力学的应力平衡方程来描述：

$$\frac{\partial \sigma_{ij}}{\partial x_j} + b_i = 0$$

钢坯加热过程的温度分布可用传热学的导热微分方程来描述：

$$\rho c_p \frac{\partial T}{\partial t} - k\left(\frac{\partial^2 T}{\partial x^2} + \frac{\partial^2 T}{\partial y^2} + \frac{\partial^2 T}{\partial z^2}\right) - \rho Q = 0$$

铸造充型过程液态金属二维流动状况可用流体力学的拉普拉斯方程来描述：

$$\frac{\partial^2 \Psi}{\partial x^2} + \frac{\partial^2 \Psi}{\partial y^2} = 0 \qquad \frac{\partial^2 \Phi}{\partial x^2} + \frac{\partial^2 \Phi}{\partial y^2} = 0$$

在某一加工成形过程还未实际进行时，我们就可以根据其工艺方案和成形原理在计算机上进行数值计算和模拟，检验该方案的可行性和优化程度，为方案的改进和优化提供依据，节省生产成本。

1.2.1 控制方程的求解

许多工程分析问题，如弹性力学中的位移场和应力场分析、塑性力学中的位移速度场和应变速率场分析、电磁学中的电磁场分析、传热学中的温度场分析、流体力学中的速度场和压力场分析等，都可归结为在给定边界条件下求解其控制方程的问题。控制方程的求解有解析和数值两种方法。

（1）解析方法。根据控制方程的类型，采用解析的方法求出问题的精确解。该方法只能求解方程性质比较简单，且边界条件比较规则的问题。

（2）数值方法。采用数值计算的方法，利用计算机求出问题的数值解。该方法可适用各种方程类型和各种复杂的边界条件及非线性特征。

大多数工程技术问题，由于物体的几何形状比较复杂或者问题的某些特征是非线性的，解析解是不易求出或根本求不出来，所以常常用数值方法求解。对工程问题要得到理想或满足工程要求的数值解，必须具备高性能的计算机（硬件条件）和合适的数值解法（软件条件）。

1.2.2 数值模拟方法

数值模拟是根据工程问题的基本规律（控制方程和边界条件），利用计算机程序求出满足工程要求的数值解。数值模拟技术是现代工程学形成和发展的重要推动力之一。

数值模拟方法具有的基本特点是：对研究区域进行离散化，使处处满足控制方程和边界条件的场变量化为仅在离散点（节点或单元）满足控制方程和边界条件，将一个连续的、无限自由度问题变成离散的、有限自由度问题。

目前常用的数值模拟方法有：

（1）有限元法（Finite Element Method，FEM）。也称有限单元法、有限元素法。该方法的数学基础是在很长时间内发展起来的，最早的工程应用是在结构分析方面。随着计算机技术的发展和广泛应用，大大促进了有限元法的发展，扩展了有限元法的应用领域。几十年来，有限元法的应用已由弹性力学平面扩展到空间、板壳，由静力平衡扩展到稳定、动力学问题和波动问题。分析的对象从弹性材料扩展到塑性、黏弹性、黏塑性和复合材料，从固体力学扩展到流体力学、传热学、电磁学、生物工程等方面。有限元法在塑性加工方面的应用始于20世纪70年代，目前材料成形过程中的塑性变形问题大都采用有限元法。

有限元法实用性强，应用范围广，软件商品化程度高。比较著名的通用软件有：ANSYS、NASTRAN、ASKA、ADINA、SuperSAP等。

（2）有限差分法（Finite Difference Method，FDM）。该方法也是一种重要的数值计算方法，广泛应用于传热学、流体力学、结构力学、电磁学等学科的工程问题中。有限差分法具有求解过程简单，速度快，易于自行开发软件的优点。

（3）边界元法（Boundary Element Method，BEM）。也称边界元素法。该方法是继有限元法之后发展起来的一种新的数值计算方法。边界元法仅在定义域的边界划分单元，用满足控制方程的函数去逼近边界条件。所以，边界元法与有限元法相比具有单元少和未知数少、数据准备简单等优点，但边界元法解非线性问题时，遇到同非线性项相对应的区域积分，这种积分奇异点处强烈的奇异性，使求解遇到困难。边界元法在材料成形过程中塑性变形问题的应用还处于研究和发展中。

1.2.3 数值模拟软件的构成

数值模拟软件通常由前处理、数值计算、后处理三部分组成。

1.2.3.1 前处理

前处理主要完成下述功能：

（1）实体造型。将研究问题的几何形状输入到计算机中；

（2）物性赋值。将研究问题的各种物理参数（力学参数、热力学参数、流动参数、电磁参数等）输入到计算机中；

（3）定义单元类型。根据研究问题的特性将其定义为实体、梁、壳、板等单元类型；

（4）网格剖分。将连续的实体进行离散化，形成节点和单元。

1.2.3.2 数值计算

数值计算主要完成下述功能：

（1）施加载荷。定义边界条件、初始条件；

（2）设定时间步。对于瞬态问题要设定时间步；

（3）确定计算控制条件。对求解过程和计算方法进行选择；

（4）求解计算。软件按照选定的数值计算方法进行求解。

1.2.3.3 后处理

后处理主要完成下述功能：

（1）显示和分析计算结果。图形显示体系的应力场、温度场、速度场、位移场、应变场等，列表显示节点和单元的相关数据；

（2）分析计算误差；

（3）打印和保存计算结果。

1.3 材料加工计算机集成制造系统

在材料加工过程中，传统的产品生产过程一般为：首先由专家或工程技术人员依据个人经验初步设计出产品，然后据此作出模型，再作出成品。成品完成后，再进行试验，对设计上的问题进行修改，进行重新设计、制造、试验分析，最后定型投产。这个过程不但耗费了大量的时间，也耗费了大量的人力和物力。

随着计算机技术、数值计算技术、图形学技术、数控加工技术的不断发展，工业加工方法已经得到非常大的改变，大大提高了产品开发、设计、分析和制造的效率和产品性能。计算机集成制造系统（CIMS）是一种新兴的现代加工方法。

计算机集成制造系统主要由 CAD、CAE、CAM、CAPP 组成。

（1）CAD——计算机辅助设计（computer aided design）。使用计算机实体造型软件直接从事产品的图形绘制和结构设计。CAD 的通用软件有：AutoCAD、Mechanical Desktop、Inventor、Pro/Engineer、SolidWorks、CAXA 电子图板等。

（2）CAE——计算机辅助工程分析（computer aided engineering）。使用计算机工程分析软件来辅助工程师作设计后的分析、预测或进行同步工程。CAE 的通用软件有：ANSYS、ADINA、NASTRAN 等。

（3）CAM——计算机辅助制造（computer aided manufacturing）。直接用计算机来辅助

操纵各种精密工具机器（如数控仿真机床、激光快速成形机等）以制造各种零件。CAM 的通用软件有：MastrCAM、Unigraphics（UG）、SurfCAM 等。

（4）CAPP——计算机辅助工艺设计。使用计算机软件设计、规划和管理工程技术文件和工艺方案，工艺规范化、标准化、集成化及工艺设计与信息管理一体化的制造工艺信息系统。

复习思考题

1. 何谓控制方程，列出你所知道的工程技术问题的控制方程。
2. 何谓数值模拟，常用的数值模拟方法有几种，各有何特点？
3. 数值模拟软件一般包括哪几部分，各实现什么功能？
4. 在材料成形的数值模拟中，涉及到哪些学科和领域？

2　有限差分法及材料温度场的数值计算

有限差分法是数值求解微分问题的一种重要工具，在材料成形领域的应用较为普遍，与有限元法一起成为材料成形计算机模拟技术的两种主要数值计算方法。有限差分法目前的应用包括：

（1）材料加工中的传热分析。如铸造成形过程的传热凝固、塑性成形中的传热、焊接成形中的热量传递等。

（2）材料加工中的流动分析。如连铸过程、铸件充型过程、焊接熔池的产生与移动等。

（3）材料加工中的应力分析。如铸件凝固应力、焊接热应力等。

（4）材料加工中的电磁分析。如电磁冶金过程。该方面的研究发展很快，应用很多。

2.1　材料热传递概述

2.1.1　热传递的基本方式

热传递有三种基本方式，既热传导（导热）、热对流和热辐射。在这三种基本方式中，热量传递的物理本质是不同的。

2.1.1.1　热传导

热传导是由于温度不同，在导体内存在温差和温度梯度，引起自由电子移动的结果。温差越大，自由电子的移动越激烈。因此，好的导电体也是好的导热体。

热传导理论是研究物体内部有温差存在时各部位温度随时间变化的规律。假设所研究的物体的组织结构完全致密，热能经过导体的任何断面、任何时间都是相同的，那么，在一定的温度梯度、一定时间，经过一定面积所传递的热量可用式（2－1）计算：

$$Q = -\lambda\left(\frac{T_2 - T_1}{L}\right)At \tag{2-1}$$

式中　Q——传导热量；

$T_2 - T_1$——材料内两点的温度差；

L——材料内两点的距离；

A——传热面积；

λ——材料的导热系数；

t——传热时间。

任何物体都不是理想致密，所以要用微分式来表示：

$$\mathrm{d}Q = -\lambda \frac{\mathrm{d}T}{\mathrm{d}L}\mathrm{d}A\mathrm{d}t \tag{2-2}$$

故单位面积、单位时间内所传递的热量 q（热流密度）为：

$$q = -\lambda \frac{\mathrm{d}T}{\mathrm{d}L} \tag{2-3}$$

2.1.1.2 热对流

热对流是由运动的流体质点发生相对位移而引起热能转移的现象。它是利用不同温度的质点密度不同来传热，在流体受热密度变小而上浮的同时，冷的流体就会流过来补充，这样一个周而复始的过程，即所谓对流。对流只局限于液体和气体，并且往往涉及到流体与固体边界之间的热交换。

研究对流传热时，主要以牛顿定律为依据，即传热流体的温度为 T，放于温度为 T_f 的流体中，传热面积为 A，经过时间 t，则对流传热量为：

$$Q_c = \alpha_c (T - T_f) A t \tag{2-4}$$

式中 T——放热流体（或固体）的温度；

T_f——受热流体（或固体）的温度；

A——传热面积；

t——传热时间；

α_c——对流传热系数。影响 α_c 的因素很多，它是一个复杂的函数：

$$\alpha_c = f(T, T_f, \lambda, c_p, \rho, \mu, v, \phi, \cdots)$$

其中 λ——流体的导热系数；

c_p——流体的质量定压热容；

ρ——流体的密度；

μ——流体的黏度；

v——流体的流动速度；

ϕ——放热表面形状系数。

如此可见，热对流传热要比热传导传热复杂得多。另外，对流传热介质虽然只是流体，但传热之间的物体可以是固体、液体、气体同时存在。这样就增加了研究对流传热的复杂性，并伴随有传导，以致辐射存在。

2.1.1.3 热辐射

热辐射是物体受热后，内部原子振动而出现的一种电磁波能量传递。一切物体只要其温度高于绝对零度，就会从表面放出辐射能。所以，辐射能主要是以热能形式发出的一种能量。在放热体和吸热体之间的辐射是彼此往复的，只是两物体以不同速度进行辐射，经过一定时间后，两物体以同等速度辐射，便可以达到暂时平衡。

根据物体吸收辐射能的情况，可以把物体分为黑体、灰体、白体、透明体。绝对黑体将吸收全部辐射能，绝对白体将全部反射辐射能，绝对透明体将使辐射能完全透过该物体。

在单位时间内物体单位表面积辐射出的能量 Q 可根据斯蒂芬－玻耳兹曼定律求得：

$$Q = CT^4$$

式中 T——热力学温度，K；

C——辐射系数，根据物体的表面情况而定。

对于黑体而言，$C = \varepsilon C_0$，$C_0 = 5.67 \times 10^{-8}\,\mathrm{W/(m^2 \cdot K^4)}$，为斯蒂芬－玻耳兹曼常数；其中，$\varepsilon$ 为黑度系数，在 0～1 之间。一般经过磨光的金属表面 $\varepsilon = 0.2 \sim 0.4$，粗糙的金属

表面 $\varepsilon = 0.6 \sim 0.95$，金属达到熔点时 $\varepsilon = 0.9 \sim 0.95$。

两个物体所处的温度不同，彼此都可以发射辐射能，并且一个辐射体能吸收另一个辐射体的辐射能量。两者之间的热辐射交换可用下式计算：

$$Q_R = \varepsilon C_0 (T_1^4 - T_2^4) \tag{2-5}$$

式中，T_1、T_2 分别为两个辐射体的温度。式（2-5）适用于任何物体之间的辐射热交换。

以上简要介绍了传热的三种基本方式，实际上热传递并非单纯以一种方式进行的。对于材料成形过程中，在铸件的凝固过程、钢坯热轧过程、工件的热处理过程中可同时有三种热传递方式，只是不同时间、不同部位其所占的地位有所不同。

2.1.2 热传递的基本公式

2.1.2.1 傅里叶公式

描述单向传热的热传导公式为：

$$Q = -\lambda\left(\frac{T_2 - T_1}{L}\right)At \tag{2-6}$$

或

$$q = -\lambda \frac{dT}{dL} \tag{2-7}$$

式中，q 为热流密度（W/m^2），即沿物体表面法线方向单位面积、单位时间内流过的热量。

2.1.2.2 导热微分方程

如图 2-1 所示，物体体积元（$dxdydz$）在 Δt 时间内同时由三个方向（x、y、z）输入热能 ΔQ_x、ΔQ_y、ΔQ_z，同时又向 x、y、z 三个方向输出热能 ΔQ_{x+dx}、ΔQ_{y+dy}、ΔQ_{z+dz}。根据傅里叶公式和能量守恒定律可得到导热微分方程：

$$\frac{\partial T}{\partial t} = \frac{\lambda}{\rho c_p}\left(\frac{\partial^2 T}{\partial x^2} + \frac{\partial^2 T}{\partial y^2} + \frac{\partial^2 T}{\partial z^2}\right) = a \cdot \nabla^2 T \tag{2-8}$$

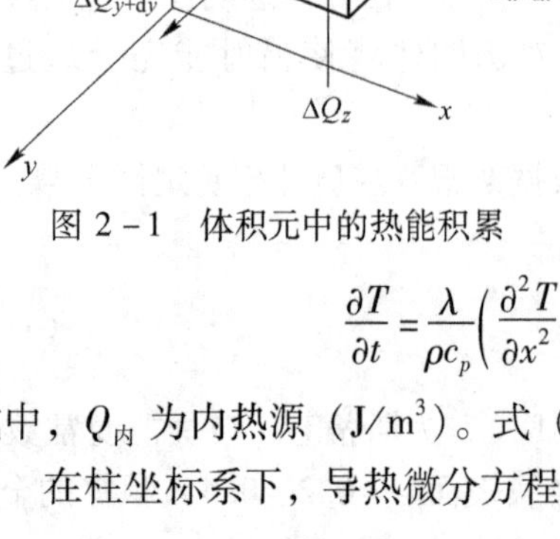

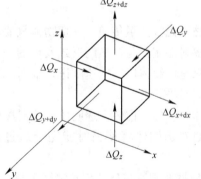

图 2-1　体积元中的热能积累

式中　T——温度，K；

t——时间，s；

λ——导热系数，W/(m·K)；

c_p——质量定压热容，J/(kg·K)；

ρ——密度，kg/m^3；

a——导温系数，也称热扩散率，m^2/s，$a = \lambda/(\rho \cdot c_p)$；

∇^2——拉普拉斯算符。

如果物体体积元内有内热源（如相变潜热），则相应的导热微分方程为：

$$\frac{\partial T}{\partial t} = \frac{\lambda}{\rho c_p}\left(\frac{\partial^2 T}{\partial x^2} + \frac{\partial^2 T}{\partial y^2} + \frac{\partial^2 T}{\partial z^2}\right) + \frac{Q_{内}}{\rho c_p} = a \cdot \nabla^2 T + \frac{Q_{内}}{\rho c_p} \tag{2-9}$$

式中，$Q_{内}$ 为内热源（J/m^3）。式（2-9）是材料温度场计算的基本方程式。

在柱坐标系下，导热微分方程为：

$$\frac{\partial T}{\partial t}=a\left(\frac{\partial^2 T}{\partial r^2}+\frac{1}{r}\cdot\frac{\partial T}{\partial r}+\frac{1}{r^2}\cdot\frac{\partial^2 T}{\partial \phi^2}+\frac{\partial^2 T}{\partial z^2}\right)+\frac{Q_{内}}{\rho c_p} \tag{2-10}$$

对于二维传热系统，导热微分方程为：

$$\frac{\partial T}{\partial t}=a\left(\frac{\partial^2 T}{\partial x^2}+\frac{\partial^2 T}{\partial y^2}\right)+\frac{Q_{内}}{\rho c_p} \quad （直角坐标系） \tag{2-11}$$

及

$$\frac{\partial T}{\partial t}=a\left(\frac{\partial^2 T}{\partial r^2}+\frac{1}{r}\cdot\frac{\partial T}{\partial r}+\frac{\partial^2 T}{\partial z^2}\right)+\frac{Q_{内}}{\rho c_p} \quad （柱坐标系） \tag{2-12}$$

对于稳态导热，直角坐标系的导热微分方程为：

$$\left(\frac{\partial^2 T}{\partial x^2}+\frac{\partial^2 T}{\partial y^2}+\frac{\partial^2 T}{\partial z^2}\right)+\frac{Q_{内}}{\lambda}=0 \tag{2-13}$$

式（2-8）~式（2-13）构成不同条件下温度场计算的控制方程。

2.1.2.3 导热微分方程的单值性条件

对于导热微分方程，必须根据具体条件才能得出所需问题的计算结果。这些具体条件就是导热微分方程的单值性条件，既导热问题的初始条件和边界条件。

A 初始条件

初始条件是指研究对象场变量的初始分布，这里是指物体开始导热的瞬间物体的温度分布。

B 边界条件

边界条件是指物体表面与周围介质能量交换的情况。在材料温度场计算中常用到的边界条件有以下几类。

a 第一类边界条件

它给出了物体表面温度 T_w 随时间 t 的变化关系。第一类边界条件数学表达式的一般形式为

$$T_w=f_1(t) \tag{2-14}$$

或

$$T_w=\text{const} \tag{2-15}$$

b 第二类边界条件

它给出了通过物体表面法线方向的比热流量 q_w 随时间 t 的变化关系。第二类边界条件数学表达式的一般形式为

$$q_w=-\lambda\left.\frac{\partial T}{\partial n}\right|_w=f_2(t) \tag{2-16}$$

或

$$q_w=-\lambda\left.\frac{\partial T}{\partial n}\right|_w=\text{const} \tag{2-17}$$

式中，$\left.\frac{\partial T}{\partial n}\right|_w$ 为物体表面法线方向的温度梯度。

在 $q_w=0$ 时为绝热边界条件。

c 第三类边界条件

它给出了物体表面法线方向的比热流量 q_w 与周围环境温度的变化关系。第三类边界

条件数学表达式的一般形式为

$$q_w = -\lambda \frac{\partial T}{\partial n}\bigg|_w = h_c(T_w - T_f) \tag{2-18}$$

式中 h_c——边界换热系数，$W/(m^2 \cdot K)$；

T_w——边界温度，K；

T_f——环境温度，K。

对于物体表面法线方向与周围环境进行辐射换热的情况，其数学表达式的一般形式为

$$q_w = -\lambda \frac{\partial T}{\partial n}\bigg|_w = \varepsilon C_0(T_w^4 - T_f^4) \tag{2-19}$$

式中 ε——黑度系数；

C_0——斯蒂芬-玻耳兹曼常数；

T_w——边界温度，K；

T_f——环境温度，K。

在处理实际问题时，对流和辐射换热常常相伴出现，形成对流和辐射混合的边界条件，这时数学表达式的一般形式为

$$\begin{aligned} q_w = -\lambda \frac{\partial T}{\partial n}\bigg|_w &= h_c(T_w - T_f) + \varepsilon C_0(T_w^4 - T_f^4) \\ &= h_c(T_w - T_f) + h_s(T_w - T_f) \\ &= h(T_w - T_f) \end{aligned} \tag{2-20}$$

式中，$h = h_c + h_s$，为总换热系数。h_s 为辐射换热系数：

$$h_s = \varepsilon C_0(T_w^2 + T_f^2)(T_w + T_f) \tag{2-21}$$

2.2 有限差分法原理

2.2.1 数学基础

通常把一个连续函数 $f(x)$ 的增量与自变量增量的比值定义为有限差商。显然，当自变量的增量趋于零时，有限差商的极限就是这个函数的微商。一般情况下，可用有限差商作为微商的某种近似，即用有限差商代替微商：

$$\frac{df}{dx} \approx \frac{f(x+\Delta x) - f(x)}{\Delta x} \tag{2-22}$$

对于一阶微商，用差商代替微商有三种形式：

（1）向前差商

$$\frac{df}{dx} \approx \frac{f(x+\Delta x) - f(x)}{\Delta x} \tag{2-23}$$

（2）向后差商

$$\frac{df}{dx} \approx \frac{f(x) - f(x-\Delta x)}{\Delta x} \tag{2-24}$$

（3）中心差商

$$\frac{df}{dx} \approx \frac{f(x+\Delta x) - f(x-\Delta x)}{2\Delta x} \tag{2-25}$$

利用有限差商代替微商，必然会带来一些误差。用不同的差商格式代替微商所引起的误差是不同的。用 Taylor 级数对函数$f(x)$ 进行展开，略去高阶小量，经过简单运算，可知向前差商和向后差商格式的截断误差是 Δx 的同级小量 $O(\Delta x)$，中心差商格式的截断误差是（Δx^2）的同级小量 $O(\Delta x^2)$。

对于二阶微商，可用二阶差商来代替：

$$\frac{d^2 f}{dx^2} \approx \frac{\dfrac{f(x+\Delta x)-f(x)}{\Delta x}-\dfrac{f(x)-f(x-\Delta x)}{\Delta x}}{\Delta x}$$

$$\approx \frac{f(x+\Delta x)-2f(x)+f(x-\Delta x)}{(\Delta x)^2} \tag{2-26}$$

这是二阶中心差商格式，其截断误差是（Δx^2）的同级小量 $O(\Delta x^2)$。二阶差商也有前差和后差格式，但应用最普遍的还是中心差商格式。

对于多元函数$f(x, y, \cdots)$，其差商格式可以类似推出。例如一阶前差格式为：

$$\frac{\partial f}{\partial x} \approx \frac{f(x+\Delta x, y, \cdots)-f(x, y, \cdots)}{\Delta x}$$

$$\frac{\partial f}{\partial y} \approx \frac{f(x, y+\Delta y, \cdots)-f(x, y, \cdots)}{\Delta y}$$

$$\vdots$$

可以看出，用差商代替微商，可使（偏）微分方程转化为差分方程，利用数值计算方法求解（偏）微分方程。但要注意，这种数值计算方法使计算结果有一定误差，要考虑算法的收敛性和稳定性问题。

2.2.2 区域离散化

当应用有限差分法求解偏微分方程（加上相应的边界条件和可能的初始条件）时，首先应在研究物体所涉及的整个区域 R 内进行网格划分。图 2-2 表示在二维区域的情况下，如何用一些离散点 P_{ij}的集合代替连续区域 R。对于瞬态问题，取第三个坐标 t，令其方向从书页朝外，并将二维网格在 Δt 间隔内向外重复而形成一个三维的网格系。假设有两个距离坐标 x 和 y，且时间 t 为自变量，并设各自的格距为 Δx、Δy 和 Δt，下标 i、j、p 用以表示空间坐标为 $i\Delta x$，$j\Delta y$，$p\Delta t$ 的那个节点 $P_{i,j,p}$。我们仅仅要得到离散点 $P_{i,j,p}$的近似值，而不是要建立一个对区域 R 内到处都有效的解（例如解析解）。

区域离散化，就是把所研究对象的区域进行网格剖分，形成节点（离散点）和控制单元。如何对物体的几何形状进行准确描述是保证计算精度的关键。在有限差分法中，对标准差分格式多采用正交网格进行剖分：一维问题相当于用线段剖分；二维问题相当于用矩形剖分；三维问题相当于用长方体剖分，这时的剖分单元就是线段、矩形和长方体。

剖分单元的尺寸称为步长，一般标记为 Δx、Δy、Δz。对于多维区域，空间的各维步长可以相同，也可以不同；步长可以是不变的常量，即等步长，也可以是变量（即在区域内的不同处是不同的），即变步长。如果区域内各点处的温度梯度相差很大，则在温度变化剧烈处网格布得密些；在温度变化缓慢处网格布得疏些。至于步长取多大为宜，要根据具体问题，如计算精度、差分方程的稳定性和计算工作量等因素而定。对时间划分后，

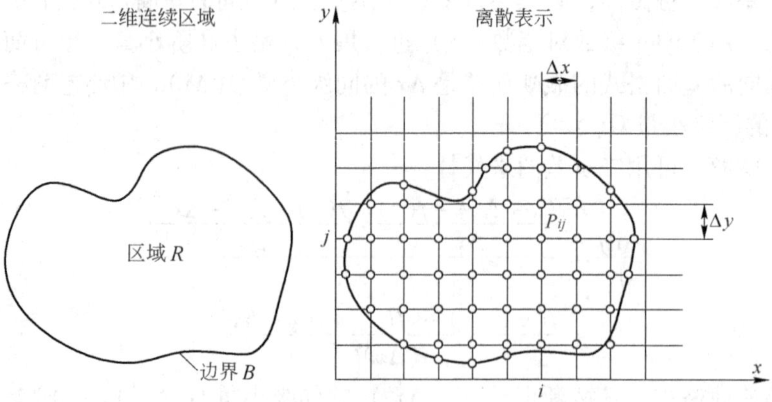

图 2－2　连续二维区域的离散近似

其步长标记为 Δt。时间步长既可以是定值，也可以是变步长。

区域离散化之后，研究区域就形成节点和控制单元。

确定节点的方式有两种：一是将节点取在剖分网格的交点上，称为外节点法；二是将节点取在剖分网格的中心，称为内节点法。以节点为核心形成的子区域称为控制单元（简称单元）。如对图 2－3 中的二维区域进行离散化处理，实线为剖分网格，O 为按外节点法形成的节点，Δ 为按内节点法形成的节点，外节点法形成的单元为虚线围成的子区域，内节点法形成的单元为实线（剖分网格）围成的子区域。节点分为内部节点和边界节点，单元也分为内部单元和边界单元。需要注意的是，外节点法形成的边界单元的容积有时与内部单元不同。

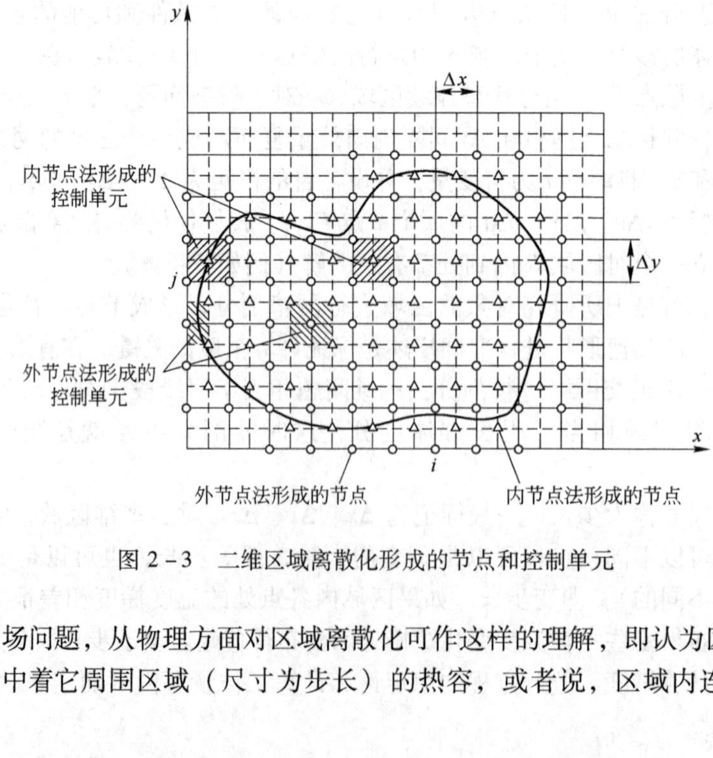

图 2－3　二维区域离散化形成的节点和控制单元

对于温度场问题，从物理方面对区域离散化可作这样的理解，即认为区域内离散的每个节点，都集中着它周围区域（尺寸为步长）的热容，或者说，区域内连续分布的热容都被分别地集中到离散的节点上去了。这样，节点的温度代表着它周围区域的某种平均温度。一系列离散的节点温度值 $T(x_i, y_j, z_k, t_p)$ 代表着连续区域内的温度分布 $T=f(x, y, z, t)$。为简便起见，将 $T(x_i, y_j, z_k, t_p)$ 标记为 $T^p_{i,j,k}$，表示在 t_p 时刻 (x_i, y_j, z_k) 处的温度值。

2.3 建立差分方程

在建立差分方程时，内部节点与边界节点、内部单元与边界单元是不同的。对于内部节点或内部单元，要由导热微分方程来决定；对于边界节点或边界单元，要由边界条件来决定。下面讨论的差分方程建立过程都是以温度场为例。

2.3.1 内部节点差分方程

2.3.1.1 一维系统

考虑无内热源的一维非稳态传热问题。例如厚为 L 的无限大平板（即宽、高方向无热流），温度分布为 $T=f(x, t)$。

假定初始条件为 $f(x, 0)=T_0$，λ、c_p、ρ 均为常数。

首先进行区域离散化（见图 2-4），取节点间距 Δx，时间步长 Δt，空间产生 l 个节点。然后根据式（2-27）的导热微分方程建立差分方程。

$$\frac{\partial T}{\partial t}=a\frac{\partial^2 T}{\partial x^2}\quad(t>0,0<x<L)\tag{2-27}$$

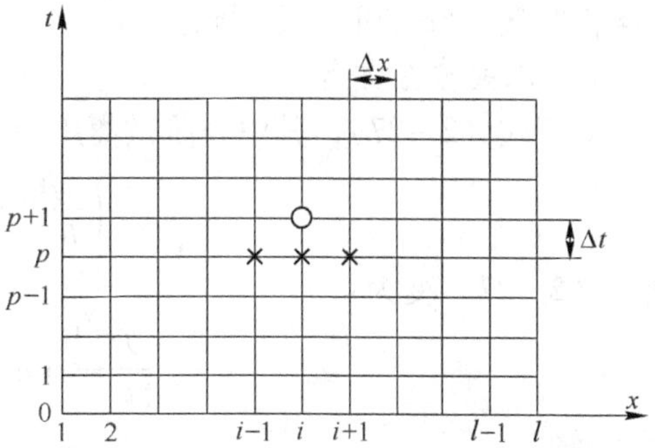

图 2-4 一维传热系统区域离散化

A 显式差分方程

将式（2-27）应用于时刻 p 和节点 i，得到

$$\left(\frac{\partial T}{\partial t}\right)_i^p=a\left(\frac{\partial^2 T}{\partial x^2}\right)_i^p\quad(t>0,0<x<L)\tag{2-28}$$

将上式的微商用差商代替，其中一阶微商用向前差商格式代替，即

$$\left(\frac{\partial T}{\partial t}\right)_i^p\approx\frac{T_i^{p+1}-T_i^p}{\Delta t}\qquad\left(\frac{\partial^2 T}{\partial x^2}\right)_i^p\approx\frac{T_{i+1}^p-2T_i^p+T_{i-1}^p}{(\Delta x)^2}$$

则式（2-28）变为：

$$\frac{T_i^{p+1}-T_i^p}{\Delta t}=a\left(\frac{T_{i+1}^p-2T_i^p+T_{i-1}^p}{(\Delta x)^2}\right)\tag{2-29}$$

整理得：

$$T_i^{p+1}=T_i^p+\frac{a\Delta t}{(\Delta x)^2}(T_{i+1}^p-2T_i^p+T_{i-1}^p)$$

令

$$Fo=\frac{a\Delta t}{(\Delta x)^2}$$

称 Fo 为傅里叶准数，则上式变为：

$$T_i^{p+1} = FoT_{i+1}^p + (1-2Fo)T_i^p + FoT_{i-1}^p \quad (i=2,3,\cdots,l-1;p=0,1,2,\cdots) \quad (2-30)$$

可以看到，i 点某一时刻的温度可由前一时刻相邻三点的温度简单求出。式（2-30）就是一维导热微分方程的显式差分方程。

显式差分方程的矩阵形式为：

$$\begin{Bmatrix} T_1 \\ T_2 \\ T_3 \\ \vdots \\ T_i \\ \vdots \\ T_{l-2} \\ T_{l-1} \\ T_l \end{Bmatrix}^{p+1} = \begin{pmatrix} \text{待定} & & & & & & & & \\ Fo & 1-2Fo & Fo & & & & & & \\ & Fo & 1-2Fo & Fo & & & & & \\ & & \ddots & \ddots & \ddots & & & & \\ & & & Fo & 1-2Fo & Fo & & & \\ & & & & \ddots & \ddots & \ddots & & \\ & & & & & Fo & 1-2Fo & Fo & \\ & & & & & & Fo & 1-2Fo & Fo \\ & & & & & & & & \text{待定} \end{pmatrix} \cdot \begin{Bmatrix} T_1 \\ T_2 \\ T_3 \\ \vdots \\ T_i \\ \vdots \\ T_{l-2} \\ T_{l-1} \\ T_l \end{Bmatrix}^{p}$$

显式差分方程的优点是每个节点方程都可以独立求解，计算简便；其缺点是条件稳定和条件收敛，Fo 的取值受到限制。

B　隐式差分方程

对于式（2-27），其中一阶微商用向后差商格式代替，即

$$\left(\frac{\partial T}{\partial t}\right)_i^p \approx \frac{T_i^p - T_i^{p-1}}{\Delta t}$$

则式（2-27）变为：

$$\frac{T_i^p - T_i^{p-1}}{\Delta t} = a\left(\frac{T_{i+1}^p - 2T_i^p + T_{i-1}^p}{(\Delta x)^2}\right)$$

经整理得：

$$-FoT_{i+1}^p + (1+2Fo)T_i^p - FoT_{i-1}^p = T_i^{p-1} \quad (i=2,3,\cdots,l-1;p=1,2,3,\cdots) \quad (2-31)$$

式（2-31）称为一维导热微分方程的隐式差分方程。

显然，该差分方程不能像显式差分方程那样直接从前一时刻各节点的温度求出后一时刻的温度。但对区域内的每一个节点都可以建立一个三节点差分方程，在边界上可以利用边界条件导出其相应边界节点上的方程式，最后建立一个三对角线方程组，通过求解各个节点的联立方程组获得后一时刻各节点的温度。

隐式差分方程的矩阵形式为：

$$\begin{pmatrix} \text{待定} & & & & & & & & \\ -Fo & 1+2Fo & -Fo & & & & & & \\ & -Fo & 1+2Fo & -Fo & & & & & \\ & & \ddots & \ddots & \ddots & & & & \\ & & & -Fo & 1+2Fo & -Fo & & & \\ & & & & \ddots & \ddots & \ddots & & \\ & & & & & -Fo & 1+2Fo & -Fo & \\ & & & & & & -Fo & 1+2Fo & -Fo \\ & & & & & & & & \text{待定} \end{pmatrix} \cdot \begin{Bmatrix} T_1 \\ T_2 \\ T_3 \\ \vdots \\ T_i \\ \vdots \\ T_{l-2} \\ T_{l-1} \\ T_l \end{Bmatrix}^{p} = \begin{Bmatrix} T_1 \\ T_2 \\ T_3 \\ \vdots \\ T_i \\ \vdots \\ T_{l-2} \\ T_{l-1} \\ T_l \end{Bmatrix}^{p-1}$$

隐式差分格式的优点是无条件稳定和无条件收敛，步长 Δx、Δt 的取值不受限制；其缺点是计算量大。

2.3.1.2 二维系统

考虑有内热源 $Q_{内}$（J/kg）的二维非稳态传热问题。例如宽为 L、高为 H 的无限长板材（即长度方向无热流），温度分布为 $T=f(x, y, t)$。

假定初始条件为 $f(x, y, 0)=T_0$，λ、c_p、ρ 均为常数。

首先进行区域离散化（见图 2-5），取节点间距 Δx、Δy，时间步长 Δt，空间 x 方向产生 l 个节点，y 方向产生 h 个节点。然后根据导热微分方程建立差分方程。

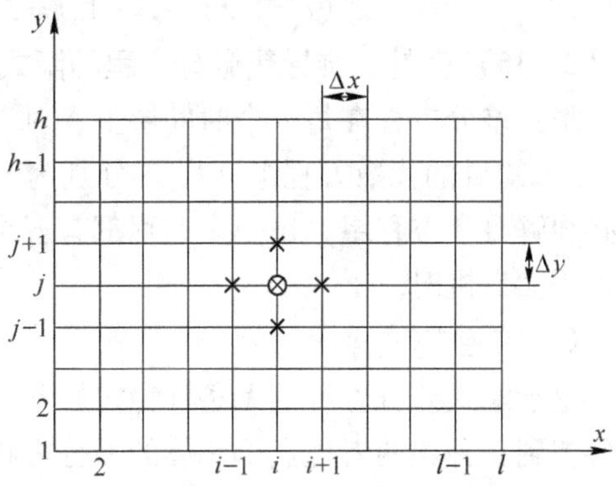

图 2-5 二维传热系统区域离散化

该问题的控制方程为：

$$\frac{\partial T}{\partial t}=a\left(\frac{\partial^2 T}{\partial x^2}+\frac{\partial^2 T}{\partial y^2}\right)+\frac{Q_{内}}{\rho c_p} \quad (t>0,0<x<L,0<y<H) \tag{2-32}$$

A 显式差分方程

将式（2-32）应用于时刻 p 和节点（i，j）得到

$$\left(\frac{\partial T}{\partial t}\right)_{i,j}^{p}=a\left(\frac{\partial^2 T}{\partial x^2}+\frac{\partial^2 T}{\partial y^2}\right)_{i,j}^{p}+\frac{Q_{内}}{\rho c_p} \quad (t>0,0<x<l,0<y<h) \tag{2-33}$$

将上式的微商用差商代替，其中一阶微商用向前差商格式代替，得到差分方程：

$$\frac{T_{i,j}^{p+1}-T_{i,j}^{p}}{\Delta t}=a\left(\frac{T_{i+1,j}^{p}-2T_{i,j}^{p}+T_{i-1,j}^{p}}{(\Delta x)^2}+\frac{T_{i,j+1}^{p}-2T_{i,j}^{p}+T_{i,j-1}^{p}}{(\Delta y)^2}\right)+\frac{Q_{内}}{\rho c_p} \tag{2-34}$$

经整理得：

$$T_{i,j}^{p+1}=(1-2Fo_x-2Fo_y)T_{i,j}^{p}+Fo_x(T_{i+1,j}^{p}+T_{i-1,j}^{p})+Fo_y(T_{i,j+1}^{p}+T_{i,j-1}^{p})+\frac{\Delta t Q_{内}}{\rho c_p}$$

$$(i=2,3,\cdots,l-1;j=2,3,\cdots,h-1;p=0,1,2,\cdots) \tag{2-35}$$

式中

$$Fo_x=\frac{a\Delta t}{(\Delta x)^2} \qquad Fo_y=\frac{a\Delta t}{(\Delta y)^2}$$

式（2-35）就是二维导热微分方程的显式差分方程。利用该式可通过前一时刻各节点的温度值 $T_{i,j}^{p}$、$T_{i+1,j}^{p}$、$T_{i-1,j}^{p}$、$T_{i,j+1}^{p}$、$T_{i,j-1}^{p}$ 和有关参数直接求解下一时刻的温度值 $T_{i,j}^{p+1}$。

B 隐式差分方程

将式（2-33）的一阶微商用向后差商格式代替，得到差分方程：

$$\frac{T_{i,j}^{p}-T_{i,j}^{p-1}}{\Delta t}=a\left(\frac{T_{i+1,j}^{p}-2T_{i,j}^{p}+T_{i-1,j}^{p}}{(\Delta x)^2}+\frac{T_{i,j+1}^{p}-2T_{i,j}^{p}+T_{i,j-1}^{p}}{(\Delta y)^2}\right)+\frac{Q_{内}}{\rho c_p}$$

经整理得：

$$(1+2Fo_x+2Fo_y)T_{i,j}^{p}-Fo_x(T_{i+1,j}^{p}+T_{i-1,j}^{p})-Fo_y(T_{i,j+1}^{p}+T_{i,j-1}^{p})=T_{i,j}^{p-1}+\frac{\Delta tQ_{内}}{\rho c_p}$$

$$(i=2,3,\cdots,l-1,j=2,3,\cdots,h-1,p=1,2,3,\cdots) \qquad (2-36)$$

式（2－36）就是二维导热微分方程的隐式差分方程，它是无条件稳定和收敛的。

隐式差分方程在每一个时间层上，对二维系统就要解一个五对角线的（$l-1$）×（$h-1$）个未知量的代数方程组（l、h 分别为 x、y 方向的节点数），即每移动一个时间步长，就必须解整个方程组，每一个方程都有五个未知数和一个对角占优元素。这样，求解起来要占用大量机时。

C　交替隐式差分方程

鉴于隐式差分方程的无条件稳定性和无条件收敛性、显式差分方程的计算简单，很有必要找到一种集两者优点于一体的差分方程。

把二维导热微分方程应用于节点（i，j），对给定时间步长 Δt 一分为二，建立两组有限差分方程。

在第一个 $\Delta t/2$ 时间：

$$\left(\frac{\partial T}{\partial t}\right)_{i,j}^{p}=a\left(\left(\frac{\partial^2 T}{\partial x^2}\right)_{i,j}^{p+\frac{1}{2}}+\left(\frac{\partial^2 T}{\partial y^2}\right)_{i,j}^{p}\right)+\frac{Q_{内}}{\rho c_p}$$

将相应差商格式代入，得

$$\frac{T_{i,j}^{p+\frac{1}{2}}-T_{i,j}^{p}}{\Delta t/2}=a\left(\frac{T_{i+1,j}^{p+\frac{1}{2}}-2T_{i,j}^{p+\frac{1}{2}}+T_{i-1,j}^{p+\frac{1}{2}}}{(\Delta x)^2}+\frac{T_{i,j+1}^{p}-2T_{i,j}^{p}+T_{i,j-1}^{p}}{(\Delta y)^2}\right)+\frac{Q_{内}}{\rho c_p}$$

经整理得

$$2(1+Fo_x)T_{i,j}^{p+\frac{1}{2}}-Fo_x(T_{i+1,j}^{p+\frac{1}{2}}+T_{i-1,j}^{p+\frac{1}{2}})=2(1-Fo_y)T_{i,j}^{p}+Fo_y(T_{i,j+1}^{p}+T_{i,j-1}^{p})+\frac{\Delta tQ_{内}}{\rho c_p} \qquad (2-37)$$

在第二个 $\Delta t/2$ 时间：

$$\left(\frac{\partial T}{\partial t}\right)_{i,j}^{p+\frac{1}{2}}=a\left(\left(\frac{\partial^2 T}{\partial x^2}\right)_{i,j}^{p+\frac{1}{2}}+\left(\frac{\partial^2 T}{\partial y^2}\right)_{i,j}^{p+1}\right)+\frac{Q_{内}}{\rho c_p}$$

将相应差商格式代入，得

$$\frac{T_{i,j}^{p+1}-T_{i,j}^{p+\frac{1}{2}}}{\Delta t/2}=a\left(\frac{T_{i+1,j}^{p+\frac{1}{2}}-2T_{i,j}^{p+\frac{1}{2}}+T_{i-1,j}^{p+\frac{1}{2}}}{(\Delta x)^2}+\frac{T_{i,j+1}^{p+1}-2T_{i,j}^{p+1}+T_{i,j-1}^{p+1}}{(\Delta y)^2}\right)+\frac{Q_{内}}{\rho c_p}$$

经整理得

$$2(1+Fo_y)T_{i,j}^{p+1}-Fo_y(T_{i,j+1}^{p+1}+T_{i,j-1}^{p+1})=2(1-Fo_x)T_{i,j}^{p+\frac{1}{2}}+Fo_x(T_{i+1,j}^{p+\frac{1}{2}}+T_{i-1,j}^{p+\frac{1}{2}})+\frac{\Delta tQ_{内}}{\rho c_p} \qquad (2-38)$$

对于前半个时间步长，x 方向各项是隐式形式，y 方向各项是显式形式；而对于后半个时间步长，x 方向各项是显式形式，y 方向各项是隐式形式。第 $p+1/2$ 层是一个过渡时间层，通过式（2－37）建立的方程组计算过渡时间层的温度值，然后利用式（2－38）建立的方程组计算第 $p+1$ 时刻的温度值。

对于式（2－37）和式（2－38）列出的方程组都是三对角线方程组，很容易求解。

交替隐式格式差分方程的特点是：无条件稳定和收敛，有合理的精确度，所产生的代数方程组易于求解。还有一些差分格式具有上述特点。

2.3.1.3 三维系统

考虑有内热源 $Q_{内}$（J/m³）的三维瞬态传热问题。例如长为 L、宽为 W、高为 H 的长方体工件，温度分布为 $T=f(x, y, z, t)$。假定初始条件为 $f(x, y, z, 0)=T_0$，λ、c_p、ρ 均为常数。

采用与处理二维问题相类似的方法，首先进行区域离散化，设 Δx、Δy、Δz 分别为 x、y、z 方向上的空间步长，Δt 为时间步长，空间 x 方向产生 l 个节点，y 方向产生 w 个节点，z 方向产生 h 个节点，然后根据下面的导热微分方程建立差分方程。

$$\frac{\partial T}{\partial t}=a\left(\frac{\partial^2 T}{\partial x^2}+\frac{\partial^2 T}{\partial y^2}+\frac{\partial^2 T}{\partial z^2}\right)+\frac{Q_{内}}{\rho c_p}\quad (t>0,0<x<L,0<y<W,0<z<H)\qquad(2-39)$$

A 显式差分格式

将式（2-39）应用于时刻 p 和节点（i，j，k），得到：

$$\left(\frac{\partial T}{\partial t}\right)_{i,j,k}^{p}=a\left(\frac{\partial^2 T}{\partial x^2}+\frac{\partial^2 T}{\partial y^2}+\frac{\partial^2 T}{\partial z^2}\right)_{i,j,k}^{p}+\frac{Q_{内}}{\rho c_p}$$

$$(i=2,3,\cdots,l-1;j=2,3,\cdots,w-1;k=2,3,\cdots,h-1;p=1,2,\cdots)\qquad(2-40)$$

将上式的微商用差商代替，其中一阶微商用向前差商格式代替，得到差分方程：

$$\frac{T_{i,j,k}^{p+1}-T_{i,j,k}^{p}}{\Delta t}=\frac{Q_{内}}{\rho c_p}+a\left(\frac{T_{i+1,j,k}^{p}-2T_{i,j,k}^{p}+T_{i-1,j,k}^{p}}{(\Delta x)^2}+\frac{T_{i,j+1,k}^{p}-2T_{i,j,k}^{p}+T_{i,j-1,k}^{p}}{(\Delta y)^2}+\frac{T_{i,j,k+1}^{p}-2T_{i,j,k}^{p}+T_{i,j,k-1}^{p}}{(\Delta z)^2}\right)$$

经整理得：

$$T_{i,j,k}^{p+1}=(1-2Fo_x-2Fo_y-2Fo_z)T_{i,j,k}^{p}+Fo_x(T_{i+1,j,k}^{p}+T_{i-1,j,k}^{p})+Fo_y(T_{i,j+1,k}^{p}+T_{i,j-1,k}^{p})+Fo_z(T_{i,j,k+1}^{p}+T_{i,j,k-1}^{p})+\frac{\Delta t Q_{内}}{\rho c_p}$$

$$(i=2,3,\cdots,l-1;j=2,3,\cdots,w-1;k=2,3,\cdots,h-1;p=0,1,2,\cdots)\qquad(2-41)$$

式中

$$Fo_x=\frac{a\Delta t}{(\Delta x)^2}\qquad Fo_y=\frac{a\Delta t}{(\Delta y)^2}\qquad Fo_z=\frac{a\Delta t}{(\Delta z)^2}$$

式（2-41）就是三维导热微分方程的显式差分方程。利用该式可通过前一时刻该节点的温度值 $T_{i,j,k}^{p}$ 及其相邻六个节点的温度值直接求解下一时刻该节点的温度值 $T_{i,j,k}^{p+1}$。

B 隐式差分格式

将式（2-40）的一阶微商用向后差商格式代替，得到差分方程：

$$\frac{T_{i,j,k}^{p}-T_{i,j,k}^{p-1}}{\Delta t}=\frac{Q_{内}}{\rho c_p}+a\left(\frac{T_{i+1,j,k}^{p}-2T_{i,j,k}^{p}+T_{i-1,j,k}^{p}}{(\Delta x)^2}+\frac{T_{i,j+1,k}^{p}-2T_{i,j,k}^{p}+T_{i,j-1,k}^{p}}{(\Delta y)^2}+\frac{T_{i,j,k+1}^{p}-2T_{i,j,k}^{p}+T_{i,j,k-1}^{p}}{(\Delta z)^2}\right)$$

经整理得：

$$(1+2Fo_x+2Fo_y+2Fo_z)T^p_{i,j,k}-Fo_x(T^p_{i+1,j,k}+T^p_{i-1,j,k})-$$
$$Fo_y(T^p_{i,j+1,k}+T^p_{i,j-1,k})-Fo_z(T^p_{i,j,k+1}+T^p_{i,j,k-1})=T^{p-1}_{i,j,k}+\frac{\Delta tQ_{内}}{\rho c_p}$$
$$(i=2,3,\cdots,l-1;j=2,3,\cdots,w-1;k=2,3,\cdots,h-1;p=1,2,\cdots) \quad (2-42)$$

式（2－42）就是三维导热微分方程的隐式差分方程，它是无条件稳定和收敛的。

可以设想，将一个时间步长划分为 3 部分，使其对三维空间分别为隐式方程，就可得到三维问题的交替隐式差分方程。

2.3.2 边界节点差分方程

物体内部的温度场必然受到物体表面条件的影响，反之，物体内部温度场的变化也影响着物体表面的温度。为了对温度场进行数值计算，还必须建立边界节点的差分方程。下面只讨论二维系统的边界节点差分方程的建立方法，一维和三维系统的边界节点差分方程的建立可以此类推。

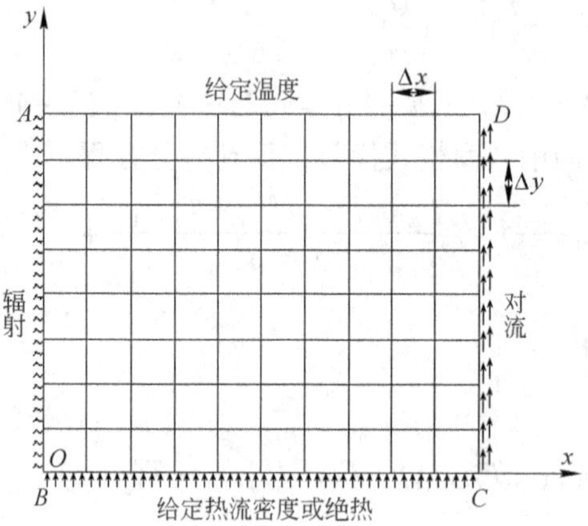

图 2－6 二维系统各种换热表面

图 2－6 表示了给定温度、给定热流密度、绝热、热对流、热辐射等五种边界表面的二维矩形区域网格，取节点步长 Δx、Δy，时间步长 Δt，空间 x 方向产生 l 个节点，y 方向产生 h 个节点。对于内部节点可以直接用导热微分方程建立差分方程，而对于边界节点则要针对具体边界条件进行处理。下面介绍建立差分方程的能量平衡法。

能量平衡法的基本原理是能量守恒定律：进入单元体热量的代数和应等于该单元体在 Δt 时间内的内能变化，即

$$\sum Q=\frac{\Delta U}{\Delta t} \quad (2-43)$$

2.3.2.1 给定温度边界（第一类边界条件）

如图 2－6 中 AD 面上给定温度 T_w，T_w 是边界上位置 s 和时间 t 的函数：

$$T_w=T(s,t) \quad (2-44)$$

采用这种边界条件，需预先对系统边界上各点温度随时间的变化规律进行实测，构成式（2－44）的函数关系，而不能进行预测性计算。对于有些实际问题，常常可以把边界的温度取为定值或分段分时给出。

把 AD 面上任一边界节点（i, j）及其相邻节点取出分析，如图 2－7 所示。对这些单元直接写出结果：

$$T^p_{i,j}=T_w=T(i\Delta x,j\Delta y,p\Delta t) \qquad (p=1,2,3,\cdots) \quad (2-45)$$

对于本例的边界，$j=h$，i 为边界节点的 x 坐标编号（$i=1, 2, \cdots, l-1, l$）。

2.3.2.2 给定热流密度边界（第二类边界条件）

如图 2－6 中 BC 面上给定热流密度 q_r，q_r 是边界上位置 s 和时间 t 的函数：

$$q_r=q(s,t) \quad (2-46)$$

把 BC 面上任一边界节点（i，j）及其相邻节点取出分析，如图 2-8 所示。

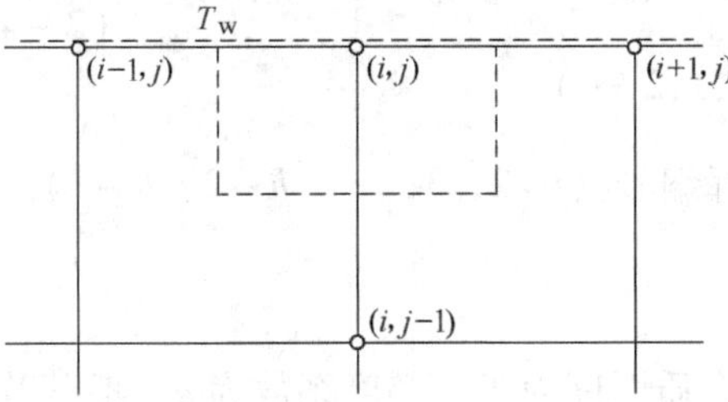

图 2-7 给定温度边界单元

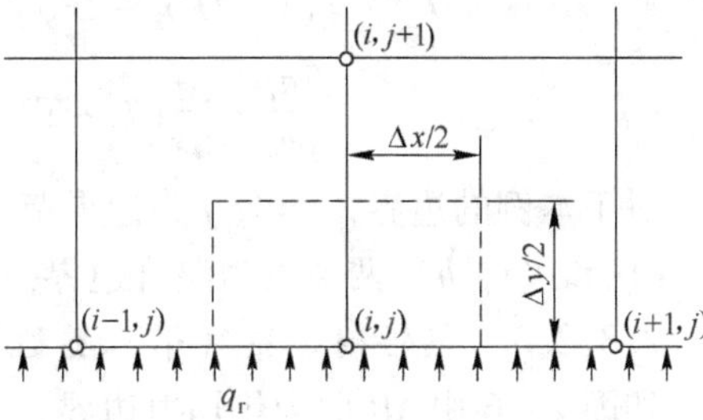

图 2-8 给定热流密度或绝热边界单元

进入（i，j）单元体的热量代数和为：

$$\sum Q=\lambda\left(\frac{\Delta y}{2}\cdot 1\right)\frac{T_{i-1,j}^{p}-T_{i,j}^{p}}{\Delta x}+\lambda\left(\frac{\Delta y}{2}\cdot 1\right)\frac{T_{i+1,j}^{p}-T_{i,j}^{p}}{\Delta x}+\lambda(\Delta x\cdot 1)\frac{T_{i,j+1}^{p}-T_{i,j}^{p}}{\Delta y}+q_{r}(\Delta x\cdot 1)$$

（i，j）单元体的内能变化为：

$$\frac{\Delta U}{\Delta t}=\rho c_{p}\left(\Delta x\cdot\frac{\Delta y}{2}\cdot 1\right)\left(\frac{T_{i,j}^{p+1}-T_{i,j}^{p}}{\Delta t}\right)$$

根据式（2-43）经整理得：

$$T_{i,j}^{p+1}=(1-2Fo_{x}-2Fo_{y})T_{i,j}^{p}+Fo_{x}(T_{i+1,j}^{p}+T_{i-1,j}^{p})+2Fo_{y}T_{i,j+1}^{p}+\frac{2q_{r}}{\rho c_{p}}\cdot\frac{\Delta t}{\Delta x}\quad(p=0,1,2,\cdots)\tag{2-47}$$

对于本例的边界，$j=1$，i 为边界节点的 x 坐标编号（$i=2$，3，…，$l-2$，$l-1$）。而（1，1）和（l，1）两节点为混合边界条件，将在后面讲到。

比较式（2-47）和式（2-35），两者是非常相似，只是（i，$j-1$）点换为（i，$j+1$）点。

2.3.2.3 绝热边界（第二类边界条件）

绝热边界是给定热流密度边界的一个特例，即通过边界的热流密度 q_r 为零。所以可由式（2-47）直接得到：

$$T_{i,j}^{p+1}=(1-2Fo_{x}-2Fo_{y})T_{i,j}^{p}+Fo_{x}(T_{i+1,j}^{p}+T_{i-1,j}^{p})+2Fo_{y}T_{i,j+1}^{p}\quad(p=0,1,2,\cdots)\tag{2-48}$$

2.3.2.4 热对流边界（第三类边界条件）

如图 2-6 中 CD 面为热对流边界，设其周围介质温度为 T_f，对流换热系数为 a_c。把 CD 面上任一边界节点（i，j）及其相邻节点取出分析，如图 2-9 所示。进入（i，j）单元体的热量代数和为：

$$\sum Q=\lambda\left(\frac{\Delta x}{2}\cdot 1\right)\frac{T_{i,j-1}^{p}-T_{i,j}^{p}}{\Delta y}+\lambda\left(\frac{\Delta x}{2}\cdot 1\right)\frac{T_{i,j+1}^{p}-T_{i,j}^{p}}{\Delta y}+\lambda(\Delta y\cdot 1)\frac{T_{i-1,j}^{p}-T_{i,j}^{p}}{\Delta x}+a_{c}(\Delta y\cdot 1)(T_{f}-T_{i,j}^{p})$$

（i，j）单元体的内能变化为：

$$\frac{\Delta U}{\Delta t}=\rho c_{p}\left(\frac{\Delta x}{2}\cdot\Delta y\cdot 1\right)\left(\frac{T_{i,j}^{p+1}-T_{i,j}^{p}}{\Delta t}\right)$$

根据式（2－43）经整理得：

$$T_{i,j}^{p+1}=(1-2Fo_x-2Fo_y)T_{i,j}^{p}+2Fo_xT_{i-1,j}^{p}+Fo_y(T_{i,j+1}^{p}+T_{i,j-1}^{p})+\frac{2a_c}{\rho c_p}\cdot\frac{\Delta t}{\Delta x}(T_f-T_{i,j}^{p})\quad(p=0,1,2,\cdots)\tag{2-49}$$

对于本例的边界，$i=l$，j 为边界节点的 y 坐标编号（$j=2$，3，…，$h-2$，$h-1$）。而（i，1）和（i，h）两节点为混合边界条件。

2.3.2.5　热辐射边界（第三类边界条件）

如图 2－6 中 AB 面为热辐射边界，设其周围介质温度为 T_f，黑度系数为 ε，斯蒂芬－玻耳兹曼常数为 C_0。把 AB 面上任一边界节点（i，j）及其相邻节点取出分析，如图 2－10 所示。进入（i，j）单元体的热量代数和为：

$$\sum Q=\lambda\left(\frac{\Delta x}{2}\cdot 1\right)\frac{T_{i,j-1}^{p}-T_{i,j}^{p}}{\Delta y}+\lambda\left(\frac{\Delta x}{2}\cdot 1\right)\frac{T_{i,j+1}^{p}-T_{i,j}^{p}}{\Delta y}+\lambda(\Delta y\cdot 1)\frac{T_{i+1,j}^{p}-T_{i,j}^{p}}{\Delta x}+\varepsilon C_0(\Delta y\cdot 1)\left(T_f^4-(T_{i,j}^{p})^4\right)$$

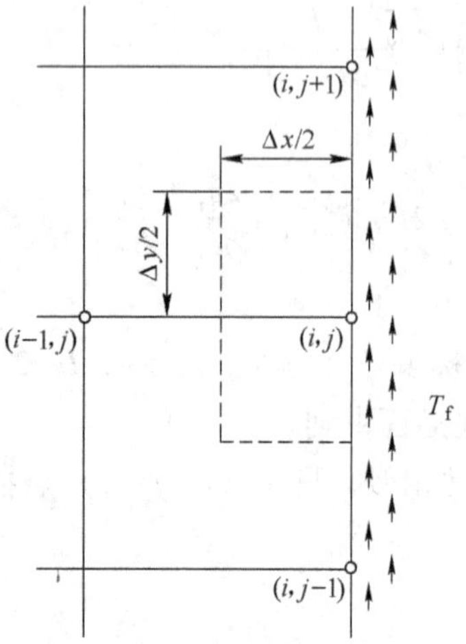

图 2－9　热对流边界单元

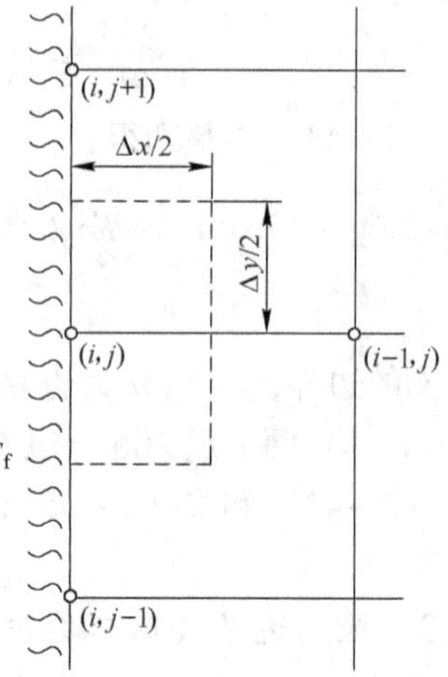

图 2－10　热辐射边界单元

（i，j）单元体的内能变化为：

$$\frac{\Delta U}{\Delta t}=\rho c_p\left(\frac{\Delta x}{2}\cdot\Delta y\cdot 1\right)\left(\frac{T_{i,j}^{p+1}-T_{i,j}^{p}}{\Delta t}\right)$$

根据式（2－43）经整理得：

$$T_{i,j}^{p+1}=(1-2Fo_x-2Fo_y)T_{i,j}^{p}+2Fo_xT_{i+1,j}^{p}+Fo_y(T_{i,j+1}^{p}+T_{i,j-1}^{p})+\frac{2\varepsilon C_0}{\rho c_p}\cdot\frac{\Delta t}{\Delta x}(T_f^4-(T_{i,j}^{p})^4)\quad(p=0,1,2,\cdots)\tag{2-50}$$

对于本例的边界，$i=1$，j 为边界节点的 y 坐标编号（$j=2$，3，…，$h-2$，$h-1$）。而（1，1）和（1，h）两节点为混合边界条件。

2.3.2.6　混合边界

有些边界节点的边界条件不是单一的，如在二维系统中，拐角节点的边界条件由与其相邻的两边节点的边界条件来决定；在三维系统中，拐角节点的边界条件由与其相邻的三面节点的边界条件来决定，棱边节点的边界条件由与其相邻的二面节点的边界条件来决定。这种拐角和棱边节点的边界条件属于混合边界条件。

在图 2－6 中，除 A、D 点为给定温度边界外，B 点为热辐射和给定热流密度混合边界，C 点为热对流和给定热流密度混合边界，在这种情况下，节点的温度应由混合边界条件来计算。下面以 C 点为例，介绍混合边界条件下差分方程的建立方法。把拐角节点 C 及其相邻节点取出分析，如图 2－11 所示。进入（i，j）单元体的热量代数和为：

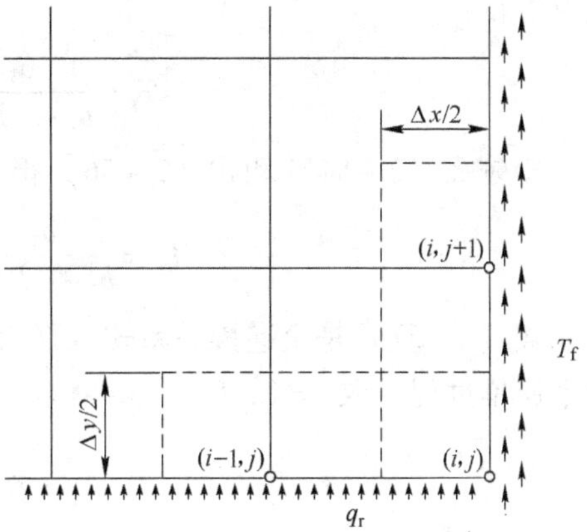

图 2－11 混合边界单元

$$\sum Q=\lambda\left(\frac{\Delta x}{2}\cdot 1\right)\frac{T_{i,j+1}^{p}-T_{i,j}^{p}}{\Delta y}+\lambda\left(\frac{\Delta y}{2}\cdot 1\right)\frac{T_{i-1,j}^{p}-T_{i,j}^{p}}{\Delta x}+q_{\mathrm{r}}\left(\frac{\Delta x}{2}\cdot 1\right)+a_{\mathrm{c}}\left(\frac{\Delta y}{2}\cdot 1\right)(T_{\mathrm{f}}-T_{i,j}^{p})$$

（i，j）单元体的内能变化为：

$$\frac{\Delta U}{\Delta t}=\rho c_p\left(\frac{\Delta x}{2}\cdot\frac{\Delta y}{2}\cdot 1\right)\left(\frac{T_{i,j}^{p+1}-T_{i,j}^{p}}{\Delta t}\right)$$

根据式（2－41）经整理得：

$$T_{i,j}^{p+1}=(1-2Fo_x-2Fo_y)T_{i,j}^{p}+2Fo_xT_{i-1,j}^{p}+2Fo_yT_{i,j+1}^{p}+\frac{2a_{\mathrm{c}}}{\rho c_p}\cdot\frac{\Delta t}{\Delta x}\cdot(T_{\mathrm{f}}-T_{i,j}^{p})+\frac{2q_{\mathrm{r}}}{\rho c_p}\cdot\frac{\Delta t}{\Delta x}$$

$$(p=0,1,2,\cdots) \tag{2-51}$$

对于其他混合边界条件下，都可按上述类似方法建立起边界单元的差分方程。另外，对于物体出现凹角的情况，也可按能量平衡法建立凹角节点的差分方程。

2.3.3 三对角线线性方程组的解法

前面介绍的一维非稳态导热微分方程的隐式差分方程、二维非稳态导热微分方程的交替隐式差分方程，都是三节点式离散化方程，这种方程应用到研究体系的全部节点上就可以建立起一个三对角线线性方程组，进行温度场的数值计算。

下面介绍一种求解三对角线线性方程组的递推算法——Thomas 算法。

设离散化方程式是如下形式的三节点关系式：

$$-a_iT_{i+1}+b_iT_i-c_iT_{i-1}=d_i\quad(i=1,2,\cdots,N-1,N) \tag{2-52}$$

其中 $i=1$ 和 $i=N$ 为边界节点。由于 T_0 和 T_{N+1} 没有定义，故取

$$a_N=0\qquad c=0_1 \tag{2-53}$$

设待求的递推公式为：

$$T_i=P_iT_{i+1}+Q_i \tag{2-54}$$

则

$$T_{i-1}=P_{i-1}T_i+Q_{i-1} \tag{2-55}$$

将式（2－55）代入式（2－52）得：

$$-a_iT_{i+1}+b_iT_i-c_i(P_{i-1}T_i+Q_{i-1})=d_i$$

经整理得：

$$T_i = \frac{a_i}{b_i - c_i P_{i-1}} T_{i+1} + \frac{d_i + c_i Q_{i-1}}{b_i - c_i P_{i-1}} \tag{2-56}$$

比较式（2－54）和式（2－56）得：

$$P_i = \frac{a_i}{b_i - c_i P_{i-1}} \qquad Q_i = \frac{d_i + c_i Q_{i-1}}{b_i - c_i P_{i-1}} \tag{2-57}$$

式（2－57）是个递推关系式，因为它们是用 P_{i-1} 和 Q_{i-1} 来表示 P_i 和 Q_i。为了开始这个递推过程，取 $i=1$，则

$$P_1 = \frac{a_1}{b_1} \qquad Q_1 = \frac{d_1}{b_1} \tag{2-58}$$

当 $i=N$ 时，因为 $a_N=0$，所以 $P_N=0$，$T_N=Q_N$。求出 T_N 后，代入式（2－54），依次求出各个节点的 T 值。

Thomas 算法的具体求解步骤为：

（1）由式（2－58）求 P_1 和 Q_1；

（2）对 $i=2, 3, \cdots, N-1, N$，用式（2－57）分别求出 P_i 和 Q_i；

（3）取 $T_N=Q_N$；

（4）对 $i=N-1, N-2, \cdots, 3, 2, 1$，用式（2－54）依次计算 T_{N-1}，T_{N-2}，…，T_2，T_1。

2.4 差分方程的稳定性和收敛性

用差商代替微商而建立起的差分方程，从形式上看都是可以进行计算的，但还有两个问题需要研究，那就是：

（1）当空间步长和时间步长趋于零时，差分方程的解是否逼近偏微分方程的解，即差分方程的收敛性问题；

（2）差分方程在计算过程中产生的误差是不断增大的，还是可以控制的，即差分方程的稳定性问题。

数学上可以证明二者在适当条件下，从稳定性可以推出收敛性，即稳定性是收敛性的充分和必要条件，因此，这里只讨论稳定性问题。

关于方程稳定性的概念可作如下的表达：如果初始条件和边界条件有微小的变化，若解的最后变化是微小的，则称解是稳定的，否则是不稳定的。保证解的稳定性在实际计算中是十分重要的。它的重要性突出表现在两个方面：一是实际给定的初始条件和边界条件很多是实际测量的数据，而这种数据总包含着一定的测量误差，如果这种实测数据的分散性会导致解的不稳定，则整个求解过程就没有意义了；另一方面，计算机在作数值计算时，不可避免地会舍入误差，如果这种舍入误差在计算过程中不断被放大也会导致解的不稳定，则计算出的数值结果也是毫无意义的。总之，一切有实际意义的差分方程必须保证解的稳定性。

关于差分方程稳定性问题的数学推导和证明，请参考有关书籍的论述，下面只给出有关差分方程的稳定性条件和物理解释。

2.4.1 显式差分方程的稳定性条件

显式差分方程的稳定性条件是要求等式右边温度项的系数大于等于零。下面给定的条件均在直角坐标系下。

2.4.1.1 内部节点

三维导热微分方程的显式差分方程为：

$$T_{i,j,k}^{p+1} = (1-2Fo_x-2Fo_y-2Fo_z)T_{i,j,k}^{p} + Fo_x(T_{i+1,j,k}^{p} + T_{i-1,j,k}^{p}) + Fo_y(T_{i,j+1,k}^{p} + T_{i,j-1,k}^{p}) + Fo_z(T_{i,j,k+1}^{p} + T_{i,j,k-1}^{p}) + \frac{\Delta t Q_{内}}{\rho c_p}$$

式中

$$Fo_x = \frac{a\Delta t}{(\Delta x)^2}, Fo_y = \frac{a\Delta t}{(\Delta y)^2}, Fo_z = \frac{a\Delta t}{(\Delta z)^2}$$

由于式中各个方向的傅里叶准数都是大于零的，所以三维系统的稳定性条件为：

$$2Fo_x + 2Fo_y + 2Fo_z \leqslant 1 \tag{2-59}$$

由此可得：

$$\Delta t \leqslant 1 \bigg/ \left(\frac{2a}{(\Delta x)^2} + \frac{2a}{(\Delta y)^2} + \frac{2a}{(\Delta z)^2}\right) \tag{2-60}$$

对于二维系统，稳定性条件为：

$$2Fo_x + 2Fo_y \leqslant 1 \tag{2-61}$$

或

$$\Delta t \leqslant 1 \bigg/ \left(\frac{2a}{(\Delta x)^2} + \frac{2a}{(\Delta y)^2}\right) \tag{2-62}$$

对于一维系统，稳定性条件为：

$$Fo_x \leqslant \frac{1}{2} \tag{2-63}$$

或

$$\Delta t \leqslant \frac{(\Delta x)^2}{2a} \tag{2-64}$$

由式（2-60）可见，为了满足稳定性条件，用显式差分方程进行计算时，空间步长和时间步长是相互制约的，在区域离散化时不能随意选取。在温度场的数值计算中，要获得足够的计算精度，就要选取较小的空间步长，为满足稳定性条件，时间步长也要取得很小，这就使计算迭代次数增加，计算时间变长。

2.4.1.2 边界节点

对于边界节点显式差分方程的稳定性条件，要视具体边界条件和节点位置而定。下面以二维系统为例说明差分方程的稳定性条件，一维和三维的稳定性条件均以此类推，且假定各方向的空间步长相等，即 $\Delta x = \Delta y = \Delta z$。

A 给定热流密度边界节点

其边界节点的差分方程为：

$$T_{i,j}^{p+1} = (1-2Fo_x-2Fo_y)T_{i,j}^{p} + Fo_x(T_{i+1,j}^{p} + T_{i-1,j}^{p}) + 2Fo_y T_{i,j+1}^{p} + \frac{2q_r}{\rho c_p} \cdot \frac{\Delta t}{\Delta x}$$

其稳定性条件与内部节点相同，即

$$4Fo \leqslant 1 \tag{2-65}$$

同理可推出一维和三维系统的稳定性条件为：

$$2Fo \leqslant 1 \quad （一维系统） \tag{2-66}$$

$$6Fo \leqslant 1 \quad （三维系统） \tag{2-67}$$

式中的 $Fo = Fo_x = Fo_y = Fo_z$。式（2-65）至式（2-67）也是绝热边界条件的稳定性条件。其对应的时间步长条件为：

$$\Delta t \leqslant \frac{(\Delta x)^2}{6a} \quad （三维系统） \tag{2-68}$$

$$\Delta t \leqslant \frac{(\Delta x)^2}{4a} \quad （二维系统） \tag{2-69}$$

$$\Delta t \leqslant \frac{(\Delta x)^2}{2a} \quad （一维系统） \tag{2-70}$$

B 热对流边界节点

其边界节点的差分方程为：

$$T_{i,j}^{p+1} = (1 - 2Fo_x - 2Fo_y)T_{i,j}^p + 2Fo_x T_{i-1,j}^p + Fo_y(T_{i,j+1}^p + T_{i,j-1}^p) + \frac{2a_c}{\rho c_p} \cdot \frac{\Delta t}{\Delta x}(T_f - T_{i,j}^p)$$

若各方向的空间步长相等，即 $\Delta x = \Delta y$，则

$$T_{i,j}^{p+1} = \left(1 - 4Fo - \frac{2a_c}{\rho c_p} \cdot \frac{\Delta t}{\Delta x}\right)T_{i,j}^p + 2FoT_{i-1,j}^p + Fo(T_{i,j+1}^p + T_{i,j-1}^p) + \frac{2a_c}{\rho c_p} \cdot \frac{\Delta t}{\Delta x}T_f$$

稳定性条件为：

$$\left(1 - 4Fo - \frac{2a_c}{\rho c_p} \cdot \frac{\Delta t}{\Delta x}\right) \geqslant 0$$

即

$$\left(4Fo + \frac{2a_c \Delta x}{\lambda} \cdot \frac{\lambda \Delta t}{\rho c_p (\Delta x)^2}\right) = \left(4Fo + \frac{2a_c \Delta x}{\lambda} \cdot Fo\right) \leqslant 1$$

经整理得：

$$Fo \leqslant \frac{1}{2\left(2 + \frac{a_c \Delta x}{\lambda}\right)} \tag{2-71}$$

这就是对流边界条件边界节点显式差分方程的稳定性条件。同理可推出一维和三维系统（假定 $\Delta x = \Delta y = \Delta z$）的稳定性条件为：

$$Fo \leqslant \frac{1}{2\left(1 + \frac{a_c \Delta x}{\lambda}\right)} \quad （一维系统） \tag{2-72}$$

$$Fo \leqslant \frac{1}{2\left(3 + \frac{a_c \Delta x}{\lambda}\right)} \quad （三维系统） \tag{2-73}$$

对于多维系统，当 $\Delta x \neq \Delta y \neq \Delta z$ 时，也可应用式（2-71）和式（2-73），这时应使

$$\Delta x = \max\{\Delta x, \Delta y, \Delta z\}$$

$$Fo = \max\{Fo_x, Fo_y, Fo_z\}$$

对流边界条件边界节点显式差分方程的稳定性条件对应的时间步长条件为：

$$\Delta t \leqslant \frac{(\Delta x)^2}{2a\left(1+\frac{a_c \Delta x}{\lambda}\right)} \quad（一维系统） \tag{2-74}$$

$$\Delta t \leqslant \frac{(\Delta x)^2}{2a\left(2+\frac{a_c \Delta x}{\lambda}\right)} \quad（二维系统） \tag{2-75}$$

$$\Delta t \leqslant \frac{(\Delta x)^2}{2a\left(3+\frac{a_c \Delta x}{\lambda}\right)} \quad（三维系统） \tag{2-76}$$

C　热辐射边界节点

其边界节点的差分方程为：

$$T_{i,j}^{p+1} = (1-2Fo_x-2Fo_y)T_{i,j}^p + 2Fo_x T_{i+1,j}^p + Fo_y(T_{i,j+1}^p + T_{i,j-1}^p) + \frac{2\varepsilon C_0}{\rho c_p} \cdot \frac{\Delta t}{\Delta x}\left(T_f^4 - (T_{i,j}^p)^4\right)$$

可仿照热对流条件进行处理，其稳定性条件为：

$$Fo \leqslant \frac{1}{2\left(2+\frac{\varepsilon C_0 \Delta x}{\lambda}\right)} \tag{2-77}$$

需要注意的是，边界节点显式差分方程稳定性条件的具体形式，既与边界条件类型有关，也与边界节点位置有关，节点位置不同，条件式的温度项下标和系数也不同。

分析三维显式差分方程式（2-41）可以看出：

(1)（i，j，k）节点在 $p+1$ 时刻的温度 $T_{i,j,k}^{p+1}$ 只受 p 时刻 $T_{i,j,k}^p$、$T_{i+1,j,k}^p$、$T_{i-1,j,k}^p$、$T_{i,j+1,k}^p$、$T_{i,j-1,k}^p$、$T_{i,j,k+1}^p$、$T_{i,j,k-1}^p$ 的影响；

(2) $T_{i,j,k}^p$、$T_{i+1,j,k}^p$、$T_{i-1,j,k}^p$、$T_{i,j+1,k}^p$、$T_{i,j-1,k}^p$、$T_{i,j,k+1}^p$、$T_{i,j,k-1}^p$ 的系数之和为 1。

由此可见，$T_{i,j,k}^{p+1}$ 是前一时刻这相邻七个节点温度的加权平均。要使显式差分方程的计算结果符合物理意义，这七项的加权系数均应大于零，由式（2-41）可知，$T_{i+1,j,k}^p$、$T_{i-1,j,k}^p$、$T_{i,j+1,k}^p$、$T_{i,j-1,k}^p$、$T_{i,j,k+1}^p$、$T_{i,j,k-1}^p$ 的系数显然大于零，而要使 $T_{i,j,k}^p$ 的系数不小于零，结果必须满足式（2-59）。若不满足式（2-59），由式（2-41）可知，在 p 时刻（i，j，k）节点的温度越大，则 $p+1$ 时刻该节点的温度就越小，进而 $p+2$ 时刻该节点的温度就更高。如此下去，在（i，j，k）节点将出现温度值的不稳定振荡，这显然是违背热力学原理的。

2.4.2　隐式差分方程的稳定性条件

从热力学的观点来看，一个无内热源区域内的导热过程，在已知区域内初始温度分布和整个区域边界温度分布的情况下，区域内任意一点 $P(i, j, k)$，在任何时刻的温度都不应该大于初始温度或边界温度分布中的最大值，也不应该小于初始温度或边界温度分布中的最小值。也就是说，一个过程的极值温度只能出现在初始条件或边界条件之中。用隐式格式进行温度场计算，正是符合上述这种物理过程的。

改写三维隐式差分方程式（2-42）得：

$$T_{i,j,k}^{p-1}=T_{i,j,k}^{p}+Fo_x(2T_{i,j,k}^{p}-T_{i+1,j,k}^{p}-T_{i-1,j,k}^{p})+Fo_y(2T_{i,j,k}^{p}-T_{i,j+1,k}^{p}-T_{i,j-1,k}^{p})+$$
$$Fo_z(2T_{i,j,k}^{p}-T_{i,j,k+1}^{p}-T_{i,j,k-1}^{p})+\frac{\Delta tQ_{内}}{\rho c_p} \quad (2-78)$$

假定 p 时刻在区域内某一节点（i，j，k）处取得最大温度值，即

$$T_{i,j,k}^{p}>T_{i+1,j,k}^{p};\quad T_{i,j,k}^{p}>T_{i-1,j,k}^{p};\quad T_{i,j,k}^{p}>T_{i,j+1,k}^{p};$$

$$T_{i,j,k}^{p}>T_{i,j-1,k}^{p};\quad T_{i,j,k}^{p}>T_{i,j,k+1}^{p};\quad T_{i,j,k}^{p}>T_{i,j,k-1}^{p}$$

则按式（2－78）计算结果可知 $T_{i,j,k}^{p-1}$必大于 $T_{i,j,k}^{p}$。也就是说，在 $p-1$ 时刻区域内的最大温度值必大于 p 时刻的最大温度值。依次类推，必将最大值或推到初始条件，或推到边界条件。若假定 p 时刻在区域内某一节点（i，j，k）处取得最小温度值，则按式（2－78）计算结果可知 $T_{i,j,k}^{p-1}$必小于 $T_{i,j,k}^{p}$，按上面同样的分析方法可知，整个过程的温度最小值必然出现在边界上或初始条件上。总之，对于完全隐式格式，不论温度项系数取值如何，它的运算逻辑都符合热力学原理，即无条件稳定。

另外，从导热微分方程是扩散型的特点来看，区域内的任何一点的扰动将瞬时遍及整个区域。比较显式和隐式两种差分格式可以看出，在显式格式运算过程中，$p+1$ 时刻一个节点的温度，只受 p 时刻七个节点温度的影响。反之，p 时刻一个节点的温度只影响 $p-1$ 时刻七个节点的温度，也就是温度扰动是以有限速度连续传播的。而在隐式格式运算过程中，$p+1$ 时刻区域内任何一个节点温度的求解，有赖于 p 时刻区域内全部节点上的温度。反之，p 时刻一个节点的温度影响到 $p+1$ 时刻区域内的全部节点，也就是温度扰动是以无限大速度传播的。可见隐式格式比较符合原有导热问题的数学模型。

从稳定性的角度衡量显式和隐式两种差分格式，不难看出后者较前者优越。而在进行具体的数值计算时不但要考虑到稳定性条件，同时还要考虑到计算精度，计算方法的繁易程度，即计算工作量的问题。理论上，完全隐式格式的时间步长 Δt 可以任意选取均能保证其绝对稳定，但在解决实际问题时，Δt 过大很难保证其计算精度。从差分方程建立的繁易和温度场计算工作量以及计算机内存和速度的要求等方面综合考虑，目前人们多采用显式格式、交替隐式格式或其他改进格式，而很少采用完全隐式格式。

2.5 材料温度场差分方程有关参数的处理方法

在利用差分方程对材料温度场进行数值计算时，要合理选择方程中的热物性参数、换热系数等热物理量，正确处理好相变潜热问题，确定合适的空间剖分步长和时间步长，这样才能求解出符合实际情况的温度场。

2.5.1 热物性参数的选择

热物性参数主要是指材料的导热系数 λ、质量定压热容 c_p 和密度 ρ，而热扩散率 a 可由前面几个参数导出。一般来讲，这些参数不是一个常数，而是随材料的组织状态和温度而变化，若研究的是一个瞬态温度场，则要随时间而变化。在实际计算中，若时间步长选的合适，可以认为在 Δt 时间内，热物性参数不随时间改变，可由前一时刻的温度和组织状态确定此时刻用的热物性参数值。

对于大多数常见的材料已有现成的数据，可查阅有关手册和书籍。但对于某些新材料和特殊材料的热物性参数则需做实验测定。通常情况下，针对某种材料在某一状态下给出的热物性参数值都为温度的分段拟合公式（或常数），如 4Cr3Mo2V 钢的热物性参数值（见表 2-1）。

表 2-1 4Cr3Mo2V 钢的热物性参数

参数 \ 物理特性	温度区间/℃	计 算 式
定压比热容 c_p /J·(kg·℃)$^{-1}$	20~400	$482.02+0.2802T$
	400~700	$854.3-1.461T+0.002T^2$
	700~767	$2766.0+5.4192T$
	767~800	$6714.6-7.217T$
	800~900	$3449.0-3.13T$
导热系数 λ /W·(m·℃)$^{-1}$	20~700	$31.66633-0.00567T$
	700~767	$20.595+0.0101T$
	767~900	$52.838-0.031T$
密度 ρ/kg·m^{-3}	20~900	7814

在计算过程中，各节点（或单元）可能含有多种组织成分，这时需按不同组织分别选定该温度下的热物性参数值，再用线性组合方法确定此节点（或单元）计算用的热物性参数值。例如，某节点组织为 10% 珠光体 +30% 贝氏体 +60% 奥氏体，则其导热系数应为

$$\lambda = 10\% \times \lambda_P + 30\% \times \lambda_B + 60\% \times \lambda_A$$

定压比热容为

$$c_p = 10\% \times c_{pP} + 30\% \times c_{pB} + 60\% \times c_{pA}$$

式中，下标 P、B、A 分别表示珠光体、贝氏体和奥氏体。写成通式有

$$A = \sum_{i=1}^{4} m_i A_i \tag{2-79}$$

式中，A 表示某一热物性参数变量如 λ、c_p、ρ 等；A_i 表示某一组织的相应参数值；m_i 表示某一组织所占的百分比；$i=1$，2，3，4，分别代表珠光体、贝氏体、奥氏体和马氏体等。

若研究对象由多种材料构成，则处于各材料接合部的节点（或单元）的控制区域将包含多种材料，这时该节点（或单元）的热物性参数值也可按上述方法处理，但更经常的是采用调和平均值，即

$$\frac{1}{A} = \sum_{i=1}^{N} \frac{m_i}{A_i} \tag{2-80}$$

式中，A_i 表示某一材料的相应参数值；m_i 表示某一材料所占的控制容积百分比；N 表示材料总数；i 表示某一材料。

2.5.2 相变潜热的处理

金属材料在加热（或冷却）过程中将发生固态相变、熔化（或凝固），并伴随有固态

相变潜热、结晶潜热的吸收（或释放）。金属材料的固态相变潜热要比结晶潜热小很多，但在温度场的数值计算中也不能忽略。从数学角度来看，潜热的存在将使导热微分方程（温度场计算控制方程）成为高度非线性问题，给求解带来一定困难。

在温度场的数值计算中，常采用下面几种方法来处理潜热问题。

2.5.2.1 等效热容法

假定体系的相变潜热为 L，单位体积、单位时间内新相体积的变化率为 $\partial V/\partial t$，因潜热引起的热量为

$$Q_{潜}=\rho \cdot L \cdot \frac{\partial V}{\partial t}$$

现以二维问题为例，列出温度场的控制方程为

$$\rho c_p \frac{\partial T}{\partial t}=\lambda\left(\frac{\partial^2 T}{\partial x^2}+\frac{\partial^2 T}{\partial y^2}\right)+\rho L \frac{\partial V}{\partial t} \tag{2-81}$$

对 $Q_{潜}$ 作如下变换

$$\rho L \frac{\partial V}{\partial t}=\rho L \frac{\partial V}{\partial T} \cdot \frac{\partial T}{\partial t} \tag{2-82}$$

将式（2-82）代入式（2-81）并整理得

$$\rho\left(c_p-L \frac{\partial V}{\partial T}\right) \frac{\partial T}{\partial t}=\lambda\left(\frac{\partial^2 T}{\partial x^2}+\frac{\partial^2 T}{\partial y^2}\right) \tag{2-83}$$

或

$$\rho c_{\mathrm{eff}} \frac{\partial T}{\partial t}=\lambda\left(\frac{\partial^2 T}{\partial x^2}+\frac{\partial^2 T}{\partial y^2}\right) \tag{2-84}$$

式中，c_{eff}为等效热容（J/(kg·K)），其表达式为：

$$c_{\mathrm{eff}}=c_p-L \frac{\partial V}{\partial T} \tag{2-85}$$

设相变潜热 L 在吸热反应时为负值，放热反应时为正值。在加热时发生组织转变，L 为负值，ΔT 为正值；而冷却时发生组织转变，L 为正值，ΔT 为负值，而 c_{eff}总是为

$$c_{\mathrm{eff}}=c_p+\left|L \frac{\partial V}{\partial T}\right| \tag{2-86}$$

如果知道组织体积随温度的变化率$\partial V/\partial T$，就可用 2.2 小节叙述的方法对式（2-84）进行数值求解了。下面确定发生相变时组织体积变化与温度的关系。

对于具有一定相变温度范围的合金，其新相生成的体积可通过合金状态图获得。若假定温度与新相体积呈线性分布：

$$T=T_\gamma^*-(T_\gamma^*-T_\alpha^*)V$$

则

$$\frac{\partial V}{\partial T}=-\frac{1}{T_\gamma^*-T_\alpha^*} \tag{2-87}$$

若假定温度与新相体积呈二次分布：

$$T=T_\gamma^*-(T_\gamma^*-T_\alpha^*)V^2$$

则

$$\frac{\partial V}{\partial T}=-\frac{1}{2} \cdot \frac{1}{(T_\gamma^*-T_\alpha^*)^{\frac{1}{2}}(T_\gamma^*-T)^{\frac{1}{2}}} \tag{2-88}$$

式（2-87）和式（2-88）中的 T_α^* 和 T_γ^* 分别为状态图中相变开始和结束的温度。如果对合金的状态图不清楚，可采用热分析法求出相变开始温度和结束温度。

对于在恒温下产生相变的情况，如纯金属、共晶和共析转变、包晶凝固，其新相体积不能根据温度来确定。所以，等效热容法不适合恒温下产生相变的情况。对于相变温度范围比较窄的合金，会产生比较大的误差。

2.5.2.2 温度回升法

认为合金在发生相变时，其单元体内的相变潜热将使单元体的温度升高（降温过程的相变）或降低（升温过程的相变）。该方法比较适合恒温相变过程。

例如合金凝固过程中，当某单元体的温度降到液相线以下时，产生的过冷度 ΔT 将使液相中析出一部分固体 Δg，该部分固体就将释放出一部分结晶潜热 ΔL，这部分热量将使单元体的温度回升到液相线温度，热量传出后单元体的温度继续降低，潜热继续释放，又使温度回升，整个过程一直持续到结晶潜热全部释放完毕。一般，相变潜热 L（J/kg）导致的温度回升（或降低）范围可用下式估算：

$$\Delta T = \frac{L}{c_p} \qquad (2-89)$$

由于温度回升法在处理相变过程潜热释放问题时其物理意义明确，因而非常适合数值计算。为了处理有结晶间隔的合金，下面以合金凝固过程为例，说明其处理过程。设合金结晶的液相线温度为 T_1，固相线温度为 T_s，根据前后时刻温度值的大小将潜热释放分为图 2-12 所示的四种情况。

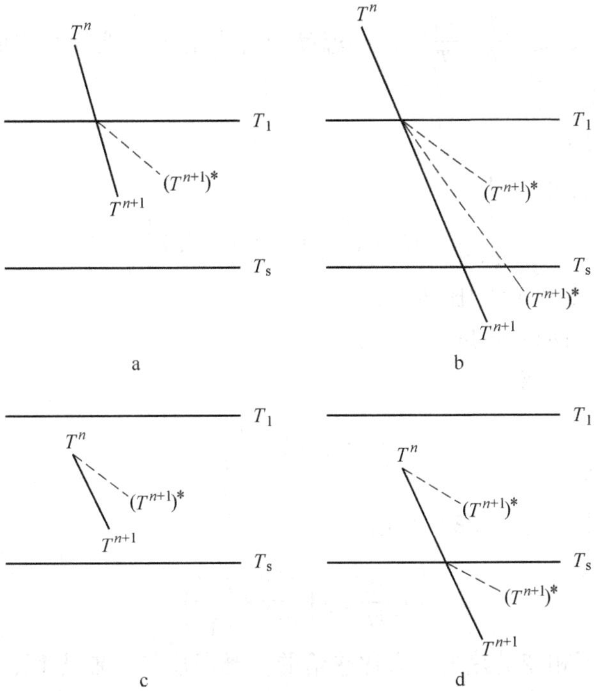

图 2-12 潜热处理示意图

—— 潜热释放前的温度变化；- - - 潜热释放引起的温度回升

情形 1：潜热释放后，温度回升点只能在两相线之间，回升后的温度可用能量平衡关系式求出：

$$(T^{n+1})^{*}=\frac{L\dfrac{T_1}{T_1-T_s}+c_pT^{n+1}}{c_p+\dfrac{L}{T_1-T_s}} \tag{2-90}$$

情形 2：潜热释放后的温度回升点有两种可能，如果 $(T_s-T^{n+1})c_p>L$，则潜热不足以使温度回升至固相线以上，回升点的温度为：

$$(T^{n+1})^{*}=\frac{c_p\cdot T^{n+1}+L}{c_p} \tag{2-91}$$

如果 $(T_s-T^{n+1})c_p\leqslant L$，则潜热使温度回升点落在固相线以上，情况类似于第一种，可用式（2-90）计算。

情形 3：潜热释放后的温度回升点只能落在固液相线之间，则回升点的温度为：

$$(T^{n+1})^{*}=\frac{c_pT^{n+1}+T^{n}L/(T_1-T_s)}{c_p+L/(T_1-T_s)} \tag{2-92}$$

情形 4：潜热释放后的温度回升点有两种可能，如果 $(T_s-T^{n+1})c_p>\dfrac{L\ (T^{n}-T_s)}{T_1-T_s}$，则释放的潜热不足以使温度回升至固相线以上，回升点的温度为：

$$(T^{n+1})^{*}=\frac{c_pT^{n+1}+L(T^{n}-T_s)/(T_1-T_s)}{c_p} \tag{2-93}$$

如果 $(T_s-T^{n+1})c_p\leqslant\dfrac{L(T^{n}-T_s)}{T_1-T_s}$，则温度回升点落于固液相线之间，同情形 3 类似，可用式（2-92）计算。

2.5.2.3　热焓法

相变时物质的比热焓 H 为：

$$H=H_0+\int_{T_0}^{T}c_p\mathrm{d}T+(1-f_{新})L \tag{2-94}$$

式中　H_0——基准温度 T_0 时的比热焓；

$f_{新}$——单元中新相的质量百分数。

将上式对温度求导，得：

$$\frac{\partial H}{\partial T}=c_p-L\cdot\frac{\partial f_{新}}{\partial T} \tag{2-95}$$

假定 $\dfrac{\partial f_{新}}{\partial T}=\dfrac{\partial V}{\partial T}$，由式（2-83）得出

$$\rho\cdot\frac{\partial H}{\partial t}=\lambda\left(\frac{\partial^2T}{\partial x^2}+\frac{\partial^2T}{\partial y^2}\right) \tag{2-96}$$

式（2-96）为考虑了相变潜热的含有比热焓的二维温度场控制方程，可用有限差分法求出其数值解。

下面以金属凝固过程为例，说明热焓法的具体处理过程。设金属凝固的液相线为 T_1，固相线为 T_s，结晶潜热为 L。用差商代替微商，得：

$$\frac{\partial H}{\partial t}=\frac{H^{p+1}-H^{p}}{\Delta t} \tag{2-97}$$

因为

$$H^{p+1}-H^{p}=(H^{p+1}-H_0)-(H^{p}-H_0)=\Delta H^{p+1}-\Delta H^{p}$$

所以

$$\frac{\partial H}{\partial t}=\frac{\Delta H^{p+1}-\Delta H^{p}}{\Delta t} \tag{2-98}$$

假定固相率$f_{新}$与温度近似成线性分布，则

$$f_{新}=\frac{T_1-T}{T_1-T_s}$$

代入式（2－94）并积分整理得：

$$\Delta H=H-H_0=c_p(T-T_0)+L\left(1-\frac{T_1-T}{T_1-T_s}\right)$$

所以

$$\begin{aligned}\Delta H^{p+1}-\Delta H^{p}&=\left[c_p(T^{p+1}-T_0)+L\left(1-\frac{T_1-T^{p+1}}{T_1-T_s}\right)\right]-\left[c_p(T^{p}-T_0)+L\left(1-\frac{T_1-T^{p}}{T_1-T_s}\right)\right]\\&=c_p\cdot L_0\cdot(T^{p+1}-T^{p})\end{aligned} \tag{2-99}$$

式中，$L_0=1+\frac{L}{c_p(T_1-T_s)}$。将式（2－99）代入式（2－98）得

$$\frac{\partial H}{\partial t}=\frac{c_p\cdot L_0\cdot(T^{p+1}-T^{p})}{\Delta t} \tag{2-100}$$

将式（2－100）代入式（2－96）就可导出考虑潜热后的差分方程。

2.5.3 空间网格尺寸和时间步长的选择

用有限差分法进行数值计算时，既要考虑计算稳定性和计算误差，又要考虑计算速度。选取小的空间步长（网格数量多）和时间步长，可提高计算精度，但要增加计算时间。所以，要根据所研究问题的要求来选定步长，过小的步长是没有必要的。

在数值计算时，首先应确定网格数量。网格数量取决于所研究区域的温度变化情况和几何形状。温度变化大，就要求步长小一些，网格密一些，如工件淬火处理过程、小型薄壁铸件的凝固过程等。几何形状复杂，则网格也要密一些。网格数量确定之后，就要考虑划分网格的方式。网格剖分可以是等步长，也可以是变步长。在温度变化剧烈的区域和薄壁棱角处步长要取的小一些，其他区域的步长可大一些；对比较关注的区域其步长可取的小一些，不重要区域的步长可大一些。

空间步长确定后，如果采用显式差分格式，就要考虑保证计算稳定性的最大时间步长，具体限制条件参见2.4.1小节。隐式和交替隐式差分格式对时间步长没有限制，但从计算精度考虑，步长不能取的太大。时间步长的大小也与研究区域的温度变化情况有关，温度变化剧烈处步长就要小一些。另外，整个数值计算过程中，在温度变化剧烈的时段时间步长可取的小一些，其他时段可大一些，即采用变步长。

2.6 材料温度场的数值计算方法

本节以求解非稳态导热的温度场为例，介绍材料成形过程温度场数值计算的基本方法和一般步骤。编程环境选择 Visual Studio Net，编程语言为 Visual C + +. Net 或 Visual Basic. Net。

2.6.1 单质材料一维温度场的计算

尺寸为 2500mm × 1000mm × 200mm 的大平板钢坯在初轧时需要加热处理，钢坯入炉前的温度 $T_c = 20$℃，在炉膛温度 $T_f = 1000$℃的环境下恒温加热。钢坯表面与环境为对流和辐射换热，设对流换热系数 $a_c = 200\mathrm{W/(m^2 \cdot K)}$，钢坯材料黑度系数 $\varepsilon = 0.7$，材料的其他热物性参数为：$\lambda = 41\mathrm{W/(m \cdot K)}$，$c_p = 504\mathrm{J/(kg \cdot K)}$，$\rho = 8000\mathrm{kg/m^3}$，斯蒂芬 - 玻耳兹曼常数 $C_0 = 5.67 \times 10^{-8}\mathrm{W/(m^2 \cdot K^4)}$。在不考虑相变潜热的情况下，求钢坯中心加热到要求温度 $T_e = 900$℃所需时间 t_e。

2.6.1.1 区域离散化

考虑到钢坯的长度和宽度远远大于厚度（5 倍以上），可视为无限大平板问题，即一维传热问题。按图 2 - 13 所示进行区域离散化，空间步长 $\Delta x = 10\mathrm{mm}$，节点按外节点法选取，则整个区域划分为 21 个节点，其中节点 1、21 为边界节点，节点 11 位于平板中心。

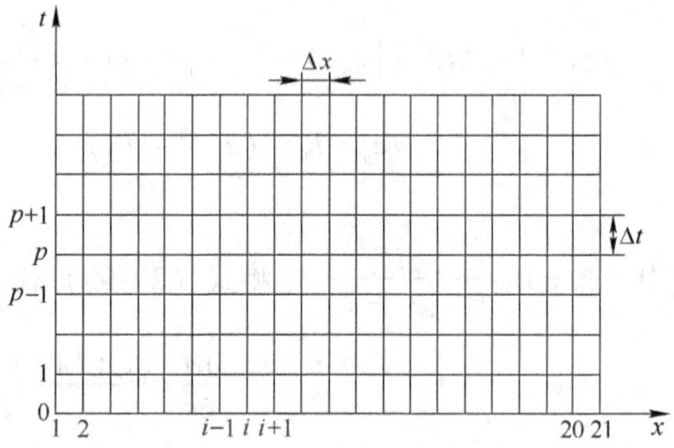

图 2 - 13 大平板区域离散化

准备按显式差分方程计算温度场，所以时间步长 Δt 的选取不是任意的，要满足差分方程的稳定性条件：

内部节点

$$Fo \leqslant \frac{1}{2}$$

边界节点

$$Fo \leqslant \frac{1}{2\left(1 + \frac{a_c \Delta x}{\lambda}\right)} = \frac{1}{2\left(1 + \frac{200 \times 0.01}{41}\right)} = 0.4767 \quad \text{（忽略了热辐射的影响）}$$

为使所求解稳定，应取 $Fo \leqslant 0.4767$，则要求

$$\Delta t \leqslant \frac{Fo \cdot (\Delta x)^2}{a} = \frac{0.4767 \times 0.01^2}{\frac{41}{504 \times 8000}} = 4.688\mathrm{s}$$

取时间步长 $\Delta t = 4.5\mathrm{s}$，这时傅里叶准数 $Fo = 0.4576$。

2.6.1.2 建立差分方程

对于内部节点，取一维显式差分方程：

$$T_i^{p+1} = FoT_{i+1}^p + (1 - 2Fo)T_i^p + FoT_{i-1}^p$$
$$(i = 2, 3, \cdots, 19, 20; p = 0, 1, 2, \cdots) \qquad (2-101)$$

对于边界节点，取一维对流和辐射混合边界差分方程：

$$T_i^{p+1} = (1-2Fo)T_i^p + 2FoT_N^p + \frac{2}{\rho c_p} \cdot \frac{\Delta t}{\Delta x}\left\{a_c(T_f - T_i^p) + \varepsilon C_0[T_f^4 - (T_i^p)^4]\right\}$$

$$(i \text{ 为边界节点编号}; p = 0,1,2,\cdots) \quad (2-102)$$

式中，对于正 x 方向的边界节点，$N=i-1$；对于负 x 方向的边界节点，$N=i+1$。所以

$$T_1^{p+1} = (1-2Fo)T_1^p + 2FoT_2^p + \frac{2}{\rho c_p} \cdot \frac{\Delta t}{\Delta x}\left\{a_c(T_f - T_1^p) + \varepsilon C_0[T_f^4 - (T_1^p)^4]\right\}$$

$$T_{21}^{p+1} = (1-2Fo)T_{21}^p + 2FoT_{20}^p + \frac{2}{\rho c_p} \cdot \frac{\Delta t}{\Delta x}\left\{a_c(T_f - T_{21}^p) + \varepsilon C_0[T_f^4 - (T_{21}^p)^4]\right\}$$

$$(p = 0,1,2,\cdots) \quad (2-103)$$

初始条件为：

$$T_i^0 = T_c \qquad (i = 1,2,\cdots 20,21) \quad (2-104)$$

通过式（2－101）、式（2－103）和式（2－104）就可计算大平板的温度场了。

2.6.1.3　程序设计

图 2－14 为本问题的计算程序流程图，具体计算过程为：

（1）在用 C、FORTRAN、BASIC 等语言编程时，首先要对欲使用的变量进行类型说明、给常数项赋值、标记变量初始化；

（2）输入可改变的计算参数（为考察该参数对温度场计算的影响，如 Δx、T_f、T_c 等变量），通过差分方程的稳定性条件确定时间步长 Δt，计算方程中的常用系数 a、Fo；

（3）通过循环语句给各节点赋时间 $t=0$ 时的温度值，使时间增加一个步长（$t=t+\Delta t$）；

（4）根据迭代公式（2－101）和式（2－103）计算各节点 t 时刻的温度值；

（5）判断平板中心点温度是否升到所要求的温度，若未到则时间增加一个步长，温度变量替换后执行步骤（4），若达到所要求的温度则停止计算，输出所用时间 t；

（6）如果要计算另一条件下的温度场，则对标记变量重新初始化后执行步骤（2），否则结束程序。

2.6.1.4　计算结果

计算结果见表 2－2。

表 2－2　大平板钢坯温度场的数值计算结果

中心点温度/℃	100.18	300.41	500.83	700.07	900.04
边界节点温度/℃	316.25	479.89	635.74	786.15	930.68
加热时间/s	316.23	797.26	1403.00	2262.61	3986.25

2.6.2　单质材料二维温度场的计算

尺寸为 2500mm×800mm×200mm 的大平板钢坯在压力加工前需要加热处理，钢坯入炉前的温度 $T_c=20$℃，在炉膛温度 $T_f=1000$℃的环境下恒温加热。钢坯表面与环境为对流和辐射换热，设对流换热系数 $a_c=200\text{W/(m}^2\cdot\text{K)}$，钢坯材料黑度系数 $\varepsilon=0.7$，材料的其他热物性参数为：$\lambda=41\text{W/(m}\cdot\text{K)}$，$c_p=504\text{J/(kg}\cdot\text{K)}$，$\rho=8000\text{kg/m}^3$，斯蒂芬－

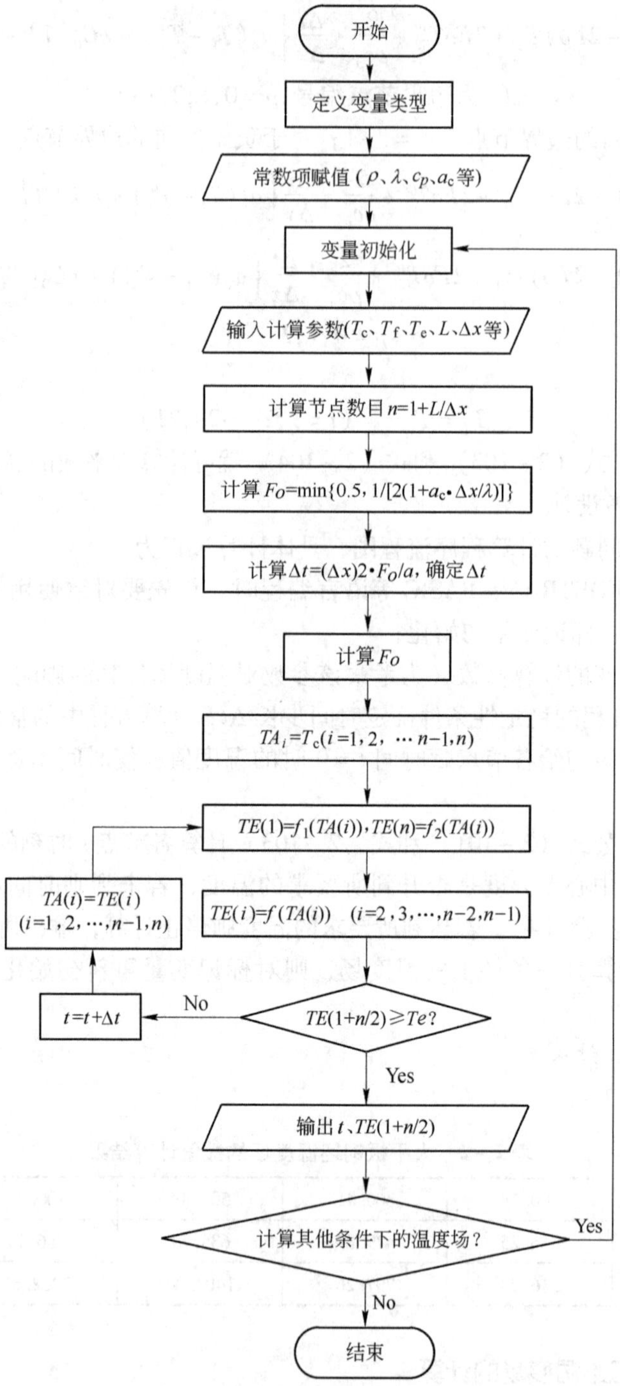

图 2－14　用显式差分方程计算一维温度场的程序流程图

玻耳兹曼常数 $C_0=5.67\times10^{-8}\mathrm{W/(m^2\cdot K^4)}$。在不考虑相变潜热的情况下，求钢坯中心加热到要求温度 $T_e=900$℃所需时间 t_e。

2.6.2.1 区域离散化

考虑到钢坯的长度远远大于厚度（5 倍以上），可视为无限长杆件问题，即二维传热问题。按图 2－15 所示进行离散化，空间步长 $\Delta x = \Delta y = 10$mm，节点按外节点法选取，则整个区间划分为 81 ×21（$l \times h$）个节点。其中

边界节点为：（$i=1$，$j=1\sim21$）；（$i=81$，$j=1\sim21$）；（$i=2\sim80$，$j=1$）；（$i=2\sim80$，$j=21$）

中心节点为：(41，11)

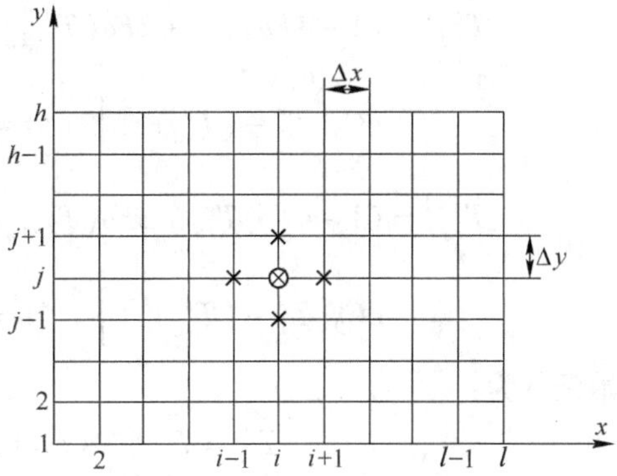

图 2－15 钢坯区域离散化

2.6.2.2 建立差分方程

对于内部节点，取二维显式差分方程：

$$T_{i,j}^{p+1} = (1-4Fo)T_{i,j}^{p} + Fo(T_{i+1,j}^{p} + T_{i-1,j}^{p} + T_{i,j+1}^{p} + T_{i,j-1}^{p})$$
$$(i=2,3,\cdots,l-1;j=2,3,\cdots,h-1;p=0,1,2,\cdots) \quad (2-105)$$

对于边界节点，取二维对流和辐射混合边界差分方程（显式格式）。

A 四条边（不包括角点）

$$T_{i,j}^{p+1} = (1-4Fo)T_{i,j}^{p} + Fo(T_{i+1,j}^{p} + T_{i-1,j}^{p} + 2T_{i,j+1}^{p}) + 2Fo \cdot \frac{\Delta x}{\lambda}\Big\{a_c(T_f - T_{i,j}^{p}) + \varepsilon C_0[T_f^4 - (T_{i,j}^{p})^4]\Big\} \quad (i=2,3,\cdots,l-1;j=1;p=0,1,2,\cdots) \quad (2-106)$$

$$T_{i,j}^{p+1} = (1-4Fo)T_{i,j}^{p} + Fo(T_{i+1,j}^{p} + T_{i-1,j}^{p} + 2T_{i,j-1}^{p}) + 2Fo \cdot \frac{\Delta x}{\lambda}\Big\{a_c(T_f - T_{i,j}^{p}) + \varepsilon C_0[T_f^4 - (T_{i,j}^{p})^4]\Big\} \quad (i=2,3,\cdots,l-1;j=h;p=0,1,2,\cdots) \quad (2-107)$$

$$T_{i,j}^{p+1} = (1-4Fo)T_{i,j}^{p} + Fo(2T_{i+1,j}^{p} + T_{i,j+1}^{p} + T_{i,j-1}^{p}) + 2Fo \cdot \frac{\Delta x}{\lambda}\Big\{a_c(T_f - T_{i,j}^{p}) + \varepsilon C_0[T_f^4 - (T_{i,j}^{p})^4]\Big\} \quad (i=1;j=2,3,\cdots,h-1;p=0,1,2,\cdots) \quad (2-108)$$

$$T_{i,j}^{p+1} = (1-4Fo)T_{i,j}^{p} + Fo(2T_{i-1,j}^{p} + T_{i,j+1}^{p} + T_{i,j-1}^{p}) + 2Fo \cdot \frac{\Delta x}{\lambda}\Big\{a_c(T_f - T_{i,j}^{p}) + \varepsilon C_0[T_f^4 - (T_{i,j}^{p})^4]\Big\} \quad (i=l;j=2,3,\cdots,h-1;p=0,1,2,\cdots) \quad (2-109)$$

B 四个角点

$$T_{i,j}^{p+1} = (1-4Fo)T_{i,j}^{p} + 2Fo(T_{i+1,j}^{p} + T_{i,j+1}^{p}) + 2Fo \cdot \frac{\Delta x}{\lambda}\Big\{a_c(T_f - T_{i,j}^{p}) + \varepsilon C_0[T_f^4 - (T_{i,j}^{p})^4]\Big\} \quad (i=1;j=1;p=0,1,2,\cdots) \quad (2-110)$$

$$T_{i,j}^{p+1} = (1-4Fo)T_{i,j}^{p} + 2Fo(T_{i-1,j}^{p} + T_{i,j+1}^{p}) + 2Fo \cdot \frac{\Delta x}{\lambda}\Big\{a_c(T_f - T_{i,j}^{p}) + \varepsilon C_0[T_f^4 - (T_{i,j}^{p})^4]\Big\} \quad (i=l;j=1;p=0,1,2,\cdots) \quad (2-111)$$

$$T_{i,j}^{p+1}=(1-4Fo)T_{i,j}^{p}+2Fo(T_{i-1,j}^{p}+T_{i,j-1}^{p})+2Fo\cdot\frac{\Delta x}{\lambda}\Big\{a_c(T_f-T_{i,j}^{p})+$$
$$\varepsilon C_0[T_f^4-(T_{i,j}^{p})^4]\Big\}\quad(i=l;j=h;p=0,1,2,\cdots)\tag{2-112}$$

$$T_{i,j}^{p+1}=(1-4Fo)T_{i,j}^{p}+2Fo(T_{i+1,j}^{p}+T_{i,j-1}^{p})+2Fo\cdot\frac{\Delta x}{\lambda}\Big\{a_c(T_f-T_{i,j}^{p})+$$
$$\varepsilon C_0[T_f^4-(T_{i,j}^{p})^4]\Big\}\quad(i=1;j=h;p=0,1,2,\cdots)\tag{2-113}$$

初始条件为：

$$T_{i,j}^{0}=T_c\qquad(i=1,2,\cdots,l;j=1,2,\cdots,h)\tag{2-114}$$

通过式（2－105）至式（2－114）就可计算钢坯的温度场了。

2.6.2.3　稳定性条件

由于按显式格式计算温度场，所以时间步长 Δt 的选取不是任意的，要满足差分方程的稳定性条件：

内部节点

$$1-4Fo\geqslant 0\qquad 即\qquad Fo\leqslant\frac{1}{4}$$

边界节点

$$Fo\leqslant\frac{1}{2\left[2+\frac{\Delta x}{\lambda}(a_c+\varepsilon C_0)\right]}$$
$$=\frac{1}{2\left[2+\frac{0.01}{41}(200+0.7\times5.67\times10^{-8})\right]}=0.244$$

为使所求解稳定，应取 $Fo\leqslant0.244$，则要求

$$\Delta t\leqslant\frac{Fo\cdot(\Delta x)^2}{a}=\frac{0.244\times0.01^2}{\frac{41}{504\times8000}}=2.3995\text{s}$$

取时间步长 $\Delta t=2\text{s}$，这时傅里叶准数 $Fo=0.203373$。

2.6.2.4　程序设计

计算程序设计如下：

（1）对欲使用的变量进行类型说明，给常数项赋值，标记变量初始化；

（2）输入可改变的计算参数（为考察该参数对温度场计算的影响，如 Δx、T_f、T_c 等变量），通过差分方程的稳定性条件确定时间步长 Δt，计算方程中的常用系数 Fo、a；

（3）通过循环语句给各节点赋 $t=0$ 时的温度值，使时间增加一个步长（$t=t+\Delta t$）；

（4）根据迭代公式（2－105）至式（2－113）计算各节点 t 时刻的温度值；

（5）判断钢坯中心点温度是否升到所要求的温度，若未到则时间增加一个步长，温度变量替换后执行步骤（4），若达到所要求的温度则停止计算，输出所用时间 t；

（6）如果要计算另一条件下的温度场，则对标记变量重新初始化后执行步骤（2），否则结束程序。

2.6.2.5　上机练习

针对本节例题，编写计算机程序。考虑问题：

（1）改变 Δx，放大和缩小 2 倍，观察计算结果的精度和计算时间；

（2）改变热物性值，如将 λ 增加 20%，即 $\lambda = 49.2\mathrm{W/(m \cdot K)}$，观察加热时间的变化；

（3）改变边界处理方法，取钢坯的一半进行研究；

（4）图示温度变化过程。

2.6.3 复合材料二维温度场的计算

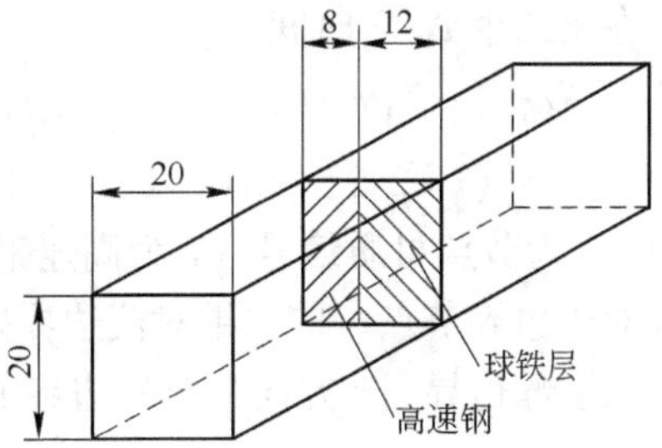

图 2 - 16 长度为 180mm 的复合冲击试样

高速钢与球铁复合而成的冲击试样（见图 2 - 16）需要淬火处理，试样在炉内已达到要求温度 $T_c = 930℃$，现快速淬入温度 $T_f = 25℃$ 的淬火介质中。假设试样表面与淬火介质的对流换热系数 a_c 平均为 $5200\mathrm{W/(m^2 \cdot K)}$，淬火介质温度保持不变，不考虑相变潜热的影响，求试样中高速钢部分都降到 $T_e = 310℃$（马氏体转变点）所需的时间 t_e，并考察空间步长对计算结果的影响。

高速钢的热物性参数为：$\lambda_1 = 26.4\mathrm{W/(m \cdot K)}$，$c_{p1} = 940\mathrm{J/(kg \cdot K)}$，$\rho_1 = 7814\mathrm{kg/m^3}$；球铁的热物性参数为：$\lambda_2 = 30\mathrm{W/(m \cdot K)}$，$c_{p2} = 510\mathrm{J/(kg \cdot K)}$，$\rho_2 = 7100\mathrm{kg/m^3}$。

2.6.3.1 区域离散化

由于试样的长度远大于其宽度和高度，所以可将其作为二维问题来处理。按图 2 - 15 所示进行区域离散化，设试样 x、y 方向的长度分别为 L_x、L_y，x、y 方向的节点数分别为 N_x、N_y，取空间步长 $\Delta x = \Delta y = 1\mathrm{mm}$，节点按外节点法选取，整个区域划分为 $N_x \times N_y$ 个节点，其中周边的 $2((N_x - 1) + (N_y - 1))$ 个节点为边界节点，节点 $\{(1 + 8/\Delta x), (1 + N_y/2)\}$ 为所求位置，标记为节点 (N_x^*, N_y^*)。

内部节点的温度场拟采用交替隐式差分方程进行计算，所以时间步长 Δt 的选取只受边界节点差分方程的限制，其稳定性条件为（对流边界）：

$$Fo_1 \leqslant \frac{1}{2\left(2 + \dfrac{a_c \Delta x}{\lambda_1}\right)} = \frac{1}{2\left(2 + \dfrac{5200 \times 0.001}{26.4}\right)} = 0.2275$$

$$Fo_2 \leqslant \frac{1}{2\left(2 + \dfrac{a_c \Delta x}{\lambda_2}\right)} = \frac{1}{2\left(2 + \dfrac{5200 \times 0.001}{30}\right)} = 0.2300$$

式中，Fo_1 和 Fo_2 分别为高速钢边界和球铁边界的差分方程傅里叶准数的限制情况，所以相应的时间步长限制条件为：

$$\Delta t_1 \leqslant \frac{Fo_1 \cdot (\Delta x)^2}{a_1} = \frac{0.2275 \times 0.001^2}{\dfrac{26.4}{940 \times 7814}} = 0.06329\mathrm{s}$$

$$\Delta t_2 \leqslant \frac{Fo_2 \cdot (\Delta x)^2}{a_2} = \frac{0.2300 \times 0.001^2}{\dfrac{30}{510 \times 7100}} = 0.0277\mathrm{s}$$

为使所求解稳定，应取时间步长 $\Delta t \leqslant 0.0277$s。

2.6.3.2　建立差分方程

对于内部节点，取二维交替隐式差分方程。

在第一个 $\Delta t/2$ 时间：

$$2(1+Fo_k)T_{i,j}^{p+\frac{1}{2}} - Fo_k T_{i+1,j}^{p+\frac{1}{2}} - Fo_k T_{i-1,j}^{p+\frac{1}{2}} = 2(1-Fo_k)T_{i,j}^{p} + Fo_k(T_{i,j+1}^{p} + T_{i,j-1}^{p})$$

$$(i=2,3,\cdots,N_x-2,N_x-1;j=2,3,\cdots,N_y-2,N_y-1;p=0,1,2,\cdots) \tag{2-115}$$

在第二个 $\Delta t/2$ 时间：

$$2(1+Fo_k)T_{i,j}^{p+1} - Fo_k T_{i,j+1}^{p+1} - Fo_k T_{i,j-1}^{p+1} = 2(1-Fo_k)T_{i,j}^{p+\frac{1}{2}} + Fo_k(T_{i+1,j}^{p+\frac{1}{2}} + T_{i-1,j}^{p+\frac{1}{2}})$$

$$(i=2,3,\cdots,N_x-2,N_x-1;j=2,3,\cdots,N_y-2,N_y-1;p=0,1,2,\cdots) \tag{2-116}$$

式中，k 为节点材质编号（1 为高速钢，2 为球铁）。

对于边界节点，取二维对流边界差分方程：

在上部边界（x 方向分布的边界节点）：

$$T_{i,N_y}^{p+1} = (1-4Fo_k)T_{i,N_y}^{p} + 2Fo_k T_{i,N_y-1}^{p} + Fo_k(T_{i+1,N_y}^{p} + T_{i-1,N_y}^{p}) + \frac{2a_c}{\rho c_p}\cdot\frac{\Delta t}{\Delta x}(T_f - T_{i,N_y}^{p})$$

$$(i=2,3,\cdots,N_x-1;p=0,1,2,\cdots) \tag{2-117}$$

在下部边界（x 方向分布的边界节点）：

$$T_{i,1}^{p+1} = (1-4Fo_k)T_{i,1}^{p} + 2Fo_k T_{i,2}^{p} + Fo_k(T_{i+1,1}^{p} + T_{i-1,1}^{p}) + \frac{2a_c}{\rho c_p}\cdot\frac{\Delta t}{\Delta x}(T_f - T_{i,1}^{p})$$

$$(i=2,3,\cdots,N_x-1;p=0,1,2,\cdots) \tag{2-118}$$

在左部边界（y 方向分布的边界节点）：

$$T_{1,j}^{p+1} = (1-4Fo_k)T_{1,j}^{p} + 2Fo_k T_{2,j}^{p} + Fo_k(T_{1,j+1}^{p} + T_{1,j-1}^{p}) + \frac{2a_c}{\rho c_p}\cdot\frac{\Delta t}{\Delta y}(T_f - T_{1,j}^{p})$$

$$(j=2,3,\cdots,N_y-1;p=0,1,2,\cdots) \tag{2-119}$$

在右部边界（y 方向分布的边界节点）：

$$T_{N_x,j}^{p+1} = (1-4Fo_k)T_{N_x,j}^{p} + 2Fo_k T_{N_x-1,j}^{p} + Fo_k(T_{N_x,j+1}^{p} + T_{N_x,j-1}^{p}) + \frac{2a_c}{\rho c_p}\cdot\frac{\Delta t}{\Delta y}(T_f - T_{N_x,j}^{p})$$

$$(j=2,3,\cdots,N_y-1;p=0,1,2,\cdots) \tag{2-120}$$

在 4 个顶角节点：

$$T_{i,j}^{p+1} = (1-4Fo_k)T_{i,j}^{p} + 2Fo_k(T_{i\pm1,j}^{p} + T_{i,j\pm1}^{p}) + \frac{2a_c\Delta t}{\rho c_p}\cdot\left(\frac{T_f - T_{i,j}^{p}}{\Delta x} + \frac{T_f - T_{i,j}^{p}}{\Delta y}\right)$$

$$(i=1,N_x;j=1,N_y;p=0,1,2,\cdots) \tag{2-121}$$

式中的“±”应视具体的顶角节点位置而定。

初始条件为：

$$T_{i,j}^{0} = T_c \qquad (i=1,2,\cdots,N_x;j=1,2,\cdots,N_y) \tag{2-122}$$

通过式（2-115）至式（2-122）就可计算试样的温度场了。需要注意的是，本例题为复合材质，在计算某一节点的温度时，其差分方程中要代入该节点所在位置材质的热物性参数。

2.6.3.3　程序设计

计算程序设计如下：

（1）对欲使用的变量进行类型说明，给常数项赋值，标记变量初始化；

（2）输入可改变的计算参数，计算方程中的常用系数 a 等，计算各节点的傅里叶准数 $Fo(i, j)$，通过边界节点差分方程的稳定性条件确定时间步长 Δt；

（3）通过循环语句给各节点赋 $t=0$ 时的温度值，使时间增加一个步长（$t=t+\Delta t$）；

（4）首先根据迭代公式（2－117）至式（2－121）计算各边界节点 t 时刻的温度值；然后用 Thomas 算法求解差分方程（2－115），得到各节点（$p+1/2$）Δt 时刻的温度，再用 Thomas 算法求解差分方程（2－118），得到各节点（$p+1$）Δt 时刻的温度；

（5）判断 $T^{p+1}_{N_x^*,N_y^*}$ 是否降到所要求的温度，若未到则时间增加一个步长，替换初值后进行步骤（4）的操作；若达到要求则停止计算，打印计算结果；

（6）将 $\Delta x=\Delta y$ 分别赋值为 0.1mm、0.5mm、2.0mm、4.0mm，考察空间步长对计算精度的影响。

图 2－17 是程序的运行界面和执行结果。上面为问题说明，中间两个文本框显示计算结果，下面为 2 个命令钮，用于控制程序的执行和退出。

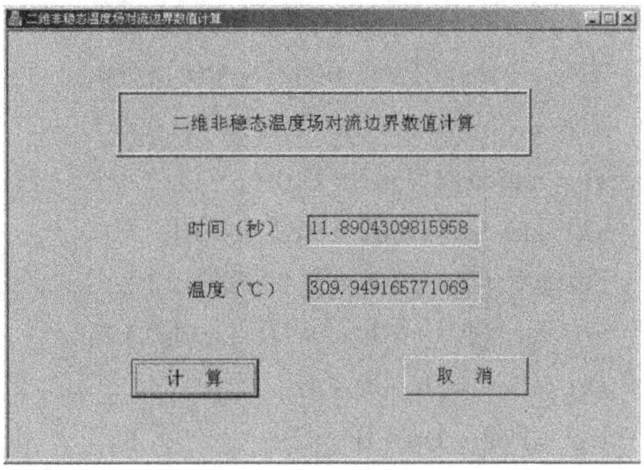

图 2－17 程序运行界面

下面是程序的简要说明。

A 加必要的头文件和函数说明

```
//LT02Dlg.cpp:实现文件
#include "stdafx.h"
#include "LT02.h"
#include "LT02Dlg.h"
#ifdef_DEBUG
#define new DEBUG_NEW
#endif

                                        //在此定义函数原形
double cal_fo(int,int,double,double);   //根据节点位置计算该节点的傅里叶准数
double cal_lou(int,int,double,double);  //根据节点位置计算该节点的密度
double cal_cp(int,int,double,double);   //根据节点位置计算该节点的热容
```

B 设定常数项和变量说明

```
void CLT02Dlg::OnBnClickedOk()
{
    const double lamda1 =26.4,Cp1 =940,lou1 =7814;  //材料热物性参数(高速钢)
    const double lamda2 =30.0,Cp2 =510,lou2 =7100;  //材料热物性参数(球铁)
    const double Tc =930,Tf =25,Te =310,ac =5200;
                    //初始温度、淬火介质温度、计算终止温度、对流换热系数
    const double Lx =0.02,Ly =0.02;     //试样尺寸(m)
    int Nx,Ny,NNx,NNy;                  //节点数和考察位置节点号
    int ii,jj,kk;
```

```
    double lamda,Cp,lou;                    //材料热物性参数变量
    double a1,a2,Fo,Fo1,Fo2,Dt,Dt1,Dt2,Dx,Dy,time;
                        //热扩散率、傅里叶准数、时空步长和时间记数变量
    double TA[100][100],TE[100][100],TE2[100][100];
                        //前一时刻、当前时刻、一半时刻的温度
    double aa[100],bb[100],cc[100],dd[100],PP[100],QQ[100];
```

C 定义已知条件,计算相关系数

```
time =0;
Dx = Dy =0.001;
Nx = (int)(1 + Lx/Dx +0.001);
Ny = (int)(1 + Ly/Dy +0.001);
NNx = (int)(1 +0.008/Dx +0.001);
NNy = (int)(1 + Ly/(2 * Dy) +0.001);
a1 = lamda1/(lou1 * Cp1);
a2 = lamda2/(lou2 * Cp2);
Fo1 =1/(2 * (2 + ac * Dx/lamda1));
Fo2 =1/(2 * (2 + ac * Dx/lamda2));
Dt1 = Fo1 * Dx * Dx/a1;
Dt2 = Fo2 * Dx * Dx/a2;
Dt = (Dt1 < Dt2? Dt1:Dt2);
Dt =0.1 * Dt;
Fo1 = a1 * Dt/(Dx * Dx);
Fo2 = a2 * Dt/(Dx * Dx);
time = time + Dt;
for(int i =1;i < =Nx;i + +)                    //赋初值
    for(int j =1;j < =Ny;j + +)
        TA[i][j] =Tc;
```

D 计算边界节点温度(显式格式)

```
// -------计算角点温度 ----------------
label1:
  ii =1;  jj =1;
  Fo = Fo1;  lou = lou1;  Cp = Cp1;
  TE[ii][jj] =(1 -4 * Fo) * TA[ii][jj] +2 * Fo * (TA[ii +1][jj] +TA[ii][jj +1]) +
            ((Tf - TA[ii][jj])/Dx + (Tf - TA[ii][jj])/Dy) * 2 * ac * Dt/(lou *
            Cp);
  ii =1;  jj =Ny;
  Fo = Fo1;  lou = lou1;  Cp = Cp1;
  TE[ii][jj] =(1 -4 * Fo) * TA[ii][jj] +2 * Fo * (TA[ii +1][jj] +TA[ii][jj -1]) +
            ((Tf -TA[ii][jj])/Dx + (Tf -TA[ii][jj])/Dy) * 2 * ac * Dt/(lou * Cp);
```

```
  ii = Nx;   jj = 1;
  Fo = Fo2;   lou = lou2;   Cp = Cp2;
  TE[ii][jj] = (1 -4 * Fo) * TA[ii][jj] +2 * Fo * (TA[ii -1][jj] + TA[ii][jj +1]) +
             ((Tf - TA[ii][jj])/Dx + (Tf - TA[ii][jj])/Dy) * 2 * ac * Dt/(lou *
             Cp);
  ii = Nx;   jj = Ny;
  Fo = Fo2;   lou = lou2;   Cp = Cp2;
  TE[ii][jj] = (1 -4 * Fo) * TA[ii][jj] +2 * Fo * (TA[ii -1][jj] + TA[ii][jj -1]) +
             ((Tf - TA[ii][jj])/Dx + (Tf - TA[ii][jj])/Dy) * 2 * ac * Dt/(lou *
             Cp);
// ----------计算边的温度-------------
jj = 1;
for(int i = 2;i < Nx;i + + )
  {
    Fo = cal_fo(i,NNx,Fo1,Fo2);
    lou = cal_lou(i,NNx,lou1,lou2);
    Cp = cal_cp(i,NNx,Cp1,Cp2);
    TE[i][jj] = (1 -4 * Fo) * TA[i][jj] +2 * Fo * TA[i][jj +1] + Fo * (TA[i +1]
              [jj] + TA[i -1][jj]) + (Tf - TA[i][jj]) * 2 * ac * Dt/(lou * Cp *
              Dx);
  }
jj = Ny;
for(int i = 2;i < Nx;i + + )
  {
    Fo = cal_fo(i,NNx,Fo1,Fo2);
    lou = cal_lou(i,NNx,lou1,lou2);
    Cp = cal_cp(i,NNx,Cp1,Cp2);
    TE[i][jj] = (1 -4 * Fo) * TA[i][jj] +2 * Fo * TA[i][jj -1] + Fo * (TA[i +1]
              [jj] + TA[i -1][jj]) + (Tf - TA[i][jj]) * 2 * ac * Dt/(lou * Cp *
              Dx);
  }
ii = 1;
for(int j = 2;j < Ny;j + + )
  {
    Fo = Fo1;   lou = lou1;   Cp = Cp1;
    TE[ii][j] = (1 -4 * Fo) * TA[ii][j] +2 * Fo * TA[ii +1][j] + Fo * (TA[ii]
              [j +1] + TA[ii][j -1]) + (Tf - TA[ii][j]) * 2 * ac * Dt/(lou *
              Cp * Dy);
  }
```

```
ii = Nx;
for(int j = 2;j < Ny;j + + )
  {
    Fo = Fo2;  lou = lou2;  Cp = Cp2;
    TE[ii][j] = (1 - 4 * Fo) * TA[ii][j] + 2 * Fo * TA[ii - 1][j] + Fo * (TA[ii]
                [j + 1] + TA[ii][j - 1]) + (Tf - TA[ii][j]) * 2 * ac * Dt/(lou *
                Cp * Dy);
  }
```

E 计算内部节点温度

```
// ----------隐式格式,Thomas 算法 ---------
for(int j = 2;j < Ny;j + + )  //Y 方向为显式
  {
    for(int i = 2;i < Nx;i + + )
      {
        Fo = cal_fo(i,NNx,Fo1,Fo2);
        aa[i] = cc[i] = Fo;
        bb[i] = 2 * (1 + Fo);
        dd[i] = 2 * (1 - Fo) * TA[i][j] + Fo * (TA[i][j + 1] + TA[i][j - 1]);
      }
    aa[1] = cc[1] = 0;
    aa[Nx] = cc[Nx] = 0;
    bb[1] = bb[Nx] = 1;
    Fo = Fo1;  lou = lou1;  Cp = Cp1;
    dd[1] = (1 - 4 * Fo) * TA[1][j] + 2 * Fo * TA[2][j] + Fo * (TA[1][j + 1] + TA
            [1][j - 1]) + (Tf - TA[1][j]) * 2 * ac * Dt/(lou * Cp * Dy);
    Fo = Fo2;  lou = lou2;  Cp = Cp2;
    dd[Nx] = (1 - 4 * Fo) * TA[Nx][j] + 2 * Fo * TA[Nx - 1][j] + Fo * (TA[Nx]
             [j + 1] + TA[Nx][j - 1]) + (Tf - TA[Nx][j]) * 2 * ac * Dt/(lou *
             Cp * Dy);
    PP[1] = aa[1]/bb[1];
    QQ[1] = dd[1]/bb[1];
    for(i = 2;i < = Nx;i + + )
      {
        PP[i] = aa[i]/(bb[i] - cc[i] * PP[i - 1]);
        QQ[i] = (dd[i] + cc[i] * QQ[i - 1])/(bb[i] - cc[i] * PP[i - 1]);
      }
    TE2[1][j] = (TA[1][j] + TE[1][j])/2.0;
        //边界温度取前一时刻和当前时刻的平均值(由于时间处于两时刻中间)
    TE2[Nx][j] = (TA[Nx][j] + TE[Nx][j])/2.0;
```

```
    for(i = Nx - 1;i > 1;i - - )
      TE2[i][j] = PP[i] * TE2[i+1][j] + QQ[i];
  }

// -----------------------
  for(int i = 2;i < Nx;i + + )   //X 方向为显式
    {
      Fo = cal_fo(i,NNx,Fo1,Fo2);
      lou = cal_lou(i,NNx,lou1,lou2);
      Cp = cal_cp(i,NNx,Cp1,Cp2);
      for(int j = 2;j < Ny;j + + )
        {
      aa[j] = cc[j] = Fo;
      bb[j] =2 * (1 + Fo);
      dd[j] =2 * (1 - Fo) * TE2[i][j] + Fo * (TE2[i+1][j] + TE[i-1][j]);
        }
      aa[1] = cc[1] =0;
      aa[Ny] = cc[Ny] =0;
      bb[1] = bb[Ny] =1;
      dd[1] = (1 -4 * Fo) * TA[i][1] +2 * Fo * TA[i][2] + Fo * (TA[i+1][1] +
              TA[i-1][1]) + (Tf - TA[i][1]) * 2 * ac * Dt/(lou * Cp * Dx);
      dd[Ny] = (1 - 4 * Fo) * TA[i][Ny] + 2 * Fo * TA[i][Ny - 1] + Fo * (TA
              [i+1][Ny] + TA[i - 1][Ny]) + (Tf - TA[i][Ny]) * 2 * ac * Dt/
              (lou * Cp * Dx);
      PP[1] = aa[1]/bb[1];
      QQ[1] = dd[1]/bb[1];
      for(int j = 2;j < = Ny;j + + )
        {
          PP[j] = aa[j]/(bb[j] - cc[j] * PP[j-1]);
          QQ[j] = (dd[j] + cc[j] * QQ[j-1])/(bb[j] - cc[j] * PP[j-1]);
        }
      for(int j = Ny - 1;j > 1;j - - )   //TE[i][Ny]、TE[i][1]值已用边界条件算出
        TE[i][j] = PP[j] * TE[i][j+1] + QQ[j];
    }
```

F 判断终止条件

```
if(TE[NNx][NNy] > Te)
  {
    time = time + Dt;
    for(int i = 1;i < = Nx;i + + )
```

```
        for(int j = 1;j < = Ny;j + + )
          TA[i][j] = TE[i][j];
      goto label1;
    }
```

G 显示计算结果

```
      UpdateData(TRUE);
      time1 = time;
      tmp1 = TE[NNx][NNy];
      UpdateData(FALSE);
    }
```

H 自定义函数

```
double cal_fo(int I,int NNX,double fo1,double fo2)
{
   double fo;
      if(I < NNX)
        fo = fo1;
      else
        {
          if(I = = NNX)
            fo = (fo1 + fo2)/2;
          else
            fo = fo2;
        }
      return fo;
}
// -----------------------------------------------------------------
double cal_lou(int I,int NNX,double lou1,double lou2)
{
   double lou;
   if(I < NNX)
      lou = lou1;
   else
      {
        if(I = = NNX)
          lou = (lou1 + lou2)/2;
        else
          lou = lou2;
      }
   return lou;
```

```
}
// ------------------------------------------------------------
double cal_cp(int I,int NNX,double cp1,double cp2)
{
  double cp;
  if(I < NNX)
    cp = cp1;
  else
    {
      if(I = = NNX)
        cp = (cp1 + cp2)/2;
      else
        cp = cp2;
    }
  return cp;
}
```

复习思考题

1. 有限差分法的数学基础是用有限差商代替微商，写出一阶和二阶差商的各种格式，并估计其误差的大小。
2. 在有限差分法中，节点划分有几种方法，每种方法所形成的单元有何不同?
3. 在材料温度场的数值计算中，依据什么来建立内部节点和边界节点的差分方程?
4. 以对流换热边界条件为例，推导二维温度场边界节点温度计算的差分方程。
5. 比较差分方程的显式格式和隐式格式的特点。说明二维温度场用显式差分方程进行计算的稳定性条件。
6. 说明有限差分法进行材料温度场数值计算的步骤和计算机程序设计方法（计算流程）。

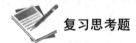

3 有限元法的基本原理

有限元法是随着电子计算机的发展而迅速发展起来的一种现代数值计算方法。它是20世纪50年代首先在连续体力学领域——飞机结构静、动态特性分析中应用的一种有效的数值分析方法，随后很快被广泛地应用于求解热传导、电磁场、流体力学、生物工程等连续性问题中。

数值分析的任务，就是从无限维空间转化到有限维空间，把连续系统转变为离散型的结构。有限元法就是利用场函数分片多项式逼近模式来实现离散化过程的。

3.1 概述

3.1.1 有限元法的基本概念

有限元分析是利用数学近似的方法对真实物理系统（几何和载荷工况）进行模拟，利用简单而又相互作用的元素（单元），用有限数量的未知量去逼近无限未知量的真实系统。图 3 - 1 列出了几个物理系统的构成实例。

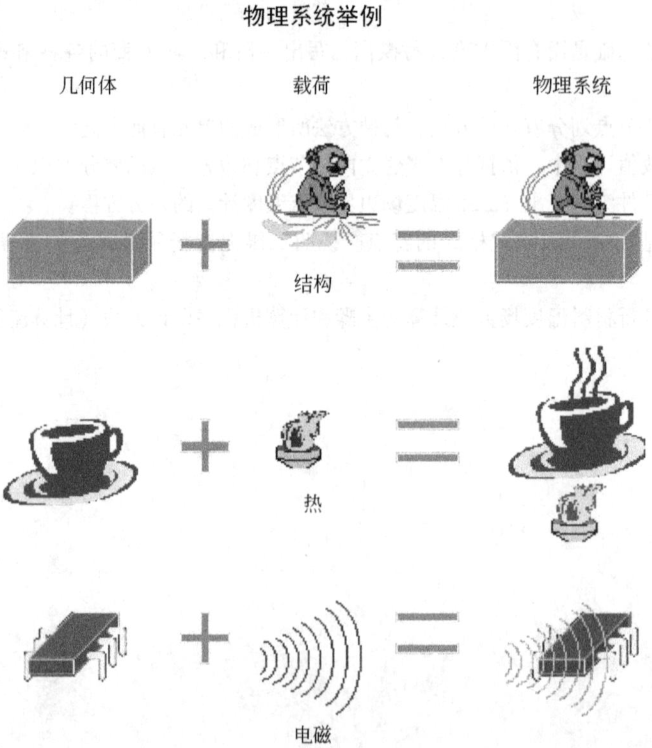

图 3 - 1　真实物理系统的构成

3.1.1.1 有限元模型

可以看出，真实物理系统是由对具有一定几何形体的研究对象施加一定的载荷构成的。要对真实物理系统的场变量进行数值分析，必须首先建立有限元模型。有限元模型是真实物理系统理想化的数学抽象。在图 3－2 中，对一个梯子进行结构受力分析时，建立的有限元模型如图 3－2b 所示。根据研究问题的特性，由真实物理系统来建立其相应的有限元模型的过程称为离散化。

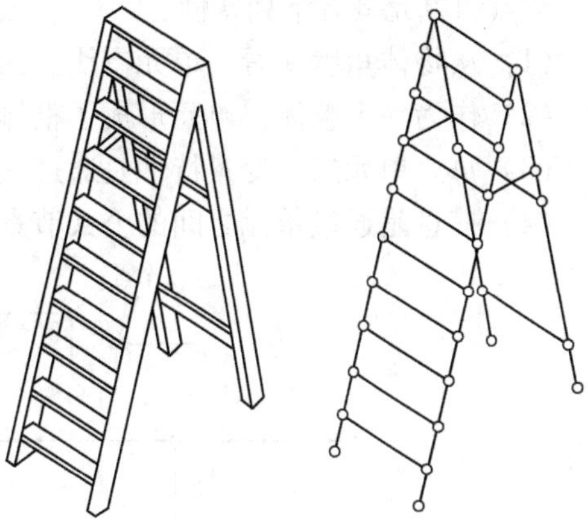

图 3－2 真实物理系统及其有限元模型

a—真实物理系统；b—有限元模型

3.1.1.2 自由度

自由度（DOFs）用于描述一个物理场的响应特性。例如在图 3－3 所示的一个节点，其结构问题（位移或应力）的响应特性为位移，它具有 3 个平行位移和 3 个旋转位移共计 6 个自由度。在有限元分析中，常见问题的自由度见表 3－1。

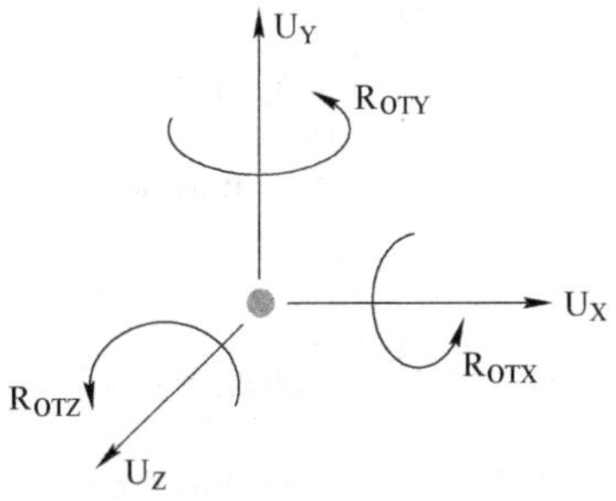

图 3－3 结构自由度

表 3－1 常见问题的自由度

研究方向	自由度
结构	位移
热	温度
流体	压力
电	电位
磁	磁位

3.1.1.3 节点与单元

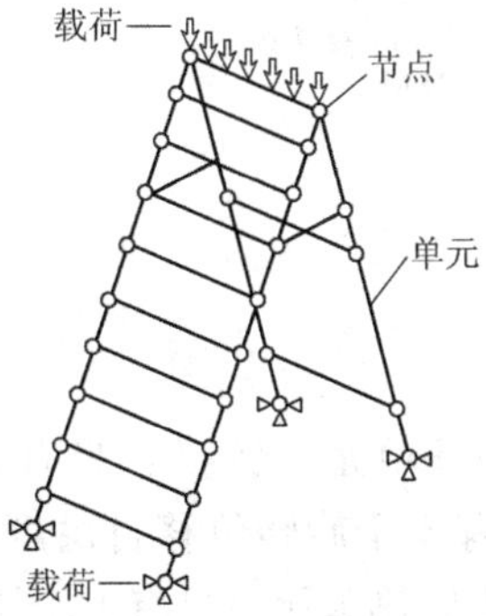

图 3－4 有限元模型

在有限元分析中，通过离散化过程建立起具有节点和单元的有限元模型。图 3－4 为梯子结构问题的有限元模型，其上已施加了力载荷和自由度约束载荷。下面是节点和单元的定义。

节点：有限元模型中空间的坐标位置，具有一定自由度和存在相互物理作用。

单元：有限元模型中节点间相互联系的抽象物体，具有节点自由度间相互作用的数值、矩阵描述（称为刚度或系数矩阵）。

有限元模型是由一些简单形状的单元组成，单元之间通过节点连接，并承受一定载荷。

节点和单元具有下列特性：

（1）从物体角度来看，单元有线、面或实体以及二维或三维的单元等种类；

（2）作为一个整体，单元形成了整体结构的数学模型；

（3）每个单元的场变量特性是通过一些线性方程式来描述的；

（4）信息是通过单元之间的公共节点传递的（见图 3－5）；

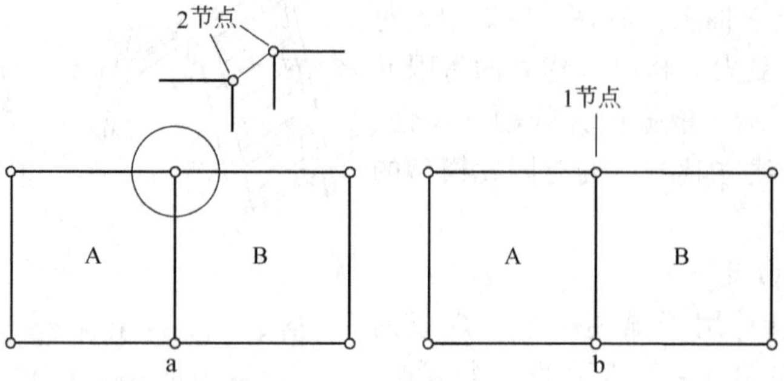

图 3－5　单元之间的信息传递

a—分离但节点重叠的单元 A 和 B 之间没有信息传递；b—具有公共节点的单元之间存在信息传递

（5）节点自由度是随连接该节点的单元类型变化的（见图 3－6）。

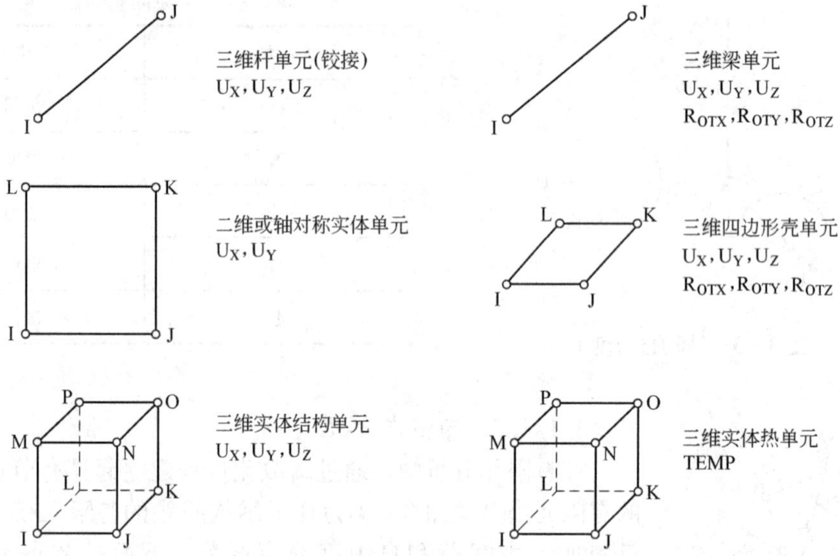

图 3－6　单元类型决定节点自由度

在图 3－6 中可以看出，单元类型决定了节点自由度：三维的杆单元（铰接）只有 3 个平移位移自由度，而三维梁单元除 3 个平移位移自由度外，还有 3 个旋转位移自由度；对于三维实体结构单元，具有 3 个平移位移自由度，而对于三维实体热单元，只有 1 个温度自由度。

3.1.1.4　单元形函数

单元形函数是一种数学函数，规定了从节点自由度值推算单元内所有点处自由度值的计算方法。单元形函数提供出一种描述单元内部结果的“形状”，描述的是给定单元的一种假定的特性。单元形函数与真实工作特性吻合程度的好坏，直接影响有限元分析的求解精度。

单元形函数的选取方式，影响到形函数的复杂程度和求解精度。从图 3－7 看到，对于一个二次分布的真实系统，可以用线性近似、分段线性近似和二次近似来求解，线性近似的形函数比较简单，但求解精度较差；而二次近似的求解精度很高，但形函数比较复杂。

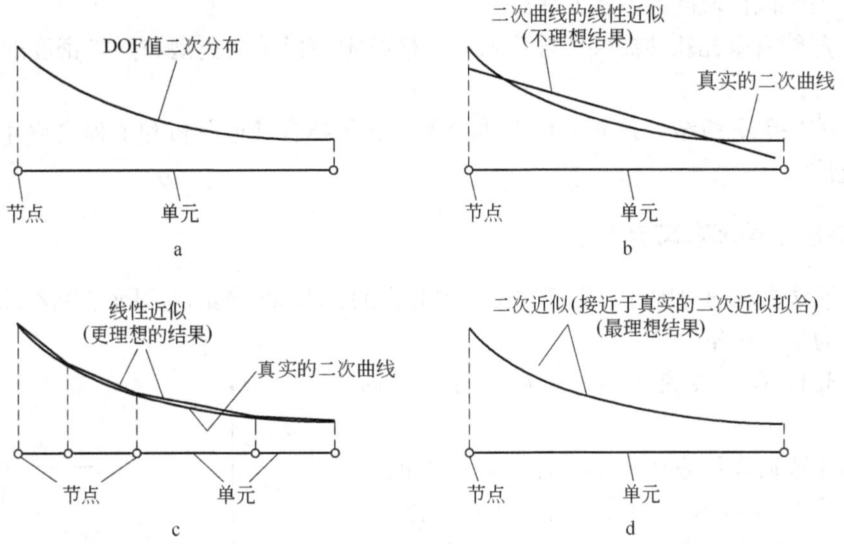

图 3－7　单元形函数的选取方式

3.1.2　有限元法的特点

简单地讲，有限元法是一种离散化的数值计算方法。离散后的单元与单元间只通过节点相联系，所有的场变量（如位移、应力、应变、温度、速度、压力等）都通过节点进行计算。对于每个单元，选取适当的插值函数（或形函数），使得该函数在子域内部、子域分界面（内部边界）上以及子域与外界分界面（外部边界）上都满足一定的条件。然后把所有单元的方程组装起来，就得到了整个结构的方程组。求解该方程组，就可以得到结构的近似解。

有限元法具有下面的优点：

（1）整个系统离散为有限个单元，并将适合整个系统的方程转换为一组线性联立方程组，从而可以用多种数值计算方法对其求解；

（2）边界条件不进入单个有限单元的方程中，而是在得到整体方程后再引入边界条件。这样，内部和边界上的单元都能够采用相同的场变量模型。而且，当边界条件改变时，不需改变内部场变量模型；

（3）不需要适用于整个研究物体的插值函数，而只需要对每个子域或单元采用各自的插值函数，这就使对于形状复杂的物体也能适用；

（4）考虑物体的多维连续性，不仅在离散过程中把物体看成是连续的，而且不需要用分别的插值过程把近似解推广到连续体中的每一点；

(5) 很容易求解非均匀性的连续介质，而其他方法处理非均匀性非常困难；

(6) 适用于线性和非线性问题；

(7) 可以得到严格的数学推理和物理解释。

有限元法存在的不足之处：

(1) 在对复杂问题的分析上，计算资源（计算时间、内存占用、磁盘空间）耗费大；

(2) 对无限区域问题不易处理；

(3) 尽管有限元软件提供了自动划分网格技术，但单元类型和网格密度的选取还要依赖于经验；

(4) 有限元分析结果并不是 CAE 的全部，必须结合其他分析和工程实践才能完成整个工程设计。

3.1.3 弹性力学的基本方程

有限元法是在解决弹性力学问题中发展起来的，本章介绍的有限元法基本原理就是以弹性力学为研究对象。

3.1.3.1 6 个应变方程——应变与位移的关系

物体受载荷作用发生变形，任取物体上的一点 A（如图 3－8 所示），变形后移至 A' 点，称 AA' 在三个坐标方向上的投影 u，v，w 为点 $A(x, y, z)$ 的位移函数（位移分量），记为

$$\left.\begin{aligned} u &= u(x,y,z) \\ v &= v(x,y,z) \\ w &= w(x,y,z) \end{aligned}\right\} \tag{3-1}$$

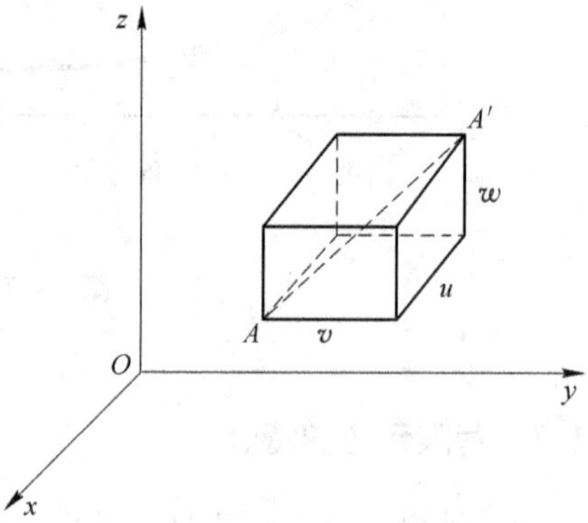

图 3－8 A 点位移模型

那么 A 点的应变 $\boldsymbol{\varepsilon}$ 是由六个应变分量 ε_x、ε_y、ε_z、γ_{xy}、γ_{yz}、γ_{zx} 构成，写成矩阵形式

$$\boldsymbol{\varepsilon} = \begin{Bmatrix} \varepsilon_x \\ \varepsilon_y \\ \varepsilon_z \\ \gamma_{xy} \\ \gamma_{yz} \\ \gamma_{zx} \end{Bmatrix} = \begin{pmatrix} \frac{\partial}{\partial x} & 0 & 0 \\ 0 & \frac{\partial}{\partial y} & 0 \\ 0 & 0 & \frac{\partial}{\partial z} \\ \frac{\partial}{\partial y} & \frac{\partial}{\partial x} & 0 \\ 0 & \frac{\partial}{\partial z} & \frac{\partial}{\partial y} \\ \frac{\partial}{\partial z} & 0 & \frac{\partial}{\partial x} \end{pmatrix} \begin{Bmatrix} u \\ v \\ w \end{Bmatrix} = \begin{pmatrix} \frac{\partial u}{\partial x} \\ \frac{\partial v}{\partial y} \\ \frac{\partial w}{\partial z} \\ \frac{\partial u}{\partial y} + \frac{\partial v}{\partial x} \\ \frac{\partial v}{\partial z} + \frac{\partial w}{\partial y} \\ \frac{\partial w}{\partial x} + \frac{\partial u}{\partial z} \end{pmatrix} \tag{3-2}$$

式中，ε_x、ε_y、ε_z 为三个坐标轴方向的正应变，γ_{xy}、γ_{yz}、γ_{zx} 为三个坐标平面的剪切应变。式（3－2）表明了应变与位移的关系，称为应变方程或几何方程。

3.1.3.2 3个平衡方程

包含 A 点取平行于坐标轴平面的正六面体单元，设作用在该单元上的体积力 $\boldsymbol{F}^e$ 为：

$$\boldsymbol{F}^e = \{F_x \quad F_y \quad F_z\}^{\mathrm{T}}$$

若 A 点处于平衡，则各应力分量应满足平衡方程：

$$\left.\begin{aligned}\frac{\partial \sigma_x}{\partial x} + \frac{\partial \tau_{xy}}{\partial y} + \frac{\partial \tau_{xz}}{\partial z} + F_x = 0\\ \frac{\partial \tau_{yx}}{\partial x} + \frac{\partial \sigma_y}{\partial y} + \frac{\partial \tau_{yz}}{\partial z} + F_y = 0\\ \frac{\partial \tau_{zx}}{\partial x} + \frac{\partial \tau_{zy}}{\partial y} + \frac{\partial \sigma_z}{\partial z} + F_z = 0\end{aligned}\right\} \tag{3-3}$$

式中，σ_x、σ_y、σ_z 为三个坐标轴方向的正应力，τ_{xy}、τ_{yx}、τ_{yz}、τ_{zy}、τ_{zx}、τ_{xz} 为三个坐标平面的剪切应力。在剪切应力中，τ_{xy} 与 τ_{yx} 大小相同，方向不同，余者类似。

式（3-3）表明，弹性体发生变形时，在拉伸过程中不出现裂缝，在弯曲过程中既不出现折断，也没有一部分与另一部分的重叠。也就是说，弹性体的位移场是连续和单值的。

3.1.3.3 6个本构方程——应力与应变的关系

材料拉伸试验表明，随着拉伸载荷的增加，应力应变关系可表现为三个阶段：

（1）弹性阶段——应力应变呈线性关系（弹性变形），符合虎克定律；

（2）屈服阶段——应力应变呈非线性关系（弹塑性变形）；

（3）断裂阶段——试样出现缩颈、裂纹，迅速断裂。

材料在弹性阶段，应力应变关系服从广义虎克定律，其矩阵表达式为：

$$\boldsymbol{\sigma} = \boldsymbol{D}^e \boldsymbol{\varepsilon} \tag{3-4}$$

其中

$$\boldsymbol{D}^e = \frac{E}{(1+\nu)(1-2\nu)}\begin{pmatrix} 1-\nu & \nu & \nu & 0 & 0 & 0 \\ \nu & 1-\nu & \nu & 0 & 0 & 0 \\ \nu & \nu & 1-\nu & 0 & 0 & 0 \\ 0 & 0 & 0 & \frac{1-2\nu}{2} & 0 & 0 \\ 0 & 0 & 0 & 0 & \frac{1-2\nu}{2} & 0 \\ 0 & 0 & 0 & 0 & 0 & \frac{1-2\nu}{2} \end{pmatrix} \tag{3-5}$$

式中，$\boldsymbol{D}^e$ 称为弹性矩阵或本构矩阵，E 为杨氏模量，ν 为泊松比。应力、应变向量为

$$\boldsymbol{\sigma} = \{\sigma_x \quad \sigma_y \quad \sigma_z \quad \tau_{xy} \quad \tau_{yz} \quad \tau_{zx}\}^{\mathrm{T}}$$

$$\boldsymbol{\varepsilon} = \{\varepsilon_x \quad \varepsilon_y \quad \varepsilon_z \quad \gamma_{xy} \quad \gamma_{yz} \quad \gamma_{zx}\}^{\mathrm{T}}$$

式（3-4）表示了弹性状态下的6个应力应变方程。

3.1.3.4 等效应力与等效应变

在实际工程中，材料的载荷状况比较复杂，所以其应力状况也很复杂，有时常常要借助等效应力与等效应变，其表达式为：

$$\left.\begin{aligned}\bar{\sigma} &= \frac{1}{\sqrt{2}}\sqrt{(\sigma_x-\sigma_y)^2+(\sigma_y-\sigma_z)^2+(\sigma_z-\sigma_x)^2+6(\tau_{xy}^2+\tau_{yz}^2+\tau_{zx}^2)}\\ \bar{\varepsilon} &= \frac{1}{\sqrt{2}(1+\nu)}\sqrt{(\varepsilon_x-\varepsilon_y)^2+(\varepsilon_y-\varepsilon_z)^2+(\varepsilon_z-\varepsilon_x)^2+\frac{3}{2}(\gamma_{xy}^2+\gamma_{yz}^2+\gamma_{zx}^2)}\end{aligned}\right\} \quad (3-6)$$

对于平面应力和应变状态（二维问题），因为

$$\sigma_z=0 \qquad \tau_{yz}=\tau_{zx}=0 \qquad \gamma_{yz}=\gamma_{zx}=0$$

$$\varepsilon_z=\frac{\nu}{1-\nu}(\varepsilon_x+\varepsilon_y)=\mu(\varepsilon_x+\varepsilon_y)$$

所以

$$\left.\begin{aligned}\bar{\sigma} &= \sqrt{\sigma_x^{\ 2}+\sigma_y^{\ 2}-\sigma_x\sigma_y+3\tau_{xy}^{\ 2}}\\ \bar{\varepsilon} &= \frac{1}{(1+\nu)}\sqrt{(\varepsilon_x-\varepsilon_y)^2(\mu^2+\mu+1)+3\varepsilon_x\varepsilon_y+\frac{3}{4}\gamma_{xy}^{\ 2}}\end{aligned}\right\} \quad (3-7)$$

或

$$\left.\begin{aligned}\bar{\sigma} &= \sqrt{\sigma_x^{\ 2}+\sigma_y^{\ 2}-\sigma_x\sigma_y+3\tau_{xy}^{\ 2}}\\ \bar{\varepsilon} &= \frac{1}{(1+\nu)}\sqrt{(\varepsilon_x+\varepsilon_y)^2(\mu^2-\mu+1)-3\varepsilon_x\varepsilon_y+\frac{3}{4}\gamma_{xy}^{\ 2}}\end{aligned}\right\} \quad (3-8)$$

对于简单拉伸状态（一维问题），因为

$$\sigma_y=\tau_{xy}=0 \qquad \gamma_{xy}=0 \qquad \varepsilon_y=-\nu\varepsilon_x$$

所以

$$\left.\begin{aligned}\bar{\sigma} &= \sigma_x\\ \bar{\varepsilon} &= \varepsilon_x\end{aligned}\right\} \quad (3-9)$$

3.2 弹性有限元分析的基本方法

下面的论述均以弹性力学结构分析为例。

3.2.1 离散化与单元特性

在对某个工程结构问题（真实物理系统）进行有限元分析时，首先要将工程结构离散为由各种单元组成的有限元模型，这一过程称作离散化，也叫单元剖分。

离散后单元与单元之间利用节点相互连接起来（这点与有限差分法不同）；单元和节点的设置、性质、数目等应视问题的性质、描述变形形态的需要和计算进度而定，一般情况下，单元划分越细则描述变形情况越精确，即越接近实际变形，但计算量越大。

所以，有限元中分析的结构已不是原有的物体或结构物，而是同一材料的由众多单元以一定方式连接成的离散物体。这样，用有限元分析计算所获得的结果只是近似的。如果单元类型选择合适，单元划分数目非常多而又合理，则所获得的结果就会与实际情况相符合。

在进行离散化时，要选择单元的类型、形状和尺寸。

3.2.1.1 单元的类型

要根据所研究问题的分析学科和分析维数，选择相应的单元类型。单元类型决定了节

点自由度及其数量。下面列出几个分析学科的参见单元类型。

（1）结构分析包括：点；杆；梁；管；壳；实体。

（2）热分析包括：点；杆；壳；实体。

（3）流体分析包括：2D 流体；3D 流体。

（4）电磁分析包括：杆；壳；实体；远场。

在单元类型的选择时，要注意材料的弹性、塑性问题和空间的二维、三维问题。

3.2.1.2 单元的形状

单元的形状涉及到单元形函数的复杂程度，形状选择的合适与否直接影响数值计算的精度和速度。

A 点单元

只有 1 个节点。

B 线单元

单元形状为线状（直线或曲线），有两种形式（见图 3－9），节点数目为 2 或 3。这种单元通常用于杆或梁的分析过程。

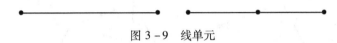

图 3－9 线单元

C 面单元

单元形状为三角形、四边形，有如图 3－10 所示的几种形式（注意单元上的节点数目不同）。

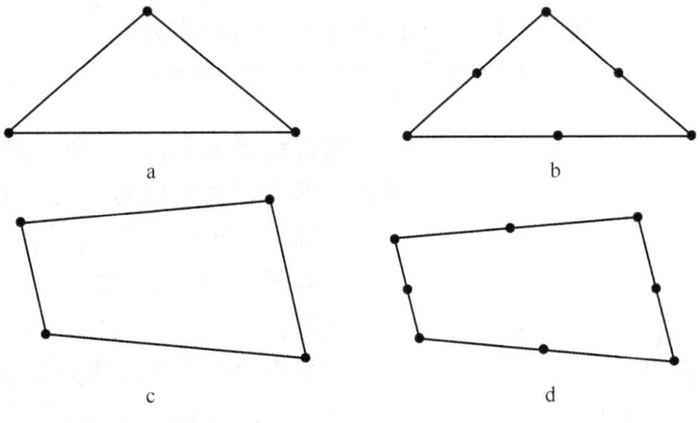

图 3－10 面单元（边上有节点和无节点）

a—三节点三角形单元；b—六节点三角形单元；

c—四节点四边形单元；d—八节点四边形单元

为了适应复杂形体，单元的边可以是曲线。这种单元通常用于平面问题的分析。

D 体单元

单元形状为四面体、六面体、五面体，有如图 3－11 所示的几种形式。

为了适应复杂形体，单元的面可以是曲面。这种单元通常用于三维结构的分析中。

E 轴对称单元

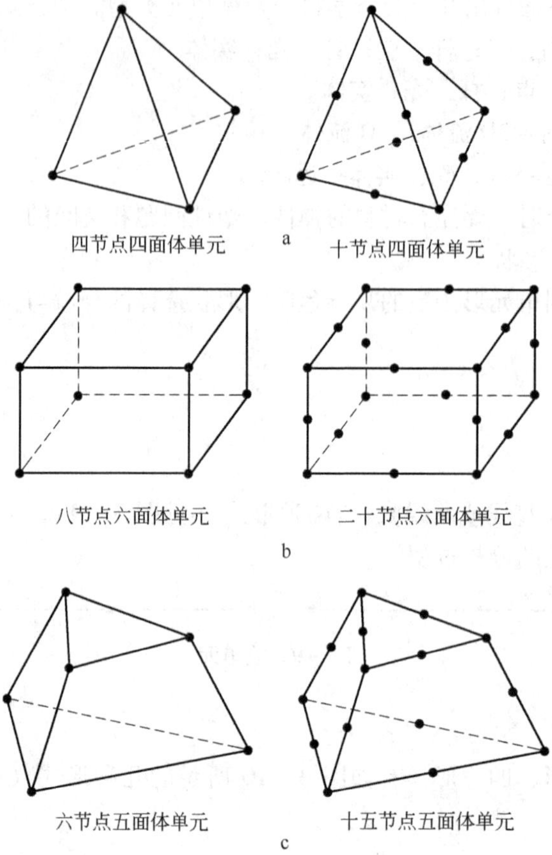

图 3-11 体单元（边上有节点和无节点）

a—四面体单元；b—六面体单元；c—五面体单元

通过绕单元平面内的固定轴转动一个三角形或四边形 360°而得到的单元（见图 3-12）。

这种单元通常用于对称结构的分析中。

在有限元分析软件中，单元的形状可由软件自动选取，也可人为选取。采用何种选取方式，要根据分析问题的具体结构和特性来决定，一般情况下，自动选取通常可以满足要求。

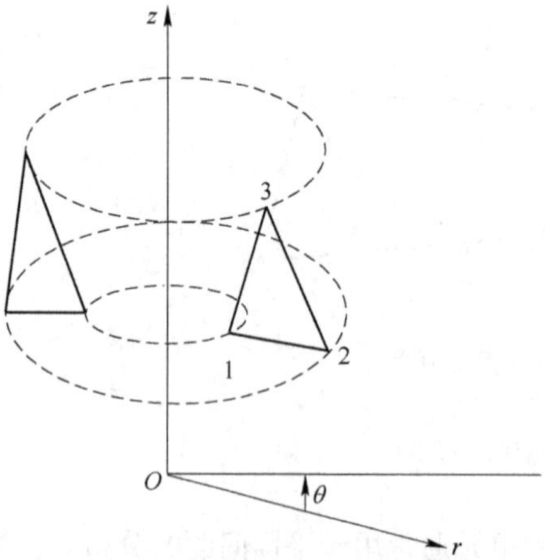

图 3-12 三角形轴对称单元

3.2.1.3 单元的尺寸

在有限元分析软件中，单元剖分时要控制单元的尺寸。一般有两种方法：

（1）软件自动选取。软件根据分析问题的类型和几何形状、尺寸，自动选取一个比较合适的单元尺寸。

（2）指定单元尺寸。给出单元边的长度，或物体某边的单元数量。

对于二维和三维单元，要注意单元的长宽比（单元中最长尺度与最短尺度之比），在很多情况下，随着长宽比的增加，解的不精确性也增加。通常，如果单元的形状紧凑和规则，就会产生最好的结果。

在确定单元尺寸时，单元必须小到可以给出有用的结果，又必须足够大以节省计算费用。

3.2.2 刚度法（位移法）

在弹性有限元分析方法中，根据所选择的基本未知量的不同，可分为以下几种方法：

（1）位移法。选择节点位移作为基本未知量。位移法易于实现计算自动化，所以，在有限元法中位移法应用范围最广。

（2）力法。选择节点力作为基本未知量。

（3）混合法。取一部分节点力和一部分节点位移作为基本未知量。

一旦确定了基本未知量，其他变量就可表示为基本未知量的函数。利用这些函数关系就可根据基本未知量导出其他变量的结果（数值）。

刚度法就是通过建立节点力和节点位移的关系来求解结构问题的一种有限元方法。

在刚度法中，刚度矩阵是一个非常重要的概念。假设单元的节点位移为 $\boldsymbol{d}^e$，该单元的节点力为 $\boldsymbol{f}^e$，两者的关系可表示为：

$$\boldsymbol{f}^e = \boldsymbol{K}^e \boldsymbol{d}^e$$

式中，$\boldsymbol{K}^e$ 称为单元刚度矩阵。

将单元刚度矩阵扩展到研究区域的所有单元（N 个单元），即

$$\boldsymbol{K} = \sum_{e=1}^{N} \boldsymbol{K}^e$$

式中，$\boldsymbol{K}$ 称为整体刚度矩阵。刚度矩阵是一个方阵，单元刚度矩阵的阶数为单元节点自由度的总数，整体刚度矩阵的阶数为整体所有节点自由度的总数。

下面以线弹性杆为例，介绍刚度法的基本概念、基本原理和解题步骤。

3.2.2.1 问题与假设

假定杆单元的横截面积不变为 A，杆的弹性模量为 E，初始长度为 L。在拉力 T 的作用下节点自由度是局部轴向位移，即沿杆长度方向的纵向位移，如图 3－13 所示。

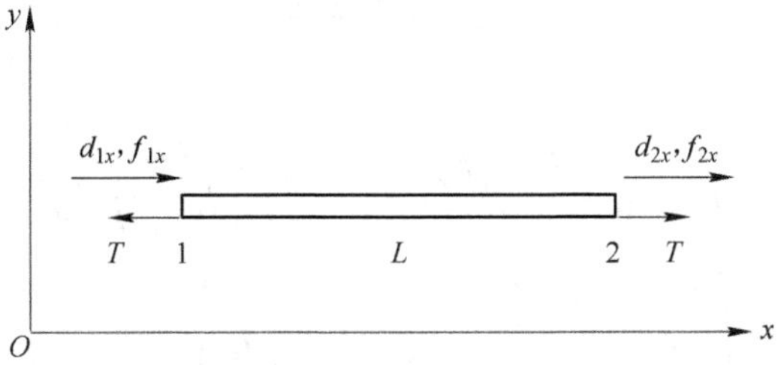

图 3－13 受拉力 T 作用的杆

在推导杆单元刚度矩阵时，假定：

（1）杆不承受剪切力，即 $f_{1y}=0$ 和 $f_{2y}=0$；

（2）忽略横向位移的影响；

（3）轴向应力和应变符合虎克定律，即 $\sigma_x = E\varepsilon_x$；

（4）杆中间没有外载荷。

根据本问题的给定条件和假设，单元的节点位移 $\boldsymbol{d}^e$ 和载荷 $\boldsymbol{f}^e$ 分别为

$$\boldsymbol{d}^e = \begin{Bmatrix} d_{1x} \\ d_{2x} \end{Bmatrix} \qquad \boldsymbol{f}^e = \begin{Bmatrix} f_{1x} \\ f_{2x} \end{Bmatrix}$$

3.2.2.2　解题步骤

A　步骤1　选择单元类型

使用2节点杆单元（线单元），单元的2个节点（杆的端点）编号分别为1和2（见图3－13）。

B　步骤2　选择位移模式

当采用位移法时，研究区域离散化之后，就可把单元域的位移用节点位移表示。这时可以对单元域位移的分布采用一些能逼近原函数的近似函数予以描述。

通常，我们就将位移表示为坐标变量的简单函数。这种函数称为位移模式或位移函数。最常用的位移模式是多项式。

因为杆单元仅受轴向载荷，单元的局部自由度为沿 x 方向的位移 d_{1x} 和 d_{2x}，所以选择位移函数 u 代表单元域各处的轴向位移。

假设单元内位移 $\boldsymbol{u}$ 为 x 的线性函数，即

$$u(x) = a_1 + a_2 x \tag{3-10}$$

这是一个线性插值函数。通常，系数 a_i 的总数等于与单元相关的自由度总数。此处自由度的总数为2，即单元两个节点的轴向位移。式（3－10）的矩阵形式为：

$$\boldsymbol{u} = [1 \quad x]\begin{Bmatrix} a_1 \\ a_2 \end{Bmatrix} \tag{3-11}$$

现在我们要将 $\boldsymbol{u}$ 表达为节点位移 $\boldsymbol{d}^e$ 的函数，利用 $\boldsymbol{u}$ 在每一节点的值来确定系数 a_i。因为

$$u(0) = d_{1x} = a_1$$
$$u(L) = d_{2x} = a_1 + a_2 L$$

可得

$$a_2 = \frac{d_{2x} - d_{1x}}{L}$$

所以

$$\boldsymbol{u} = d_{1x} + \frac{d_{2x} - d_{1x}}{L}x = \left(1 - \frac{x}{L}\right)d_{1x} + \frac{x}{L}d_{2x} \tag{3-12}$$

写成矩阵形式：

$$\boldsymbol{u} = \left[1 - \frac{x}{L} \quad \frac{x}{L}\right]\begin{Bmatrix} d_{1x} \\ d_{2x} \end{Bmatrix} \tag{3-13}$$

或

$$\boldsymbol{u} = [N_1 \quad N_2]\begin{Bmatrix} d_{1x} \\ d_{2x} \end{Bmatrix} \tag{3-14}$$

其中

$$N_1 = 1 - \frac{x}{L} \qquad N_2 = \frac{x}{L} \tag{3-15}$$

式（3－15）称为形函数。因为当单元中第 i 个节点自由度的值为1，而所有其他节点自由度的值为0时，N_i 代表在整个单元域中假定的位移函数形状。在本例中，N_1 和 N_2 是线性函数，其特性是在节点1处 $N_1=1$，在节点2处 $N_1=0$，而在节点2处 $N_2=1$，在节点1处 $N_2=0$。图3－14给出了整个杆单元域中这些形函数的图形。

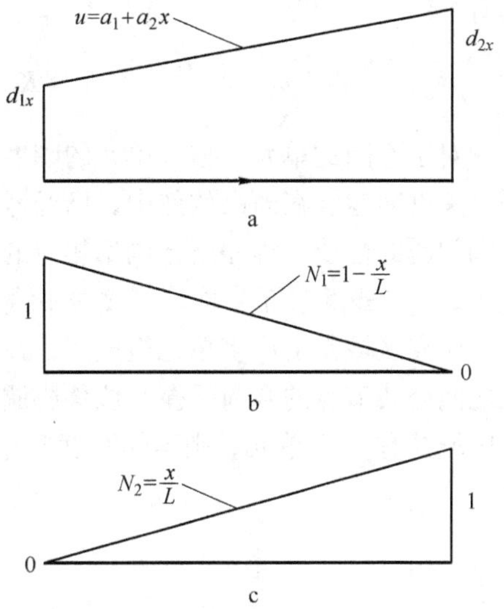

图3－14 杆单元的位移函数和形函数
a—单元位移函数；b—形函数 N_1；c—形函数 N_2

C 步骤3 定义应变与位移、应力与应变关系

应变与位移的关系为：

$$\varepsilon_x = \frac{\partial u}{\partial x}$$

将式（3－12）代入上式得：

$$\varepsilon_x = \frac{d_{2x} - d_{1x}}{L} \tag{3-16}$$

应力与应变的关系为：

$$\sigma_x = E\varepsilon_x \tag{3-17}$$

D 步骤4 推导单元刚度矩阵和刚度方程

根据基础力学可知杆的应力与所受拉力的关系为：

$$T = A\sigma_x \tag{3-18}$$

将式（3－17）和式（3－16）代入式（3－18）得

$$T = AE\left(\frac{d_{2x} - d_{1x}}{L}\right) \tag{3-19}$$

单元的节点力为（见图3－13）：

$$f_{1x} = -T \qquad f_{2x} = T$$

将式（3－19）代入上式得出

$$\left.\begin{aligned} f_{1x} &= \frac{AE}{L}(d_{1x} - d_{2x}) \\ f_{2x} &= \frac{AE}{L}(-d_{1x} + d_{2x}) \end{aligned}\right\} \tag{3-20}$$

其矩阵形式为

$$\begin{Bmatrix} f_{1x} \\ f_{2x} \end{Bmatrix} = \frac{AE}{L}\begin{pmatrix} 1 & -1 \\ -1 & 1 \end{pmatrix}\begin{Bmatrix} d_{1x} \\ d_{2x} \end{Bmatrix} \tag{3-21}$$

这就是杆单元的单元刚度方程。根据刚度矩阵的定义得出：

$$\boldsymbol{K}^e = \frac{AE}{L}\begin{pmatrix} 1 & -1 \\ -1 & 1 \end{pmatrix} \tag{3-22}$$

式（3－22）就是杆单元的刚度矩阵。设

$$k = \frac{AE}{L}$$

则有

$$\boldsymbol{K}^e = k\begin{pmatrix} 1 & -1 \\ -1 & 1 \end{pmatrix} \tag{3-23}$$

对于不同的单元类型，单元的刚度矩阵也不同。确定单元的刚度矩阵，是有限元法的一个关键问题。在商品软件中，已经考虑了各种单元类型的刚度矩阵，一旦选定了单元类型和问题的性质，程序就会调用相应的刚度矩阵。

E　步骤5　组装单元刚度方程得出整体刚度方程

研究区域是由许多单元组成的，在得出每个单元的刚度矩阵和刚度方程后，要根据单元之间公共节点的载荷平衡和位移协调关系来构造整体刚度矩阵和整体刚度方程。假设研究区域共有 N 个单元，则整体刚度矩阵和整体力矩阵表示为：

$$\boldsymbol{K} = \sum_{e=1}^{N} K^e$$

$$\boldsymbol{F} = \sum_{e=1}^{N} f^e \tag{3-24}$$

需要注意，这里的 $\sum$ 不意味着简单地组合单元刚度矩阵。

下面以图3－15所示的杆结构为例，运用叠加法（直接刚度法）来组装结构的整体刚度矩阵。

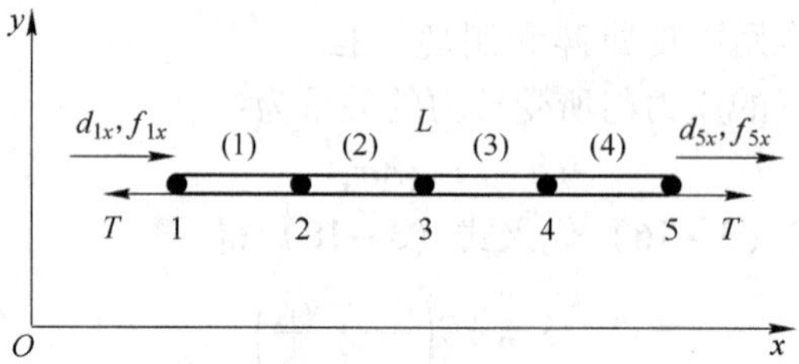

图3－15　4个杆单元结构

设杆结构的截面积为 A，长度为 L，划分为等距的4个单元，单元尺寸为 ΔL，节点位移 d^e 和节点载荷（节点力）f^e 分别为：

$$d^e = \begin{Bmatrix} d_{1x} \\ d_{2x} \\ d_{3x} \\ d_{4x} \\ d_{5x} \end{Bmatrix} \qquad f^e = \begin{Bmatrix} f_{1x} \\ f_{2x} \\ f_{3x} \\ f_{4x} \\ f_{5x} \end{Bmatrix}$$

可由式（3－23）得出每个单元的刚度矩阵为：

$$
\left.
\begin{aligned}
&\qquad\qquad\quad d_{1x}\quad\ d_{2x}\\
&\boldsymbol{K}^{(1)}=k^{(1)}\begin{pmatrix}1 & -1\\ -1 & 1\end{pmatrix}\begin{matrix}d_{1x}\\ d_{2x}\end{matrix}\\
&\qquad\qquad\quad d_{2x}\quad\ d_{3x}\\
&\boldsymbol{K}^{(2)}=k^{(2)}\begin{pmatrix}1 & -1\\ -1 & 1\end{pmatrix}\begin{matrix}d_{2x}\\ d_{3x}\end{matrix}\\
&\qquad\qquad\quad d_{3x}\quad\ d_{4x}\\
&\boldsymbol{K}^{(3)}=k^{(3)}\begin{pmatrix}1 & -1\\ -1 & 1\end{pmatrix}\begin{matrix}d_{3x}\\ d_{4x}\end{matrix}\\
&\qquad\qquad\quad d_{4x}\quad\ d_{5x}\\
&\boldsymbol{K}^{(4)}=k^{(4)}\begin{pmatrix}1 & -1\\ -1 & 1\end{pmatrix}\begin{matrix}d_{4x}\\ d_{5x}\end{matrix}
\end{aligned}
\right\}
\tag{3-25}
$$

式中，在矩阵每一行的右边和每一列的上面标记的 d_{ix}，表示与每一单元行和单元列相关的节点自由度。如果各单元的特性不同（如单元长度、单元截面积、单元材料的弹性模量），式中的 $k^{(i)}$ 值也就不同。对于本例，由于各单元的特性相同，则有

$$
k^{(1)}=k^{(2)}=k^{(3)}=k^{(4)}=k=\frac{AE}{\Delta L}
\tag{3-26}
$$

但从适用性考虑，在下面的推导过程中我们仍然使用 $k^{(i)}$，以适应单元特性不同的结构。

由式（3-25）看出，某个单元的刚度矩阵仅与该单元相关的节点位移有关，与其他节点位移无关。为了叠加单元刚度矩阵，必须将它们扩展为整体刚度矩阵的阶数，使每个单元刚度矩阵与结构的所有自由度相关。要将每个单元刚度矩阵扩展到整体刚度矩阵的阶数，对于不与特定单元相关的节点位移，可简单地加上 0 行 0 列。对于单元 1，重写扩展形式的刚度矩阵，则式（3-21）的单元刚度方程变为：

$$
\begin{matrix} & & d_{1x} & d_{2x} & d_{3x} & d_{4x} & d_{5x} & \end{matrix}
$$

$$
\begin{Bmatrix}f_{1x}^{(1)}\\ f_{2x}^{(1)}\\ f_{3x}^{(1)}\\ f_{4x}^{(1)}\\ f_{5x}^{(1)}\end{Bmatrix}=k^{(1)}\begin{pmatrix}1 & -1 & 0 & 0 & 0\\ -1 & 1 & 0 & 0 & 0\\ 0 & 0 & 0 & 0 & 0\\ 0 & 0 & 0 & 0 & 0\\ 0 & 0 & 0 & 0 & 0\end{pmatrix}\begin{Bmatrix}d_{1x}^{(1)}\\ d_{2x}^{(1)}\\ d_{3x}^{(1)}\\ d_{4x}^{(1)}\\ d_{5x}^{(1)}\end{Bmatrix}
\tag{3-27}
$$

从中可以看出，$d_{3x}^{(1)}$、$d_{4x}^{(1)}$、$d_{5x}^{(1)}$ 和 $f_{3x}^{(1)}$、$f_{4x}^{(1)}$、$f_{5x}^{(1)}$ 与 $K^{(1)}$ 无关。对于其他单元可类似得出：

$$\begin{matrix} & d_{1x} & d_{2x} & d_{3x} & d_{4x} & d_{5x} & \end{matrix}$$

$$\begin{Bmatrix} f_{1x}^{(2)} \\ f_{2x}^{(2)} \\ f_{3x}^{(2)} \\ f_{4x}^{(2)} \\ f_{5x}^{(2)} \end{Bmatrix} = k^{(2)} \begin{pmatrix} 0 & 0 & 0 & 0 & 0 \\ 0 & 1 & -1 & 0 & 0 \\ 0 & -1 & 1 & 0 & 0 \\ 0 & 0 & 0 & 0 & 0 \\ 0 & 0 & 0 & 0 & 0 \end{pmatrix} \begin{Bmatrix} d_{1x}^{(2)} \\ d_{2x}^{(2)} \\ d_{3x}^{(2)} \\ d_{4x}^{(2)} \\ d_{5x}^{(2)} \end{Bmatrix}$$

$$\vdots \qquad\qquad \vdots$$

$$\begin{Bmatrix} f_{1x}^{(4)} \\ f_{2x}^{(4)} \\ f_{3x}^{(4)} \\ f_{4x}^{(4)} \\ f_{5x}^{(4)} \end{Bmatrix} = k^{(4)} \begin{pmatrix} 0 & 0 & 0 & 0 & 0 \\ 0 & 0 & 0 & 0 & 0 \\ 0 & 0 & 0 & 0 & 0 \\ 0 & 0 & 0 & 1 & -1 \\ 0 & 0 & 0 & -1 & 1 \end{pmatrix} \begin{Bmatrix} d_{1x}^{(4)} \\ d_{2x}^{(4)} \\ d_{3x}^{(4)} \\ d_{4x}^{(4)} \\ d_{5x}^{(4)} \end{Bmatrix} \tag{3-28}$$

根据每个节点力的平衡（载荷平衡方程）得出：

$$\begin{Bmatrix} F_{1x} \\ F_{2x} \\ F_{3x} \\ F_{4x} \\ F_{5x} \end{Bmatrix} = \begin{Bmatrix} f_{1x}^{(1)} \\ f_{2x}^{(1)} \\ 0 \\ 0 \\ 0 \end{Bmatrix} + \begin{Bmatrix} 0 \\ f_{2x}^{(2)} \\ f_{3x}^{(2)} \\ 0 \\ 0 \end{Bmatrix} + \begin{Bmatrix} 0 \\ 0 \\ f_{3x}^{(3)} \\ f_{4x}^{(3)} \\ 0 \end{Bmatrix} + \begin{Bmatrix} 0 \\ 0 \\ 0 \\ f_{4x}^{(4)} \\ f_{5x}^{(4)} \end{Bmatrix} \tag{3-29}$$

根据每个节点位移的协调连续性得出：

$$\left.\begin{aligned} d_{1x}^{(1)} &= d_{1x} \\ d_{2x}^{(1)} &= d_{2x}^{(2)} = d_{2x} \\ d_{3x}^{(2)} &= d_{3x}^{(3)} = d_{3x} \\ d_{4x}^{(3)} &= d_{4x}^{(4)} = d_{4x} \\ d_{5x}^{(4)} &= d_{5x} \end{aligned}\right\} \tag{3-30}$$

其他的 d_{ix}^{e} 均无意义。

将式（3－27）、式（3－28）和式（3－30）代入式（3－29）并整理得：

$$\begin{Bmatrix} F_{1x} \\ F_{2x} \\ F_{3x} \\ F_{4x} \\ F_{5x} \end{Bmatrix} = \begin{pmatrix} k^{(1)} & -k^{(1)} & 0 & 0 & 0 \\ -k^{(1)} & k^{(1)}+k^{(2)} & -k^{(2)} & 0 & 0 \\ 0 & -k^{(2)} & k^{(2)}+k^{(3)} & -k^{(3)} & 0 \\ 0 & 0 & -k^{(3)} & k^{(3)}+k^{(4)} & -k^{(4)} \\ 0 & 0 & 0 & -k^{(4)} & k^{(4)} \end{pmatrix} \begin{Bmatrix} d_{1x} \\ d_{2x} \\ d_{3x} \\ d_{4x} \\ d_{5x} \end{Bmatrix} \tag{3-31}$$

式（3－31）就是组装后的结构整体刚度方程，相应的整体刚度矩阵为

$$\boldsymbol{K} = \begin{pmatrix} k^{(1)} & -k^{(1)} & 0 & 0 & 0 \\ -k^{(1)} & k^{(1)}+k^{(2)} & -k^{(2)} & 0 & 0 \\ 0 & -k^{(2)} & k^{(2)}+k^{(3)} & -k^{(3)} & 0 \\ 0 & 0 & -k^{(3)} & k^{(3)}+k^{(4)} & -k^{(4)} \\ 0 & 0 & 0 & -k^{(4)} & k^{(4)} \end{pmatrix} \tag{3-32}$$

对于本例，其整体刚度矩阵为

$$K=\frac{AE}{\Delta L}\begin{pmatrix}1 & -1 & 0 & 0 & 0\\ -1 & 2 & -1 & 0 & 0\\ 0 & -1 & 2 & -1 & 0\\ 0 & 0 & -1 & 2 & -1\\ 0 & 0 & 0 & -1 & 1\end{pmatrix} \tag{3-33}$$

刚度矩阵具有如下特性：

（1）对称性。矩阵中的每一个元素都是对称的。

（2）奇异性。在施加充分的边界条件以消除奇异性和防止刚体移动之前，不存在逆矩阵。

（3）主对角元素恒为正数。

（4）为稀疏矩阵，在遵循一定的节点编号规则的条件下是一个带状矩阵。

F 步骤 6 求解节点位移

施加边界条件，消除刚度矩阵的奇异性，解联立方程组 $F=Kd$ 确定位移。

G 步骤 7 求解单元力

将解出的位移回代到有关方程中，求出单元的应变和应力。

3.2.2.3 实例

如图 3-16 所示的一维杆单元问题，每个单元的长度为 100mm，截面积为 10mm^2，材料的弹性模量为 $2\times10^{11}\text{kg/m}^2$，在节点 2 沿 x 方向作用有 1000kg 的力，节点 1 和节点 4 固定。确定：

（1）整体刚度矩阵。

（2）节点 2 和节点 3 的位移。

（3）节点 1 和节点 4 的反力。

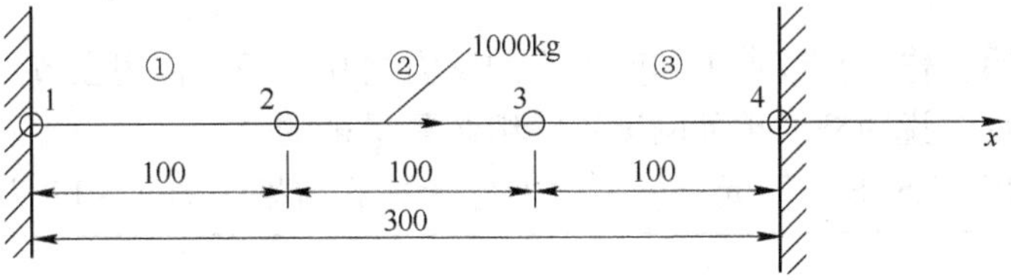

图 3-16 杆单元计算实例

解：（1）利用式（3-22）得出单元刚度矩阵为：

$$K^{(1)}=K^{(2)}=K^{(3)}=\frac{(10\times10^{-6})\times(2\times10^{11})}{0.1}\begin{pmatrix}1 & -1\\ -1 & 1\end{pmatrix}=2\times10^{7}\begin{pmatrix}1 & -1\\ -1 & 1\end{pmatrix}$$

用直接刚度法组装单元刚度矩阵，由式（3-33）得出整体刚度矩阵为：

$$K=2\times10^{7}\begin{pmatrix}1 & -1 & 0 & 0\\ -1 & 2 & -1 & 0\\ 0 & -1 & 2 & -1\\ 0 & 0 & -1 & 1\end{pmatrix} \tag{3-34}$$

（2）本问题的整体刚度方程为：

$$\begin{Bmatrix} F_{1x} \\ F_{2x} \\ F_{3x} \\ F_{4x} \end{Bmatrix} = 2\times10^7 \begin{pmatrix} 1 & -1 & 0 & 0 \\ -1 & 2 & -1 & 0 \\ 0 & -1 & 2 & -1 \\ 0 & 0 & -1 & 1 \end{pmatrix} \begin{Bmatrix} d_{1x} \\ d_{2x} \\ d_{3x} \\ d_{4x} \end{Bmatrix} \tag{3-35}$$

代入边界条件：

$$d_{1x} = d_{4x} = 0 \qquad F_{2x} = 1000 \qquad F_{3x} = 0$$

则有

$$\begin{Bmatrix} F_{1x} \\ 1000 \\ 0 \\ F_{4x} \end{Bmatrix} = 2\times10^7 \begin{pmatrix} 1 & -1 & 0 & 0 \\ -1 & 2 & -1 & 0 \\ 0 & -1 & 2 & -1 \\ 0 & 0 & -1 & 1 \end{pmatrix} \begin{Bmatrix} 0 \\ d_{2x} \\ d_{3x} \\ 0 \end{Bmatrix} \tag{3-36}$$

将式（3-36）的整体刚度方程中已知节点力的方程分离出来，可得到：

$$\begin{Bmatrix} 1000 \\ 0 \end{Bmatrix} = 2\times10^7 \begin{pmatrix} 2 & -1 \\ -1 & 2 \end{pmatrix} \begin{Bmatrix} d_{2x} \\ d_{3x} \end{Bmatrix} \tag{3-37}$$

解方程（3-37）得出节点 2 和节点 3 的位移为：

$$d_{2x} = \frac{1}{3}\times10^{-4}(\mathrm{m}) \qquad d_{3x} = \frac{1}{6}\times10^{-4}(\mathrm{m}) \tag{3-38}$$

（3）将各节点的位移值代入方程（3-35），求得个节点的作用力：

$$\begin{Bmatrix} F_{1x} \\ F_{2x} \\ F_{3x} \\ F_{4x} \end{Bmatrix} = 2\times10^7 \begin{pmatrix} 1 & -1 & 0 & 0 \\ -1 & 2 & -1 & 0 \\ 0 & -1 & 2 & -1 \\ 0 & 0 & -1 & 1 \end{pmatrix} \begin{Bmatrix} 0 \\ \frac{1}{3}\times10^{-4} \\ \frac{1}{6}\times10^{-4} \\ 0 \end{Bmatrix} = \begin{Bmatrix} -666.67 \\ 1000 \\ 0 \\ -333.33 \end{Bmatrix} \ (\mathrm{kg})$$

计算结果表明，作用在节点 1 和节点 4 的反力之和正好与作用在节点 2 的外加力数值相等，但方向相反，说明杆的单元刚度矩阵组装是平衡的。

下面给出利用 ANSYS 有限元分析软件进行计算的结果。图 3-17 为该问题的有限元

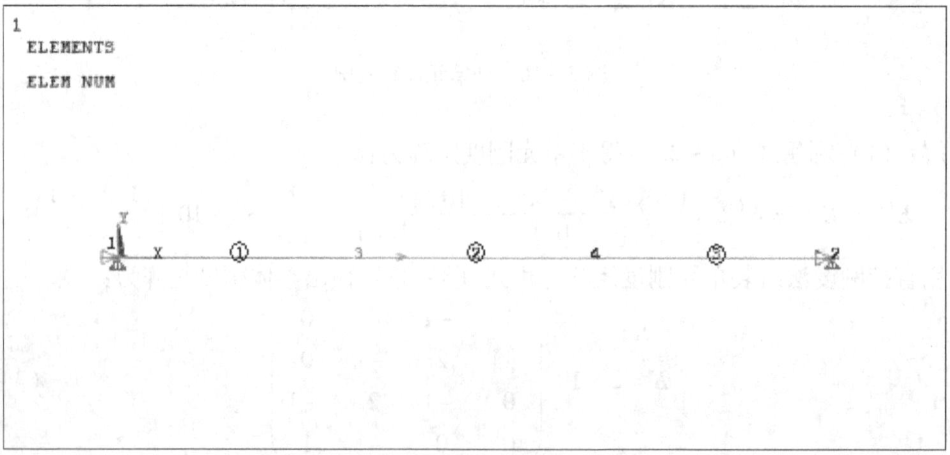

图 3-17　有限元模型

模型，共有3个单元和4个节点，杆的两个端点（节点1、2）已被约束（图中三角形），在节点3施加了一个 x 方向的载荷（图中箭头）。图3－18为计算结果的图形显示，下部为应力值色标，可看出最大应力在节点3处，其值为 0.333×10^{-4}，这与上面的计算结果相同。

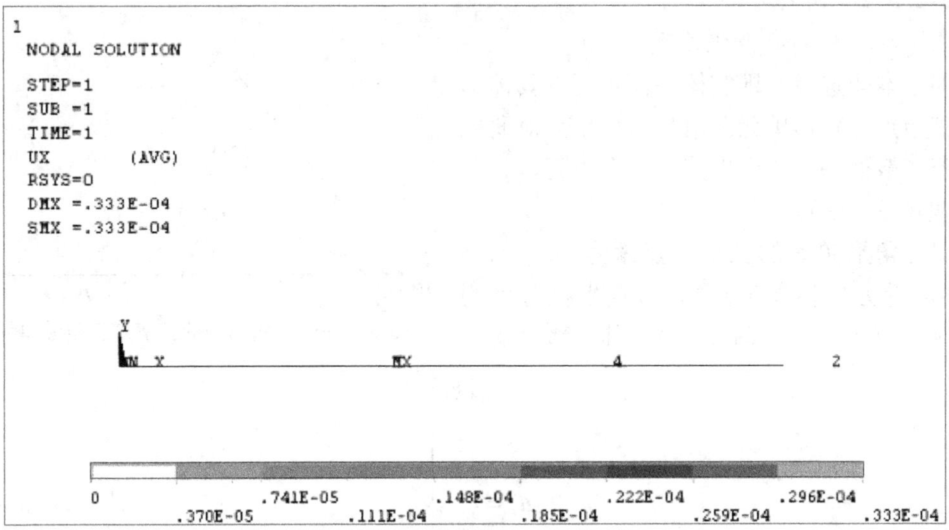

图3－18 有限元分析计算结果

下面是ANSYS后处理程序给出的数据结果：

PRINT DOF NODAL SOLUTION PER NODE

****POST1 NODAL DEGREE OF FREEDOM LISTING *****

LOAD STEP = 1 SUBSTEP = 1

TIME = 1.0000 LOAD CASE = 0

THE FOLLOWING DEGREE OF FREEDOM RESULTS ARE IN GLOBAL COORDINATES

NODE	UX	UY
1	0.0000	0.0000
2	0.0000	0.0000
3	0.33333E－04	
4	0.16667E－04	

MAXIMUM ABSOLUTE VALUES

NODE 3 0

VALUE 0.33333E－04 0.0000

从中可以获得4个节点的具体位移值及最大的位移点。

3.2.3 平面应力和应变问题

平面应力定义为一种应力状态，在这种应力状态中，假定垂直于该平面的法向应力和剪切应力为零，即

$$\sigma_z = 0 \qquad \tau_{yz} = \tau_{zx} = 0 \tag{3-39}$$

平面应变定义为一种应变状态，在这种应变状态中，假定垂直于该平面的正应变和剪应变为零，即

$$\varepsilon_z = 0 \qquad \gamma_{xz} = \gamma_{yz} = 0 \tag{3-40}$$

3.2.3.1　解题步骤

A　步骤一　离散化处理

对于本题选择二维实体平面单元，具体形状为三节点三角形单元。用三角形单元对研究域进行离散处理，并取出其中一个单元进行分析（见图 3－19）。

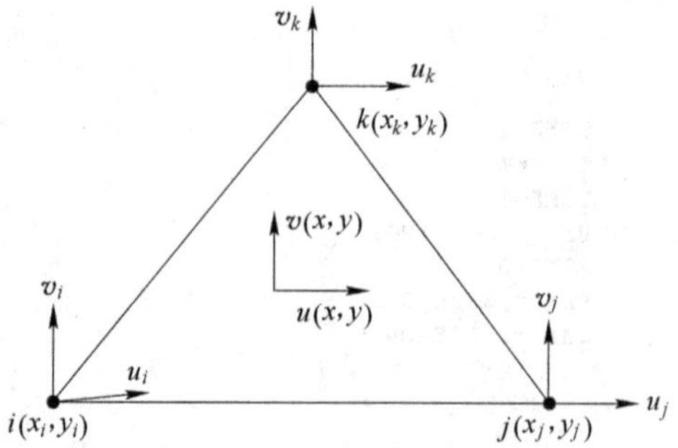

图 3－19　平面问题的三节点三角形单元

设三角形单元的三个节点编号为 i，j，k（按逆时针方向标注节点），节点坐标分别为 (x_i, y_i)、(x_j, y_j)、(x_k, y_k)，其位移向量

$$\boldsymbol{d}^e = \begin{Bmatrix} u_i \\ v_i \\ u_j \\ v_j \\ u_k \\ v_k \end{Bmatrix} \tag{3-41}$$

B　步骤二　选择位移模式

单元内的位移为：

$$\boldsymbol{\Psi}(x,y) = \begin{Bmatrix} u \\ v \end{Bmatrix} \tag{3-42}$$

它是未知的。当单元很小时，单元内一点的位移可以通过节点的位移插值来表示。假设单元内任何一点的位移为 x，y 的线性函数，即位移模式为

$$\left.\begin{aligned} u(x,y) &= a_1 + a_2 x + a_3 y \\ v(x,y) &= a_4 + a_5 x + a_6 y \end{aligned}\right\} \tag{3-43}$$

或写成矩阵形式：

$$\boldsymbol{\Psi} = \begin{Bmatrix} u \\ v \end{Bmatrix} = \begin{pmatrix} 1 & x & y & 0 & 0 & 0 \\ 0 & 0 & 0 & 1 & x & y \end{pmatrix} \begin{Bmatrix} a_1 \\ a_2 \\ a_3 \\ a_4 \\ a_5 \\ a_6 \end{Bmatrix} = \boldsymbol{Sa} \tag{3-44}$$

单元内任意点的位移 $\boldsymbol{\Psi}$ 为坐标矩阵 $\boldsymbol{S}$ 与待定系数向量 $\boldsymbol{a}$ 之积。

既然 $u(x, y)$，$v(x, y)$ 是单元内任意点的位移表达式，当然单元的 i，j，k 三个节点上的位移也可用它来表示，所以有：

$$u_i = a_1 + a_2 x_i + a_3 y_i \qquad v_i = a_4 + a_5 x_i + a_6 y_i$$
$$u_j = a_1 + a_2 x_j + a_3 y_j \qquad v_j = a_4 + a_5 x_j + a_6 y_j$$
$$u_k = a_1 + a_2 x_k + a_3 y_k \qquad v_k = a_4 + a_5 x_k + a_6 y_k$$

写成矩阵形式为：

$$\boldsymbol{d}^e = \begin{Bmatrix} u_i \\ v_i \\ u_j \\ v_j \\ u_k \\ v_k \end{Bmatrix} = \begin{pmatrix} 1 & x_i & y_i & 0 & 0 & 0 \\ 0 & 0 & 0 & 1 & x_i & y_i \\ 1 & x_j & y_j & 0 & 0 & 0 \\ 0 & 0 & 0 & 1 & x_j & y_j \\ 1 & x_k & y_k & 0 & 0 & 0 \\ 0 & 0 & 0 & 1 & x_k & y_k \end{pmatrix} \begin{Bmatrix} a_1 \\ a_2 \\ a_3 \\ a_4 \\ a_5 \\ a_6 \end{Bmatrix} = \boldsymbol{Ca} \tag{3-45}$$

单元节点位移 $\boldsymbol{d}^e$ 为节点坐标矩阵 $\boldsymbol{C}$ 与待定系数向量 $\boldsymbol{a}$ 之积。

为了能用单元节点位移 $\boldsymbol{d}^e$ 表示单元内任意点位移 $\boldsymbol{\Psi}$，即把 $\boldsymbol{\Psi}(x, y)$ 表达成节点位移插值函数的形式，应从式（3－45）中解出 $\boldsymbol{a} = \boldsymbol{C}^{-1}\boldsymbol{d}^e$。可用矩阵求逆法求出：

$$\boldsymbol{C}^{-1} = \frac{1}{2A} \begin{pmatrix} \alpha_i & 0 & \alpha_j & 0 & \alpha_k & 0 \\ \beta_i & 0 & \beta_j & 0 & \beta_k & 0 \\ \gamma_i & 0 & \gamma_j & 0 & \gamma_k & 0 \\ 0 & \alpha_i & 0 & \alpha_j & 0 & \alpha_k \\ 0 & \beta_i & 0 & \beta_j & 0 & \beta_k \\ 0 & \gamma_i & 0 & \gamma_j & 0 & \gamma_k \end{pmatrix}$$

式中

$$\left.\begin{aligned} \alpha_i &= x_j y_k - x_k y_j & \beta_i &= y_j - y_k & \gamma_i &= x_k - x_j \\ \alpha_j &= x_k y_i - x_i y_k & \beta_j &= y_k - y_i & \gamma_j &= x_i - x_k \\ \alpha_k &= x_i y_j - x_j y_i & \beta_k &= y_i - y_j & \gamma_k &= x_j - x_i \end{aligned}\right\} \tag{3-46}$$

$$2A = \begin{vmatrix} 1 & x_i & y_i \\ 1 & x_j & y_j \\ 1 & x_k & y_k \end{vmatrix} = x_i(y_j - y_k) + x_j(y_k - y_i) + x_k(y_i - y_j) \tag{3-47}$$

A 是三角形单元的面积。为不使 A 为负值，图 3－19 中节点编号 i，j，k 的顺序必须按逆时针方向标注。

把 $\boldsymbol{a} = \boldsymbol{C}^{-1}\boldsymbol{d}^e$ 代入式（3－44）中，得

$$\boldsymbol{\Psi} = \begin{Bmatrix} u \\ v \end{Bmatrix} = \frac{1}{2A} \begin{pmatrix} 1 & x & y & 0 & 0 & 0 \\ 0 & 0 & 0 & 1 & x & y \end{pmatrix} \begin{pmatrix} \alpha_i & 0 & \alpha_j & 0 & \alpha_k & 0 \\ \beta_i & 0 & \beta_j & 0 & \beta_k & 0 \\ \gamma_i & 0 & \gamma_j & 0 & \gamma_k & 0 \\ 0 & \alpha_i & 0 & \alpha_j & 0 & \alpha_k \\ 0 & \beta_i & 0 & \beta_j & 0 & \beta_k \\ 0 & \gamma_i & 0 & \gamma_j & 0 & \gamma_k \end{pmatrix} \begin{Bmatrix} u_i \\ v_i \\ u_j \\ v_j \\ u_k \\ v_k \end{Bmatrix}$$

相乘后得

$$\boldsymbol{\Psi}=\begin{Bmatrix}u\\v\end{Bmatrix}=\begin{pmatrix}N_i & 0 & N_j & 0 & N_k & 0\\0 & N_i & 0 & N_j & 0 & N_k\end{pmatrix}\begin{Bmatrix}u_i\\v_i\\u_j\\v_j\\u_k\\v_k\end{Bmatrix} \tag{3-48}$$

式中

$$\left.\begin{aligned}N_i&=\frac{1}{2A}(\alpha_i+\beta_i x+\gamma_i y)\\N_j&=\frac{1}{2A}(\alpha_j+\beta_j x+\gamma_j y)\\N_k&=\frac{1}{2A}(\alpha_k+\beta_k x+\gamma_k y)\end{aligned}\right\} \tag{3-49}$$

这就是三节点三角形单元的形函数。式（3－48）可简写为：

$$\boldsymbol{\Psi}=\boldsymbol{N}\boldsymbol{d}^e \tag{3-50}$$

上式即为单元内任意点的位移用节点位移表示的多项式。其中 $\boldsymbol{N}$ 是形函数矩阵，形式如下：

$$\boldsymbol{N}=\begin{pmatrix}N_i & 0 & N_j & 0 & N_k & 0\\0 & N_i & 0 & N_j & 0 & N_k\end{pmatrix} \tag{3-51}$$

形函数代表沿着典型单元表面画出的位移函数 $\boldsymbol{\Psi}$ 的形状。形函数具有下列性质：

（1）在节点上满足：

$$N_r(x_s,y_s)=\delta_{rs}=\begin{cases}1 & 当\ s=r\\0 & 当\ s\neq r\end{cases}\qquad (i,j,k)$$

（2）在单元中任何一点满足：

$$N_i+N_j+N_k=1$$

C　步骤三　确定单元的力学性质

a　由位移模式求应变

根据弹性力学的应变方程式（3－2）可得：

$$\boldsymbol{\varepsilon}=\begin{Bmatrix}\varepsilon_x\\\varepsilon_y\\\gamma_{xy}\end{Bmatrix}=\begin{Bmatrix}\dfrac{\partial u}{\partial x}\\\dfrac{\partial v}{\partial y}\\\dfrac{\partial u}{\partial y}+\dfrac{\partial v}{\partial x}\end{Bmatrix}$$

利用式（3－48）的位移模式求导并代入上式可得：

$$\boldsymbol{\varepsilon}=\begin{Bmatrix}\varepsilon_x\\\varepsilon_y\\\gamma_{xy}\end{Bmatrix}=\frac{1}{2A}\begin{Bmatrix}\beta_i u_i+\beta_j u_j+\beta_k u_k\\\gamma_i v_i+\gamma_j v_j+\gamma_k v_k\\\gamma_i u_i+\gamma_j u_j+\gamma_k u_k+\beta_i v_i+\beta_j v_j+\beta_k v_k\end{Bmatrix}$$

或写成

$$\boldsymbol{\varepsilon}=\frac{1}{2A}\begin{pmatrix}\beta_i & 0 & \beta_j & 0 & \beta_k & 0\\ 0 & \gamma_i & 0 & \gamma_j & 0 & \gamma_k\\ \gamma_i & \beta_i & \gamma_j & \beta_j & \gamma_k & \beta_k\end{pmatrix}\begin{Bmatrix}u_i\\ v_i\\ u_j\\ v_j\\ u_k\\ v_k\end{Bmatrix} \tag{3-52}$$

令

$$\boldsymbol{B}=\frac{1}{2A}\begin{pmatrix}\beta_i & 0 & \beta_j & 0 & \beta_k & 0\\ 0 & \gamma_i & 0 & \gamma_j & 0 & \gamma_k\\ \gamma_i & \beta_i & \gamma_j & \beta_j & \gamma_k & \beta_k\end{pmatrix} \tag{3-53}$$

则式（3－52）可写为：

$$\boldsymbol{\varepsilon}=\boldsymbol{B}\boldsymbol{d}^e \tag{3-54}$$

式（3－54）表示了应变与节点位移的关系，$\boldsymbol{B}$ 称为应变矩阵。

应变矩阵与坐标 x 和 y 无关，只依赖于单元的节点坐标，方程（3－54）的应变在单元内部各处将是常数。因此将这种单元称为常应变三角形单元。

b　由应变求应力

根据弹性力学的本构方程式（3－4）可得：

$$\boldsymbol{\sigma}=\begin{Bmatrix}\sigma_x\\ \sigma_y\\ \tau_{xy}\end{Bmatrix}=\boldsymbol{D}^e\boldsymbol{\varepsilon} \tag{3-55}$$

其中，对于平面应力问题

$$\boldsymbol{D}^e=\frac{E}{(1-\nu^2)}\begin{pmatrix}1 & \nu & 0\\ \nu & 1 & 0\\ 0 & 0 & \frac{1-\nu}{2}\end{pmatrix} \tag{3-56}$$

对于平面应变问题

$$\boldsymbol{D}^e=\frac{E}{(1+\nu)(1-2\nu)}\begin{pmatrix}1-\nu & \nu & 0\\ \nu & 1-\nu & 0\\ 0 & 0 & \frac{1-2\nu}{2}\end{pmatrix} \tag{3-57}$$

将式（3－54）代入式（3－55），得

$$\boldsymbol{\sigma}=\begin{Bmatrix}\sigma_x\\ \sigma_y\\ \tau_{xy}\end{Bmatrix}=\boldsymbol{D}^e\boldsymbol{B}\boldsymbol{d}^e \tag{3-58}$$

式（3－58）表示了应力与节点位移的关系。式中的应力在单元内部各处也是常数。

D　步骤四　推导单元刚度矩阵和刚度方程

利用虚功原理来建立单元刚度方程。根据虚功原理，当结构受载荷作用处于平衡状态时，在任意给出的节点虚位移下，外力（节点力）$\boldsymbol{f}^e$ 及内力 $\boldsymbol{\sigma}$ 所做的虚功之和应等于零

（也就是外力在虚位移上所做的虚功等于因虚位移引起的虚应变能），即

$$\delta W_{\mathrm{F}} + \delta W_{\sigma} = 0 \tag{3-59}$$

上式就是虚功方程。

现给单元节点以任意虚位移 $\delta \boldsymbol{d}^e$：

$$\delta \boldsymbol{d}^e = \{\delta u_i \quad \delta v_i \quad \delta u_j \quad \delta v_j \quad \delta u_k \quad \delta v_k\}^{\mathrm{T}}$$

则单元内各点将产生相应的虚位移 $\delta \boldsymbol{\Psi}$ 和虚应变 $\delta \boldsymbol{\varepsilon}$，参考式（3－50）和式（3－54）得：

$$\delta \boldsymbol{\Psi} = \begin{Bmatrix} \delta u \\ \delta v \end{Bmatrix} = \boldsymbol{N} \delta \boldsymbol{d}^e \tag{3-60}$$

$$\delta \boldsymbol{\varepsilon} = \begin{Bmatrix} \delta \varepsilon_x \\ \delta \varepsilon_y \\ \delta \gamma_{xy} \end{Bmatrix} = \boldsymbol{B} \delta \boldsymbol{d}^e \tag{3-61}$$

单元节点力的虚功为（位移与力之积）：

$$\delta W_{\mathrm{F}} = \{\delta \boldsymbol{d}^e\}^{\mathrm{T}} \cdot \boldsymbol{f}^e \tag{3-62}$$

单元内力的虚功为：

$$\delta W_{\sigma} = -\int_V \delta \boldsymbol{\varepsilon}^{\mathrm{T}} \cdot \sigma \mathrm{d}V \tag{3-63}$$

或

$$\delta W_{\sigma} = -\int_V (\delta \varepsilon_x \sigma_x + \delta \varepsilon_y \sigma_y + \delta \gamma_{xy} \tau_{xy}) \mathrm{d}V$$

将式（3－58）和式（3－61）代入式（3－63），得

$$\delta W_{\sigma} = -\int_V \{\boldsymbol{B} \delta \boldsymbol{d}^e\}^{\mathrm{T}} \cdot \boldsymbol{D}^e \boldsymbol{B} \boldsymbol{d}^e \mathrm{d}V = -\int_V \boldsymbol{B}^{\mathrm{T}} \{\delta \boldsymbol{d}^e\}^{\mathrm{T}} \cdot \boldsymbol{D}^e \boldsymbol{B} \boldsymbol{d}^e \mathrm{d}V$$

上式中的 $\{\delta \boldsymbol{d}^e\}^{\mathrm{T}}$ 和 $\boldsymbol{d}^e$ 可视为常数，将其移出积分号之外，即

$$\delta W_{\sigma} = -\{\delta \boldsymbol{d}^e\}^{\mathrm{T}} \int_V \boldsymbol{B}^{\mathrm{T}} \boldsymbol{D}^e \boldsymbol{B} \mathrm{d}V \boldsymbol{d}^e \tag{3-64}$$

将式（3－62）和式（3－64）代入虚功方程式（3－59），得

$$\{\delta \boldsymbol{d}^e\}^{\mathrm{T}} \cdot \boldsymbol{f}^e = \{\delta \boldsymbol{d}^e\}^{\mathrm{T}} \int_V \boldsymbol{B}^{\mathrm{T}} \boldsymbol{D}^e \boldsymbol{B} \mathrm{d}V \boldsymbol{d}^e$$

式中 $\{\delta \boldsymbol{d}^e\}^{\mathrm{T}}$ 是任意的，可消去，得

$$f^e = \int_V \boldsymbol{B}^{\mathrm{T}} \boldsymbol{D}^e \boldsymbol{B} \mathrm{d}V \boldsymbol{d}^e \tag{3-65}$$

令

$$K^e = \int_V \boldsymbol{B}^{\mathrm{T}} \boldsymbol{D}^e \boldsymbol{B} \mathrm{d}V \tag{3-66}$$

则

$$\boldsymbol{f}^e = \boldsymbol{K}^e \boldsymbol{d}^e \tag{3-67}$$

这就是单元节点力和节点位移的关系式，即单元刚度方程，$\boldsymbol{K}^e$ 为单元刚度矩阵。把 $\boldsymbol{B}$ 及 $\boldsymbol{D}^e$ 式（3－56）代入式（3－66）得平面应力问题三节点三角形单元的刚度矩阵：

$$\boldsymbol{K}^e = \begin{pmatrix} K_{ii} & K_{ij} & K_{ik} \\ K_{ji} & K_{jj} & K_{jk} \\ K_{ki} & K_{kj} & K_{kk} \end{pmatrix}$$

$$K_{rs}=\frac{tE}{4(1-\nu^2)A}\begin{pmatrix}\beta_r\beta_s+\frac{1-\nu}{2}\gamma_r\gamma_s & \nu\beta_r\gamma_s+\frac{1-\nu}{2}\gamma_r\beta_s\\ \nu\gamma_r\beta_s+\frac{1-\nu}{2}\beta_r\gamma_s & \gamma_r\gamma_s+\frac{1-\nu}{2}\beta_r\beta_s\end{pmatrix}$$

$$(r=i,j,k;\quad s=i,j,k) \tag{3-68}$$

式中，t 为平面单元的厚度。

E 步骤五 计算等效节点载荷

物体离散化后，假定力是通过节点从一个单元传递到另一个单元。但是，对于实际的连续体，力是从单元的公共边传递到另一个单元中去的。因而，这种作用在单元边界上的体积力 p_v^e、表面力 p_s^e 和集中力 p_c^e 都需要等效的移到节点上去，也就是用等效的节点力来代替所有作用在单元上的力。作用在单元上的等效载荷为：

体积力引起的：

$$f_v^e=\int_V \boldsymbol{N}^{\mathrm{T}}p_v^e\mathrm{d}V \tag{3-69}$$

表面力引起的：

$$f_s^e=\int_S \boldsymbol{N}^{\mathrm{T}}p_s^e\mathrm{d}S \tag{3-70}$$

集中力引起的：

$$f_c^e=\boldsymbol{N}^{\mathrm{T}}p_c^e \tag{3-71}$$

这样，单元的节点力为：

$$\boldsymbol{f}^e=f_v^e+f_s^e+f_c^e \tag{3-72}$$

在划分单元时，应尽可能将集中力的作用点作为节点，该集中力即为节点载荷。这样，在单元分析阶段不必对其进行处理，到整体分析时再直接进行累加。

体积力主要出现在以下场合，如由于实际物体重量（重力）、由于角速度引起的离心力或运动中的惯性力所产生的体积力；表面力主要由面载荷（如流体压力）引起。下面介绍这两种力的计算方法。

a 体积力的计算方法

设平面三角形单元的厚度为 t、受到体积力作用。假定体积力为

$$\boldsymbol{p}_v^e=\begin{Bmatrix}p_{vx}\\ p_{vy}\end{Bmatrix}$$

因为

$$\boldsymbol{N}^{\mathrm{T}}=\begin{pmatrix}N_i & 0\\ 0 & N_i\\ N_j & 0\\ 0 & N_j\\ N_k & 0\\ 0 & N_k\end{pmatrix}$$

利用式（3-69）得

$$\boldsymbol{f}_v^e = \int_V \begin{pmatrix} N_i & 0 \\ 0 & N_i \\ N_j & 0 \\ 0 & N_j \\ N_k & 0 \\ 0 & N_k \end{pmatrix} \begin{Bmatrix} p_{vx} \\ p_{vy} \end{Bmatrix} t\mathrm{d}x\mathrm{d}y = \frac{At}{3} \begin{Bmatrix} p_{vx} \\ p_{vy} \\ p_{vx} \\ p_{vy} \\ p_{vx} \\ p_{vy} \end{Bmatrix} \tag{3-73}$$

由此可见，体积力是均匀分布在单元的 3 个节点上的。

对于常见的物体自重情况，设材料的密度为 ρ、重力加速度为 g，则有：

$$\boldsymbol{p}_v^e = \begin{pmatrix} 0 \\ -\rho g \end{pmatrix}$$

根据式（3－73）得出等效节点力为：

$$\boldsymbol{f}_v^e = \frac{At}{3} \begin{Bmatrix} 0 \\ -\rho g \\ 0 \\ -\rho g \\ 0 \\ -\rho g \end{Bmatrix}$$

b　表面力的计算方法

设平面三角形单元的厚度为 t、受到表面力作用。假定表面力为：

$$\boldsymbol{p}_s^e = \begin{Bmatrix} p_{sx} \\ p_{sy} \end{Bmatrix}$$

因为

$$\boldsymbol{N}^{\mathrm{T}} = \begin{pmatrix} N_i & 0 \\ 0 & N_i \\ N_j & 0 \\ 0 & N_j \\ N_k & 0 \\ 0 & N_k \end{pmatrix}$$

利用式（3－70）得：

$$\boldsymbol{f}_s^e = \int_S \begin{pmatrix} N_i & 0 \\ 0 & N_i \\ N_j & 0 \\ 0 & N_j \\ N_k & 0 \\ 0 & N_k \end{pmatrix} \begin{Bmatrix} p_{sx} \\ p_{sy} \end{Bmatrix} t\mathrm{d}y = t \int_L \begin{Bmatrix} N_i p_{sx} \\ N_i p_{sy} \\ N_j p_{sx} \\ N_j p_{sy} \\ N_k p_{sx} \\ N_k p_{sy} \end{Bmatrix} \mathrm{d}y \tag{3-74}$$

例如，图 3－20a 所示的平面结构（厚度为 t），在右侧受到均匀拉力 p 的作用，试确定其节点等效力。

在图 3-20a 中取出一个三角形单元来分析，单元的底边长为 a，高度为 L，如图 3-20b所示设置节点标号。这时表面作用力为：

$$p_s^e = \begin{Bmatrix} p_{sx} \\ p_{sy} \end{Bmatrix} = \begin{Bmatrix} p \\ 0 \end{Bmatrix} \tag{3-75}$$

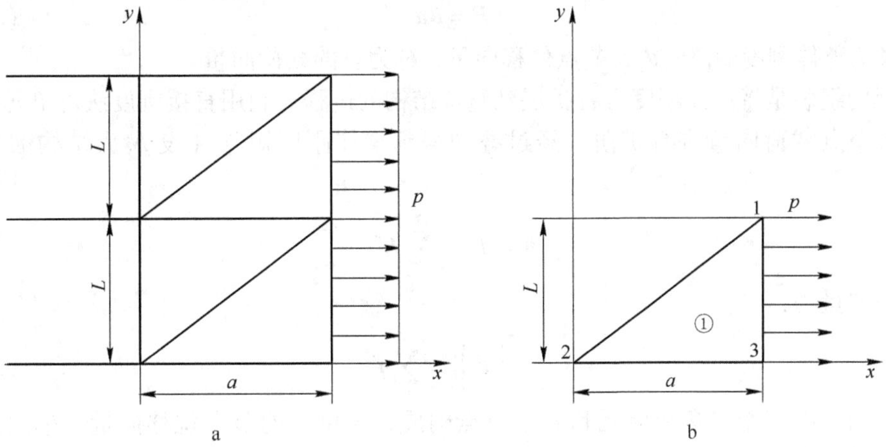

图 3-20 受表面力作用的平面结构

a—边缘作用均匀拉力的单元；b—受边缘表面拉力作用的代表性单元

将式（3-75）代入式（3-74）得：

$$f_s^e = t\int_L \begin{Bmatrix} N_i p_{sx} \\ N_i p_{sy} \\ N_j p_{sx} \\ N_j p_{sy} \\ N_k p_{sx} \\ N_k p_{sy} \end{Bmatrix} \mathrm{d}y = t\int_L \begin{Bmatrix} N_1 p \\ 0 \\ N_2 p \\ 0 \\ N_3 p \\ 0 \end{Bmatrix} \mathrm{d}y \tag{3-76}$$

如果将坐标原点设在节点 2 处，则有：

$$N_1 = \frac{ay}{2A} \qquad N_2 = \frac{L(a-x)}{2A} \qquad N_3 = \frac{Lx - ay}{2A} \tag{3-77}$$

因为三角形单元的面积为：

$$A = \frac{1}{2}aL \tag{3-78}$$

将式（3-77）和式（3-78）代入式（3-76），计算 $x = a$，$y = y$ 处的 N_1、N_2、N_3，然后对 y 积分得出：

$$f_s^e = \frac{t}{aL} \begin{Bmatrix} \left(\frac{L^2}{2}\right)ap \\ 0 \\ 0 \\ 0 \\ \left(L^2 - \frac{L^2}{2}\right)ap \\ 0 \end{Bmatrix} = \begin{Bmatrix} \frac{1}{2}tLp \\ 0 \\ 0 \\ 0 \\ \frac{1}{2}tLp \\ 0 \end{Bmatrix} \tag{3-79}$$

F　步骤六　组装单元方程

利用结构力的平衡条件和边界条件把各个单元按原来的结构重新连接起来，形成整体有限元方程。把各单元按节点组装成与原结构相似的整体结构，得到整体结构的节点力与节点位移的关系，即整体刚度方程

$$\boldsymbol{F} = \boldsymbol{K}\boldsymbol{d} \tag{3-80}$$

式中，$\boldsymbol{K}$ 为整体刚度矩阵；$\boldsymbol{d}$ 为节点位移向量；$\boldsymbol{F}$ 为总的载荷向量。

单元的组装是将单元刚度方程扩展到整体结构的过程。利用直接刚度法对单元刚度矩阵和等效节点载荷向量进行扩阶。经过叠加得到整体刚度矩阵（设 N 为结构的单元总数）：

$$\boldsymbol{K} = [K] = \sum_{e=1}^{N} \boldsymbol{K}^e \tag{3-81}$$

整体载荷向量为：

$$\boldsymbol{F} = \{F\} = \sum_{e=1}^{N} \boldsymbol{f}^e \tag{3-82}$$

假设结构由 N 个三角形单元和 n 个节点构成，对单元的节点位移向量、单元刚度矩阵及节点等效载荷向量进行如下形式的扩阶：

a　单元的节点位移向量

$$\boldsymbol{d}^e = \begin{Bmatrix} u_i \\ v_i \\ u_j \\ v_j \\ u_k \\ v_k \end{Bmatrix} \Rightarrow \xrightarrow[(6\times1)\rightarrow(2n\times1)]{\text{扩阶}} \Rightarrow \begin{Bmatrix} u_1 \\ v_1 \\ u_2 \\ v_2 \\ \vdots \\ u_n \\ v_n \end{Bmatrix} = d$$

b　单元刚度矩阵

$$\boldsymbol{K}^e = \begin{Bmatrix} K_{ii} & K_{ij} & K_{ik} \\ K_{ji} & K_{jj} & K_{jk} \\ K_{ki} & K_{kj} & K_{kk} \end{Bmatrix} \Rightarrow \xrightarrow[(6\times6)\rightarrow(2n\times2n)]{\text{扩阶}}$$

$$\Rightarrow \begin{Bmatrix} 0 & \cdots & 0 & \cdots & 0 & \cdots & 0 & \cdots & 0 \\ \vdots & & \vdots & & \vdots & & \vdots & & \vdots \\ 0 & \cdots & K_{ii} & \cdots & K_{ij} & \cdots & K_{ik} & \cdots & 0 \\ \vdots & & \vdots & & \vdots & & \vdots & & \vdots \\ 0 & \cdots & K_{ji} & \cdots & K_{jj} & \cdots & K_{jk} & \cdots & 0 \\ \vdots & & \vdots & & \vdots & & \vdots & & \vdots \\ 0 & \cdots & K_{ki} & \cdots & K_{kj} & \cdots & K_{kk} & \cdots & 0 \\ \vdots & & \vdots & & \vdots & & \vdots & & \vdots \\ 0 & \cdots & 0 & \cdots & 0 & \cdots & 0 & \cdots & 0 \end{Bmatrix} \begin{matrix} 1 \\ \vdots \\ i \\ \vdots \\ j \\ \vdots \\ k \\ \vdots \\ n \end{matrix}$$

在上面的矩阵中除标明的子阵外均为零元素。对所有单元刚度矩阵都扩展为上述矩阵形

式，使其成为同阶方阵，进行矩阵相加运算得到整体刚度矩阵 $\boldsymbol{K}$。

c 单元的节点等效载荷向量

$$\boldsymbol{f}^e = \begin{Bmatrix} f_{ix} \\ f_{iy} \\ f_{jx} \\ f_{jy} \\ f_{kx} \\ f_{ky} \end{Bmatrix} \Rightarrow \frac{\text{扩阶}}{(6\times1)\rightarrow(2n\times1)} \Rightarrow \begin{Bmatrix} F_{1x} \\ F_{1y} \\ F_{2x} \\ F_{2y} \\ \vdots \\ F_{nx} \\ F_{ny} \end{Bmatrix} = F$$

G 步骤七 求解节点位移

在求解式（3－80）的整体刚度方程之前，要引入边界条件，约束结构的刚体位移，以消除整体刚度矩阵的奇异性。

下面介绍引入位移边界条件最常用的方法——对角元素乘大数法。

当约束某个节点某一方向（x 或 y）的位移为定值 $d_j = d^*$ 时，将整体刚度方程中刚度矩阵的 K_{jj} 元素乘以一个很大的数 m（约为 10^{10} 数量级），将等效载荷向量的 F_j 用 $mK_{jj}d^*$ 取代，得到修正的整体刚度方程：

$$\begin{Bmatrix} F_1 \\ F_2 \\ \vdots \\ mK_{jj}d^* \\ \vdots \\ F_n \end{Bmatrix} = \begin{pmatrix} K_{11} & K_{12} & \cdots & K_{1j} & \cdots & K_{1n} \\ K_{21} & K_{22} & \cdots & K_{2j} & \cdots & K_{2n} \\ \vdots & \vdots & & \vdots & & \vdots \\ K_{j1} & K_{j2} & \cdots & mK_{jj} & \cdots & K_{jn} \\ \vdots & \vdots & & \vdots & & \vdots \\ K_{n1} & K_{n2} & \cdots & K_{nj} & \cdots & K_{nn} \end{pmatrix} \begin{Bmatrix} d_1 \\ d_2 \\ \vdots \\ d_j \\ \vdots \\ d_n \end{Bmatrix} \tag{3-83}$$

经过修正后，整体刚度方程中第 j 个方程变为

$$mK_{jj}d^* = K_{j1}d_1 + K_{j2}d_2 + \cdots + mK_{jj}d_j + \cdots + K_{jn}d_n$$

由于 $mK_{jj} \gg K_{ji}$，方程右端的 $mK_{jj}d_j$ 项比其他项要大得多，因此近似得到

$$d_j = d^*$$

当约束多个节点位移时，则按顺序将每个给定的位移都作上述修正，得到全部进行修正后的整体刚度矩阵和刚度方程，这时的整体刚度矩阵已消除了奇异性，可以对整体刚度方程进行求解了。解有限元方程式（3－83）得出各节点的位移。这里，可以根据方程组的具体特点来选择合适的计算方法。

H 步骤八 确定其他未知量

计算出各单元的节点位移后，就可以根据有关方程计算出节点的应力和应变等。

通过上述分析可以看出，有限元法的基本思想是“一分一合”，分是为了进行单元分析，合则为了对整体结构进行综合分析。

3.2.3.2 分析实例

图 3－21 所示薄板受表面拉力作用（$T = 1000$psi），试确定节点位移和单元应力。假设板厚 $t = 1$in，杨氏模量 $E = 30\times10^6$psi，泊松比 $\nu = 0.3$。

A 离散化

将薄板离散为2个三角形单元，节点编号如图3－21b所示。如果将坐标原点取在1点处，则各节点坐标分别为：节点1（0，0）、节点2（0，10）、节点3（20，10）、节点4（20，0）。

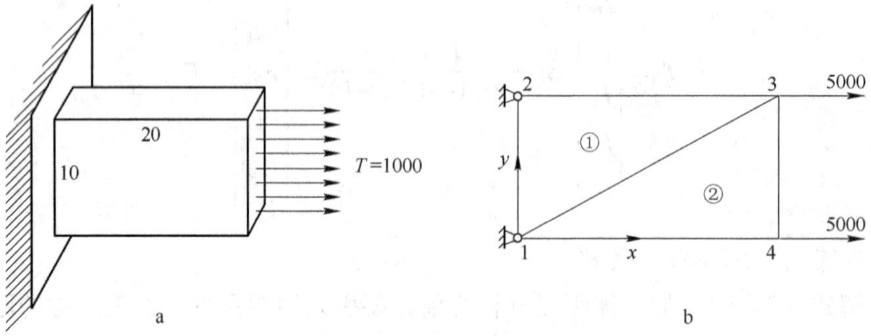

图3－21 受拉力作用的薄板

a—结构图；b—有限元模型

单元面积为

$$A=\frac{1}{2}bh=\frac{1}{2}\times 20\times 10=100 \quad (\text{in}^2)$$

两个单元的节点编号如图3－22所示，下面计算有关系数。

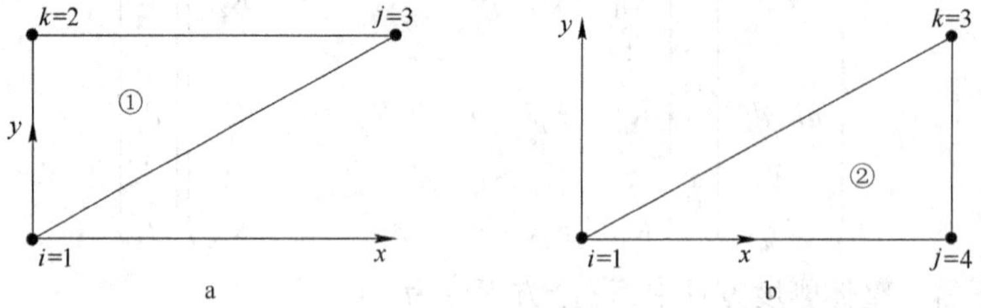

图3－22 单元的节点编号

a—1号单元；b—2号单元

对于单元1：

$$x_i=0 \qquad x_j=20 \qquad x_k=0$$

$$y_i=0 \qquad y_j=10 \qquad y_k=10$$

根据式（3－46）得：

$$\alpha_i^{(1)}=200 \qquad \beta_i^{(1)}=0 \qquad \gamma_i^{(1)}=-20$$

$$\alpha_j^{(1)}=0 \qquad \beta_j^{(1)}=10 \qquad \gamma_j^{(1)}=0$$

$$\alpha_k^{(1)}=0 \qquad \beta_k^{(1)}=-10 \qquad \gamma_k^{(1)}=20$$

对于单元2：

$$x_i=0 \qquad x_j=20 \qquad x_k=20$$

$$y_i=0 \qquad y_j=0 \qquad y_k=10$$

根据式（3－46）得：

$$\alpha_i^{(2)}=200 \quad \beta_i^{(2)}=-10 \quad \gamma_i^{(2)}=0$$
$$\alpha_j^{(2)}=0 \quad \beta_j^{(2)}=10 \quad \gamma_j^{(2)}=-20$$
$$\alpha_k^{(2)}=0 \quad \beta_k^{(2)}=0 \quad \gamma_k^{(2)}=20$$

B 构造单元刚度矩阵

根据式（3－68）构造平面应力单元刚度矩阵。

对于单元1：

$$\boldsymbol{K}^{(1)}=\frac{75000}{0.91}\begin{pmatrix} 140 & 0 & 0 & -70 & -140 & 70 \\ 0 & 400 & -60 & 0 & 60 & -400 \\ 0 & -60 & 100 & 0 & -100 & 60 \\ -70 & 0 & 0 & 35 & 70 & -35 \\ -140 & 60 & -100 & 70 & 240 & -130 \\ 70 & -400 & 60 & -35 & -130 & 435 \end{pmatrix}\begin{matrix} u_1 \\ v_1 \\ u_3 \\ v_3 \\ u_2 \\ v_2 \end{matrix} \tag{3－84}$$

对于单元2：

$$\boldsymbol{K}^{(2)}=\frac{75000}{0.91}\begin{pmatrix} 100 & 0 & -100 & 60 & 0 & -60 \\ 0 & 35 & 70 & -35 & -70 & 0 \\ -100 & 70 & 240 & -130 & -140 & 60 \\ 60 & -35 & -130 & 435 & 70 & -400 \\ 0 & -70 & -140 & 70 & 140 & 0 \\ -60 & 0 & 60 & -400 & 0 & 400 \end{pmatrix}\begin{matrix} u_1 \\ v_1 \\ u_4 \\ v_4 \\ u_3 \\ v_3 \end{matrix} \tag{3－85}$$

式中右侧的标记表示该单元刚度矩阵的自由度。

C 计算等效节点载荷

本题只有单元2受到一个表面力的作用，根据式（3－49）计算 $x=20$，$y=y$ 处的形函数：

$$\left.\begin{aligned} N_i&=\frac{1}{2A}(\alpha_i+\beta_i x+\gamma_i y)=\frac{1}{2\times100}(200-10\times20+0)=0 \\ N_j&=\frac{1}{2A}(\alpha_j+\beta_j x+\gamma_j y)=\frac{1}{2\times100}(0+10\times20-20y)=\frac{1}{10}(10-y) \\ N_k&=\frac{1}{2A}(\alpha_k+\beta_k x+\gamma_k y)=\frac{1}{2\times100}(0-0+20y)=\frac{1}{10}y \end{aligned}\right\} \tag{3－86}$$

根据式（3－74）得：

$$f_s^e=t\int_L\begin{Bmatrix} N_i p_{sx} \\ N_i p_{sy} \\ N_j p_{sx} \\ N_j p_{sy} \\ N_k p_{sx} \\ N_k p_{sy} \end{Bmatrix}\mathrm{d}y=\frac{t}{10}\int_{y=0}^{10}\begin{Bmatrix} 0 \\ 0 \\ (10-y)T \\ 0 \\ yT \\ 0 \end{Bmatrix}\mathrm{d}y=\frac{tT}{20}\begin{Bmatrix} 0 \\ 0 \\ 100 \\ 0 \\ 100 \\ 0 \end{Bmatrix}=\begin{Bmatrix} 0 \\ 0 \\ 5000 \\ 0 \\ 5000 \\ 0 \end{Bmatrix} \tag{3－87}$$

D　扩展单元刚度矩阵，得到整体刚度方程

本题有 2 个单元 4 个节点共计 8 个自由度，所以单元刚度矩阵要扩阶到 8×8 矩阵。扩阶并重新排布的单元刚度矩阵如下：

对于单元 1：

$$K^{(1)}=\frac{375000}{0.91}\begin{pmatrix} 28 & 0 & -28 & 14 & 0 & -14 & 0 & 0 \\ 0 & 80 & 12 & -80 & -12 & 0 & 0 & 0 \\ -28 & 12 & 48 & -26 & -20 & 14 & 0 & 0 \\ 14 & -80 & -26 & 87 & 12 & -7 & 0 & 0 \\ 0 & -12 & -20 & 12 & 20 & 0 & 0 & 0 \\ -14 & 0 & 14 & -7 & 0 & 7 & 0 & 0 \\ 0 & 0 & 0 & 0 & 0 & 0 & 0 & 0 \\ 0 & 0 & 0 & 0 & 0 & 0 & 0 & 0 \end{pmatrix}\begin{matrix} u_1 \\ v_1 \\ u_2 \\ v_2 \\ u_3 \\ v_3 \\ u_4 \\ v_4 \end{matrix} \tag{3-88}$$

对于单元 2：

$$K^{(2)}=\frac{375000}{0.91}\begin{pmatrix} 20 & 0 & 0 & 0 & 0 & -12 & -20 & 12 \\ 0 & 7 & 0 & 0 & -14 & 0 & 14 & -7 \\ 0 & 0 & 0 & 0 & 0 & 0 & 0 & 0 \\ 0 & 0 & 0 & 0 & 0 & 0 & 0 & 0 \\ 0 & -14 & 0 & 0 & 28 & 0 & -28 & 14 \\ -12 & 0 & 0 & 0 & 0 & 80 & 12 & -80 \\ -20 & 14 & 0 & 0 & -28 & 12 & 48 & -26 \\ 12 & -7 & 0 & 0 & 14 & -80 & -26 & 87 \end{pmatrix}\begin{matrix} u_1 \\ v_1 \\ u_2 \\ v_2 \\ u_3 \\ v_3 \\ u_4 \\ v_4 \end{matrix} \tag{3-89}$$

将单元 1 和单元 2 的刚度矩阵进行叠加，得到整体对称的刚度矩阵：

$$K=\frac{375000}{0.91}\begin{pmatrix} 48 & 0 & -28 & 14 & 0 & -26 & -20 & 12 \\ & 87 & 12 & -80 & -26 & 0 & 14 & -7 \\ & & 48 & -26 & -20 & 14 & 0 & 0 \\ & & & 87 & 12 & -7 & 0 & 0 \\ & & & & 48 & 0 & -28 & 14 \\ & & & & & 87 & 12 & -80 \\ & & & & & & 48 & -26 \\ & & & & & & & 87 \end{pmatrix}\begin{matrix} u_1 \\ v_1 \\ u_2 \\ v_2 \\ u_3 \\ v_3 \\ u_4 \\ v_4 \end{matrix} \tag{3-90}$$

构造出整体节点位移向量和整体节点载荷向量，并代入约束条件和边界条件，得到整体对称的刚度方程：

$$\begin{Bmatrix} F_{1x} \\ F_{1y} \\ F_{2x} \\ F_{2y} \\ 5000 \\ 0 \\ 5000 \\ 0 \end{Bmatrix} = \frac{375000}{0.91} \begin{pmatrix} 48 & 0 & -28 & 14 & 0 & -26 & -20 & 12 \\ & 87 & 12 & -80 & -26 & 0 & 14 & -7 \\ & & 48 & -26 & -20 & 14 & 0 & 0 \\ & & & 87 & 12 & -7 & 0 & 0 \\ & & & & 48 & 0 & -28 & 14 \\ & & & & & 87 & 12 & -80 \\ & & & & & & 48 & -26 \\ & & & & & & & 87 \end{pmatrix} \begin{Bmatrix} 0 \\ 0 \\ 0 \\ 0 \\ d_{3x} \\ d_{3y} \\ d_{4x} \\ d_{4y} \end{Bmatrix} \tag{3-91}$$

E 求解整体刚度方程，得到节点位移

利用节点约束条件消去与位移向量中为零元素相应的行和列，即消去方程（3－91）中的第1行至第4行，第1列至第4列，得出：

$$\begin{Bmatrix} 5000 \\ 0 \\ 5000 \\ 0 \end{Bmatrix} = \frac{375000}{0.91} \begin{pmatrix} 48 & 0 & -28 & 14 \\ 0 & 87 & 12 & -80 \\ -28 & 12 & 48 & -26 \\ 14 & -80 & -26 & 87 \end{pmatrix} \begin{Bmatrix} d_{3x} \\ d_{3y} \\ d_{4x} \\ d_{4y} \end{Bmatrix} \tag{3-92}$$

解此方程得

$$\begin{Bmatrix} d_{3x} \\ d_{3y} \\ d_{4x} \\ d_{4y} \end{Bmatrix} = \begin{Bmatrix} 0.610 \\ 0.004 \\ 0.664 \\ 0.104 \end{Bmatrix} \times 10^{-3} \quad (\text{in}) \tag{3-93}$$

F 求单元应力

根据式（3－56）得：

$$\boldsymbol{D}^e = \frac{E}{(1-\nu^2)} \begin{pmatrix} 1 & \nu & 0 \\ \nu & 1 & 0 \\ 0 & 0 & \frac{1-\nu}{2} \end{pmatrix} = \frac{30 \times 10^6}{1-0.3^2} \begin{pmatrix} 1 & 0.3 & 0 \\ 0.3 & 1 & 0 \\ 0 & 0 & 0.35 \end{pmatrix}$$

a 对于单元1

根据式（3－53）得

$$\boldsymbol{B} = \frac{1}{2A} \begin{pmatrix} \beta_i & 0 & \beta_j & 0 & \beta_k & 0 \\ 0 & \gamma_i & 0 & \gamma_j & 0 & \gamma_k \\ \gamma_i & \beta_i & \gamma_j & \beta_j & \gamma_k & \beta_k \end{pmatrix} = \frac{1}{200} \begin{pmatrix} 0 & 0 & 10 & 0 & -10 & 0 \\ 0 & -20 & 0 & 0 & 0 & 20 \\ -20 & 0 & 0 & 10 & 20 & -10 \end{pmatrix}$$

根据式（3－58）得出单元1的应力为：

$$\boldsymbol{\sigma} = \begin{Bmatrix} \sigma_x \\ \sigma_y \\ \tau_{xy} \end{Bmatrix} = \boldsymbol{D}^e \boldsymbol{B} \boldsymbol{d}^e = 10^{-6} \boldsymbol{D}^e \boldsymbol{B} \begin{Bmatrix} 0 \\ 0 \\ 609.6 \\ 4.2 \\ 0 \\ 0 \end{Bmatrix} = \begin{Bmatrix} 1005 \\ 301 \\ 2.4 \end{Bmatrix} \quad (\text{psi})$$

b 对于单元 2

根据式（3 - 53）得

$$B=\frac{1}{2A}\begin{pmatrix}\beta_i & 0 & \beta_j & 0 & \beta_k & 0\\ 0 & \gamma_i & 0 & \gamma_j & 0 & \gamma_k\\ \gamma_i & \beta_i & \gamma_j & \beta_j & \gamma_k & \beta_k\end{pmatrix}=\frac{1}{200}\begin{pmatrix}-10 & 0 & 10 & 0 & 0 & 0\\ 0 & 0 & 0 & -20 & 0 & 20\\ 0 & -10 & -20 & 10 & 20 & 0\end{pmatrix}$$

根据式（3 - 58）得出单元 2 的应力为：

$$\boldsymbol{\sigma}=\begin{Bmatrix}\sigma_x\\ \sigma_y\\ \tau_{xy}\end{Bmatrix}=\boldsymbol{D}^e\boldsymbol{B}\boldsymbol{d}^e=10^{-6}\boldsymbol{D}^e\boldsymbol{B}\begin{Bmatrix}0\\ 0\\ 663.7\\ 104.1\\ 609.6\\ 4.2\end{Bmatrix}=\begin{Bmatrix}995\\ -1.2\\ -2.4\end{Bmatrix}\quad(\text{psi})$$

从计算结果看，x 方向的位移比较接近真实结果，而 y 方向的位移误差较大，特别是节点 3 的位移方向不对，这是由于网格太稀少造成的。应力结果比较符合实际情况，接近 1000psi。

下面给出利用 ANSYS 有限元分析软件进行计算的结果。图 3 - 23 为该问题的有限元模型，共有 22 个单元，薄板左端已被约束（图中三角形），右端施加了一个 x 方向的面载荷（图中实心箭头）。图 3 - 24 ~ 图 3 - 28 为利用后处理程序显示的计算结果，其中图 3 - 24 为单元变形图，从中可以看到各节点的位移情况；图 3 - 25 为 x 方向位移图，图 3 - 26为 y 方向位移图，可看出 x 方向最大位移为 0.662×10^{-3}，y 方向最大位移为 -0.506×10^{-4}；图 3 - 27 为 x 方向应力图，图 3 - 28 为 y 方向应力图，可看出 x 方向最大应力在左上角，其值为 1432psi，y 方向最大应力位于薄板左端中部，其值为 300psi 左右。

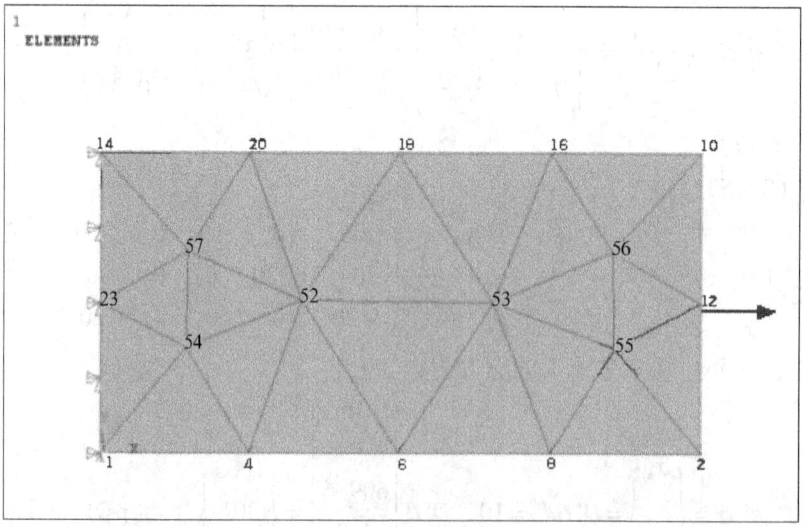

图 3 - 23 有限元模型

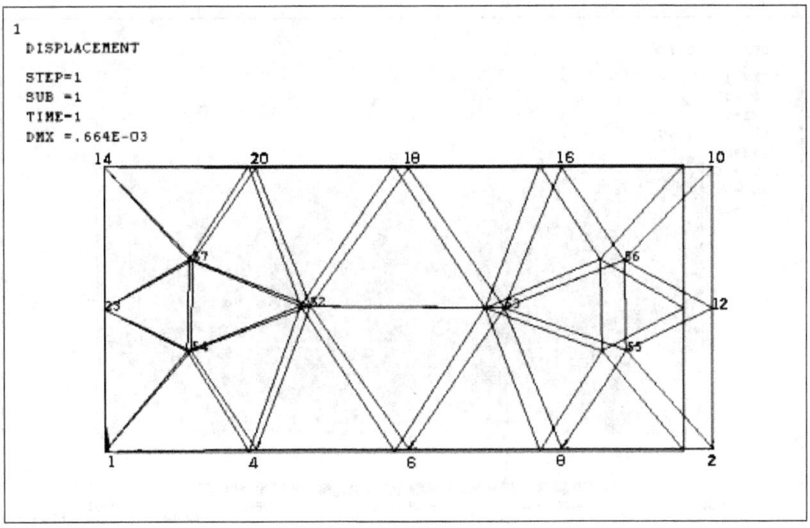

图 3-24　薄板的变形图

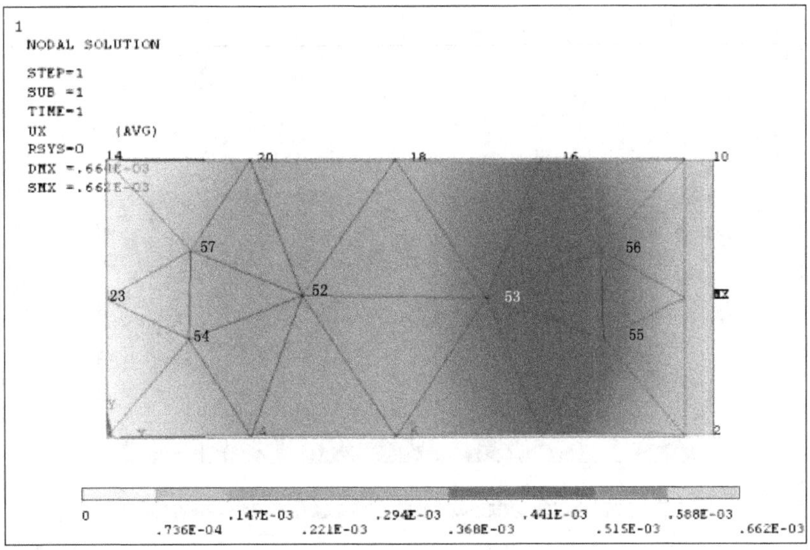

图 3-25　x 方向位移图

3.2.4　高阶单元的形函数

前面介绍的三节点三角形单元，其位移模式是线性的，因而单元的应力和应变都是常量，显然用这种单元计算得出的结果与实际情况有一定差异，而且计算精度也比较低（通过例题也看出这点）。为了提高计算精度，对单元采用阶数更高的位移模式，以便更好地反映物体中的位移状态和应力状态。

如果单元的位移模式（位移函数）为高阶多项式，则称这种单元为高阶单元。一般来讲，在线性单元的边上增加附加的节点就能获得高阶单元，这些单元中的高阶应变，利用较少的单元就能以较快的速度收敛到精确解。高阶单元的另一个优点是，比简单的直边

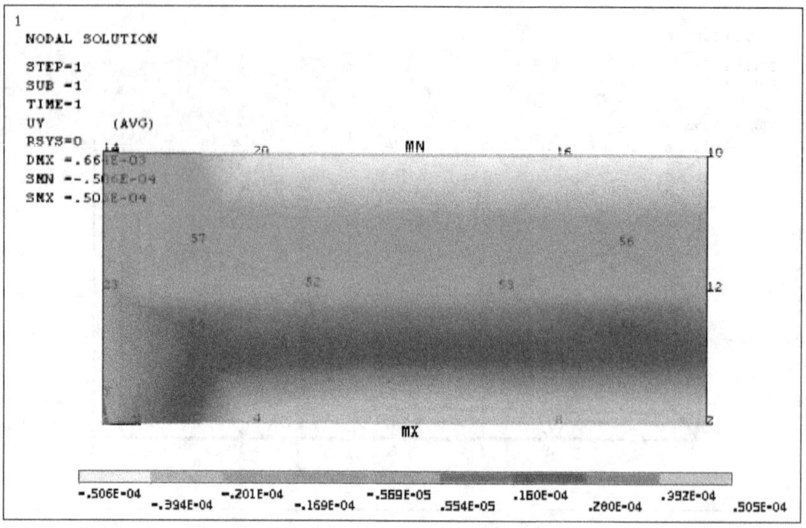

图 3-26 y 方向位移图

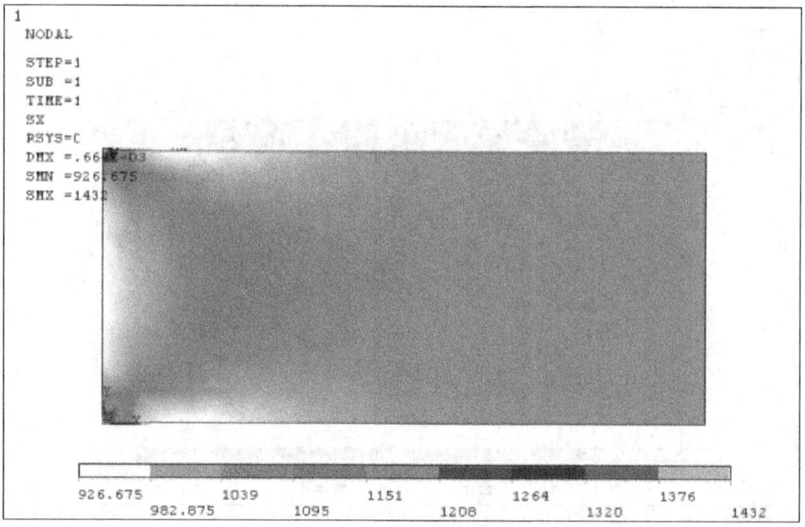

图 3-27 x 方向应力图

线性单元能更好地近似不规则形状物体的曲线边界。在平面应力应变问题中，常用的高阶单元是6节点三角形单元、四节点四边形单元以及八节点四边形单元。

3.2.4.1 自然坐标系与等参数公式描述

在研究高阶单元的位移模式和单元刚度矩阵时，为推导公式方便起见，常常采用局部坐标系。所谓局部坐标系是指该坐标只限于某一个单元之内才有定义。前面使用的 $x-y$ 坐标系（二维系统）或 $x-y-z$ 坐标系（三维系统）称为整体坐标系，它通用于所有的单元。

自然坐标系是一种局部坐标系，它用一组都不超过1的无量纲数来确定单元中点的坐

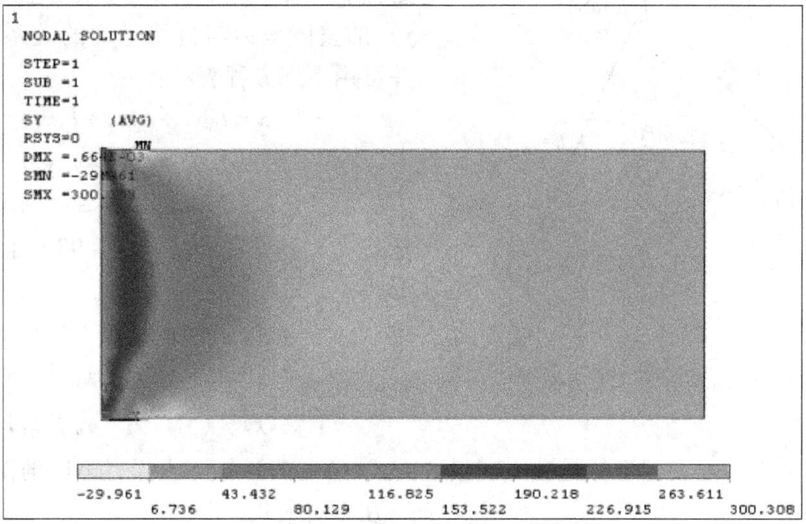

图 3 - 28 y 方向应力图

标位置。这种坐标系有以下性质：某一坐标在某一指定的节点上的值为 1，在另外的节点上为 0；节点间的坐标值变化是线性关系。

用自然坐标系推导出的形函数都是可以积分的且有现存的公式可利用，这就容易获得高阶单元的位移模式和刚度矩阵的表达式。这种坐标系对人们研究高阶单元起着重要的作用。

首先讨论一维自然坐标，图 3 - 29 为一个线单元，设 L_1 和 L_2 为自然坐标。其中 L_1 在节点 1 处（x_1）为 1，在节点 2 处（x_2）为 0；L_2 在节点 1 处为 0，在节点 2 处为 1，任意点 x 的坐标可以表示为节点坐标 x_1 和 x_2 的线性组合，即：

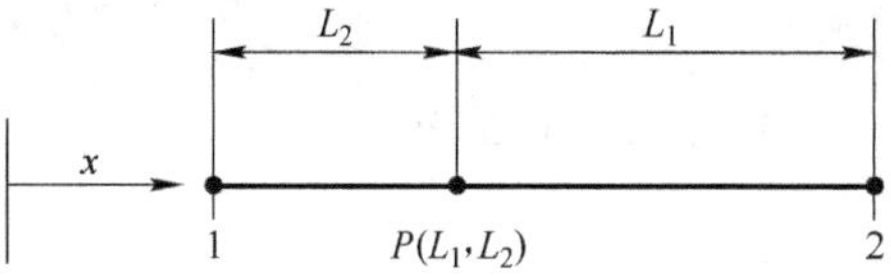

图 3 - 29 一维自然坐标

$$x = L_1x_1 + L_2x_2 \tag{3-94}$$

显然，自然坐标 L_1 和 L_2 并不独立，它们满足

$$L_1 + L_2 = 1 \tag{3-95}$$

由式（3 - 94）和式（3 - 95）可得

$$L_1 = \frac{x_2 - x}{x_2 - x_1} \qquad L_2 = \frac{x - x_1}{x_2 - x_1}$$

函数 L_1 和 L_2 可简单看成长度之比，通常称为长度坐标。

对于线性的位移模式 u（x），通常也采用与式（3 - 94）相同的结构：

$$u = L_1u_1 + L_2u_2 \tag{3-96}$$

显然，在这种情况下，自然坐标 L_1 和 L_2 的值等于线性形函数 N_1 和 N_2 的值。

与一维情况类似可以建立二维自然坐标。如图 3 - 30 的三角形单元，设 L_1、L_2 和 L_3 为自然坐标。在节点 1 处：$L_1 = 1$，$L_2 = L_3 = 0$；在节点 2 处：$L_2 = 1$，$L_1 = L_3 = 0$；在节点 3

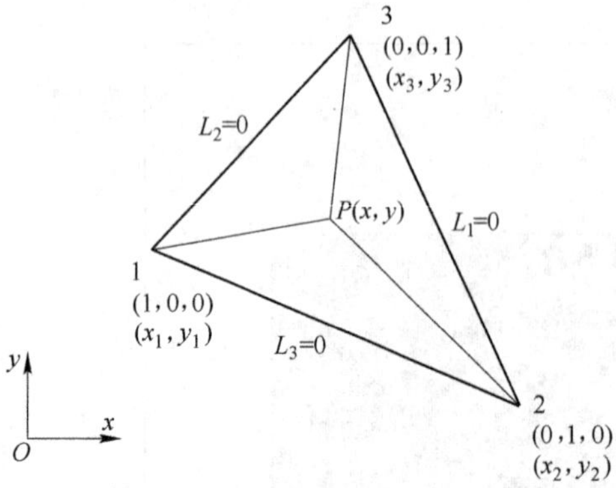

图 3-30 三角形单元二维自然坐标

处：$L_3=1$，$L_2=L_1=0$。单元中任意点 P（x，y）的整体坐标与自然坐标的关系是线性的，并可用下列方程表示：

$$\left.\begin{aligned} x &= L_1x_1+L_2x_2+L_3x_3 \\ y &= L_1y_1+L_2y_2+L_3y_3 \end{aligned}\right\} \tag{3-97}$$

$$L_1+L_2+L_3=1 \tag{3-98}$$

把式（3-97）和式（3-98）合并成矩阵形式：

$$\begin{Bmatrix} 1 \\ x \\ y \end{Bmatrix} = \begin{pmatrix} 1 & 1 & 1 \\ x_1 & x_2 & x_3 \\ y_1 & y_2 & y_3 \end{pmatrix} \begin{Bmatrix} L_1 \\ L_2 \\ L_3 \end{Bmatrix} \tag{3-99}$$

显然，只有 2 个自然坐标是独立变量。由式（3-99）矩阵求逆，可以推得：

$$\begin{Bmatrix} L_1 \\ L_2 \\ L_3 \end{Bmatrix} = \frac{1}{2\boldsymbol{A}} \begin{pmatrix} \alpha_1 & \beta_1 & \gamma_1 \\ \alpha_2 & \beta_2 & \gamma_2 \\ \alpha_3 & \beta_3 & \gamma_3 \end{pmatrix} \begin{Bmatrix} 1 \\ x \\ y \end{Bmatrix} \tag{3-100}$$

展开后得：

$$\left.\begin{aligned} L_1(x,y) &= \frac{1}{2\boldsymbol{A}}(\alpha_1+\beta_1x+\gamma_1y) \\ L_2(x,y) &= \frac{1}{2\boldsymbol{A}}(\alpha_2+\beta_2x+\gamma_2y) \\ L_3(x,y) &= \frac{1}{2\boldsymbol{A}}(\alpha_3+\beta_3x+\gamma_3y) \end{aligned}\right\} \tag{3-101}$$

式中：$\boldsymbol{A}$ 为三角形面积

$$\boldsymbol{A} = \frac{1}{2} \begin{pmatrix} 1 & x_1 & y_1 \\ 1 & x_2 & y_2 \\ 1 & x_3 & y_3 \end{pmatrix} \tag{3-102}$$

$$\left.\begin{aligned} \alpha_1 &= x_2y_3-x_3y_2 \quad & \beta_1 &= y_2-y_3 \quad & \gamma_1 &= x_3-x_2 \\ \alpha_2 &= x_3y_1-x_1y_3 \quad & \beta_2 &= y_3-y_1 \quad & \gamma_2 &= x_1-x_3 \\ \alpha_3 &= x_1y_2-x_2y_1 \quad & \beta_3 &= y_1-y_2 \quad & \gamma_3 &= x_2-x_1 \end{aligned}\right\} \tag{3-103}$$

式（3-100）和式（3-101）就是三角形单元自然坐标系与整体坐标系的变换关系。

对于线性的位移模式 u（x，y），也可采用式（3-96）类似的形式

$$u = L_1u_1+L_2u_2+L_3u_3 \tag{3-104}$$

从式（3-101）和（3-104）可以看到，自然坐标 L_1、L_2、L_3 恰恰就是三节点三角形单元的形函数 N_i、N_j、N_k。

与一维自然坐标称为长度坐标类似，三角形单元的二维自然坐标是面积之比，称为面积坐标。

在二维问题中，矩形单元（四边形单元）也是常用的单元类型。取 s、t 为局部坐标，为保证单元中一点的整体坐标与局部坐标的关系是线性的，可用下式表示：

$$\left.\begin{aligned} x &= a_1 + a_2 s \\ y &= b_1 + b_2 t \end{aligned}\right\} \qquad (3-105)$$

对于图3-31所示的矩形单元，设矩形单元的边长分别为 $2b$ 和 $2h$，取单元的中点为坐标原点，则有：

$$s = \frac{x}{b} \qquad t = \frac{y}{h}$$

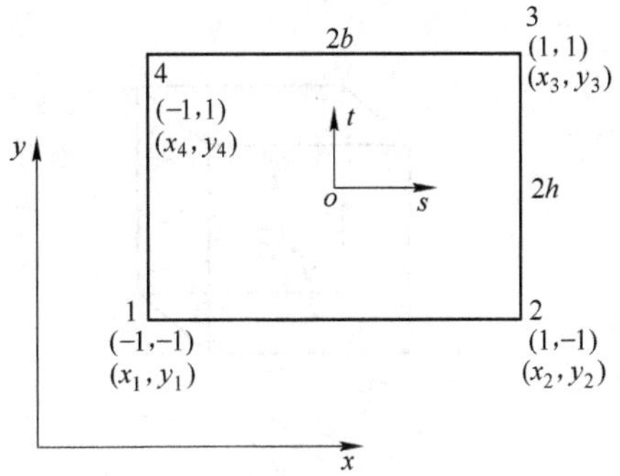

图3-31 矩形单元二维局部坐标

比较式（3-97）和式（3-104）可以看到，单元的坐标和位移模式具有相同的结构。如果定义单元内一点坐标位置的函数（描述单元形状的函数）与用来定义单元中位移的函数结构相同，则称其为等参数公式描述，这种单元称为等参单元。

自然坐标的变化范围是非常规整的，用自然坐标表示的单元也具有规则的形状和规范的插值函数，这就使计算程序变得简单易行。因此，在处理实际问题时，我们可以选择适当的坐标变换函数对单元进行坐标变换，将自然坐标系中形状规则的单元变换为整体坐标系中形状曲扭的单元，对于高阶单元还可以变换为曲边单元（见图3-32）。这样不仅给有限元网格剖分带来很大的灵活性，也能拟合复杂的边界几何形状。通过等参数公式描述建立的等参单元可以是非矩形的，也可以是曲边的。

等参数公式描述可以导致简单的计算机程序公式描述，可用于二维和三维应力分析以及非结构问题。此外，许多商用计算机程序已经适应于对各种单元库的这种公式描述。在工程分析中使用等参单元，会简化程序设计，提高计算精度和效率。

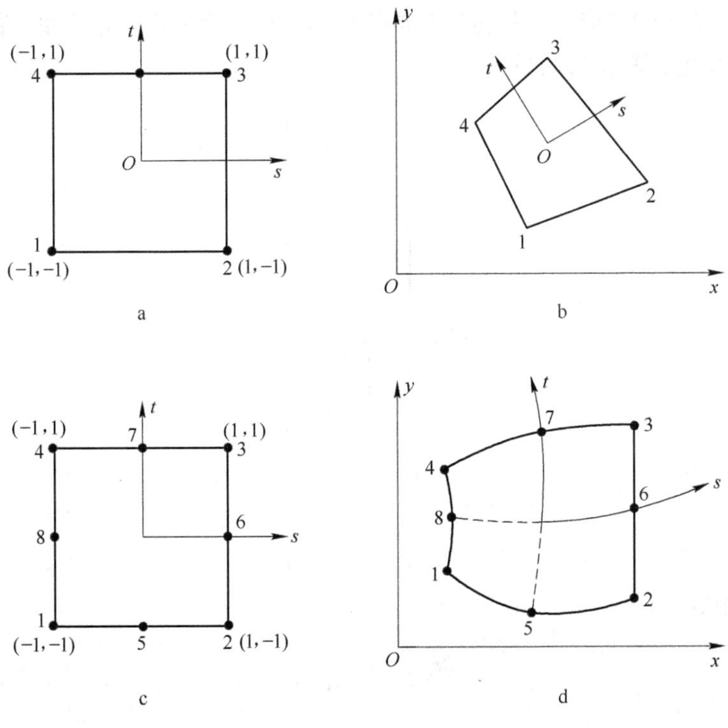

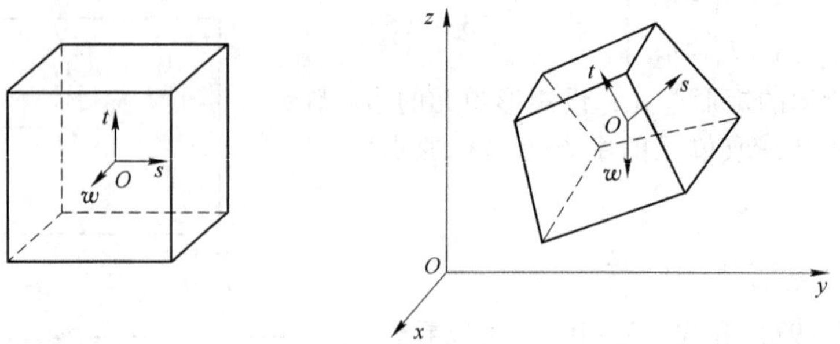

e　　f

图 3－32　单元的变换

a—自然坐标系下的 4 节点四边形单元；b—整体坐标系下的 4 节点四边形等参单元；
c—自然坐标系下的 8 节点四边形单元；d—整体坐标系下的 8 节点四边形等参单元；
e—自然坐标系下的 8 节点四面体单元；f—整体坐标系下的 8 节点四面体等参单元

3.2.4.2　高阶三角形单元

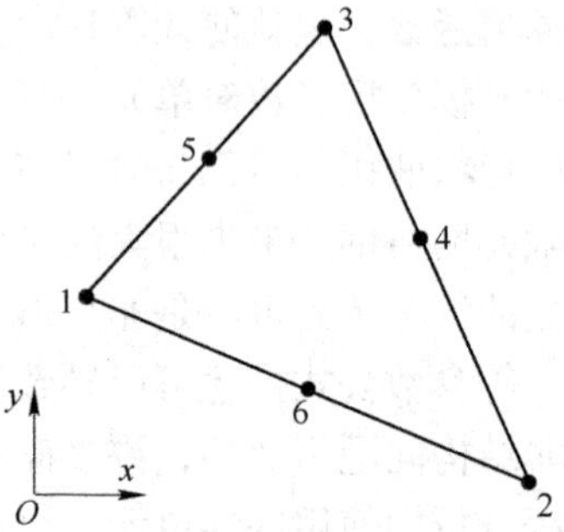

图 3－33　六节点三角形单元

在简单三角形单元（三节点）的三边中点再各设置 1 个节点，称为六节点三角形单元，如图 3－33 所示。单元 3 个角节点的编号为 1、2、3（按逆时针方向标注节点），3 个边节点的编号为 4、5、6，整体坐标系下的节点坐标分别为（x_1，y_1）、（x_2，y_2）、（x_3，y_3）、（x_4，y_4）、（x_5，y_5）、（x_6，y_6），自然坐标系 $s-t$ 下的节点坐标分别为（1，0，0）、（0，1，0）、（0，0，1）、（0，0.5，0.5）、（0.5，0，0.5）、（0.5，0.5，0）。如果是非曲边三角形单元，则 3 个边节点的坐标可由其相邻节点的坐标求得。六节点三角形单元的单元节点位移具有 12 个自由度，其位移向量为：

$$\boldsymbol{d}^e = \begin{Bmatrix} d_1 \\ d_2 \\ d_3 \\ d_4 \\ d_5 \\ d_6 \end{Bmatrix} = \begin{Bmatrix} u_1 \\ v_1 \\ u_2 \\ v_2 \\ u_3 \\ v_3 \\ u_4 \\ v_4 \\ u_5 \\ v_5 \\ u_6 \\ v_6 \end{Bmatrix} \tag{3-106}$$

单元内的位移函数为：

$$\boldsymbol{\Psi}(x,y) = \begin{Bmatrix} u \\ v \end{Bmatrix}$$

假设单元内任意一点的位移为 x，y 的完全二次多项式，即

$$\left.\begin{aligned}u(x,y)&=a_1+a_2x+a_3y+a_4x^2+a_5xy+a_6y^2\\v(x,y)&=a_7+a_8x+a_9y+a_{10}x^2+a_{11}xy+a_{12}y^2\end{aligned}\right\}\tag{3-107}$$

可以证明，式（3－107）满足收敛准则。因为在每条边上有三个节点，在这条边上，三个点定义一条抛物线，所以在相邻单元中满足位移协调。由于相邻单元在公共节点是相连接的，在边界上的位移协调也将满足。

式（3－107）的矩阵形式为：

$$\begin{Bmatrix}u\\v\end{Bmatrix}=\begin{pmatrix}1&x&y&x^2&xy&y^2&0&0&0&0&0&0\\0&0&0&0&0&0&1&x&y&x^2&xy&y^2\end{pmatrix}\begin{Bmatrix}a_1\\a_2\\\vdots\\\vdots\\a_{12}\end{Bmatrix}\tag{3-108}$$

上式也可以表示为另一种形式：

$$\boldsymbol{\Psi}=\boldsymbol{M}^*\boldsymbol{a}\tag{3-109}$$

系数 $a_1\sim a_6$ 可以通过 6 个节点的水平位移值来确定，$a_7\sim a_{12}$ 可以通过 6 个节点的垂直位移值来确定。将节点坐标代入式（3－108）中，得

$$\begin{Bmatrix}u_1\\u_2\\\vdots\\u_6\\v_1\\v_2\\\vdots\\v_6\end{Bmatrix}=\begin{Bmatrix}1&x_1&y_1&x_1^2&x_1y_1&y_1^2&0&0&0&0&0&0\\1&x_2&y_2&x_2^2&x_2y_2&y_2^2&0&0&0&0&0&0\\\vdots&\vdots&\vdots&\vdots&\vdots&\vdots&\vdots&\vdots&\vdots&\vdots&\vdots&\vdots\\1&x_6&y_6&x_6^2&x_6y_6&y_6^2&0&0&0&0&0&0\\0&0&0&0&0&0&1&x_1&y_1&x_1^2&x_1y_1&y_1^2\\\vdots&\vdots&\vdots&\vdots&\vdots&\vdots&\vdots&\vdots&\vdots&\vdots&\vdots&\vdots\\0&0&0&0&0&0&1&x_5&y_5&x_5^2&x_5y_5&y_5^2\\0&0&0&0&0&0&1&x_6&y_6&x_6^2&x_6y_6&y_6^2\end{Bmatrix}\begin{Bmatrix}a_1\\a_2\\\vdots\\a_6\\a_7\\\vdots\\a_{11}\\a_{12}\end{Bmatrix}\tag{3-110}$$

对于 a_i 进行求解后可以得到：

$$\begin{Bmatrix}a_1\\a_2\\\vdots\\a_6\\a_7\\\vdots\\a_{11}\\a_{12}\end{Bmatrix}=\begin{pmatrix}1&x_1&y_1&x_1^2&x_1y_1&y_1^2&0&0&0&0&0&0\\1&x_2&y_2&x_2^2&x_2y_2&y_2^2&0&0&0&0&0&0\\\vdots&\vdots&\vdots&\vdots&\vdots&\vdots&\vdots&\vdots&\vdots&\vdots&\vdots&\vdots\\1&x_6&y_6&x_6^2&x_6y_6&y_6^2&0&0&0&0&0&0\\0&0&0&0&0&0&1&x_1&y_1&x_1^2&x_1y_1&y_1^2\\\vdots&\vdots&\vdots&\vdots&\vdots&\vdots&\vdots&\vdots&\vdots&\vdots&\vdots&\vdots\\0&0&0&0&0&0&1&x_5&y_5&x_5^2&x_5y_5&y_5^2\\0&0&0&0&0&0&1&x_6&y_6&x_6^2&x_6y_6&y_6^2\end{pmatrix}^{-1}\begin{Bmatrix}u_1\\u_2\\\vdots\\u_6\\v_1\\v_2\\\vdots\\v_6\end{Bmatrix}\tag{3-111}$$

上式也可以表示为另一种形式：

$$\boldsymbol{a}=\boldsymbol{X}^{-1}\boldsymbol{d}^e\tag{3-112}$$

式中 $\boldsymbol{X}$ 是式（3－110）中右边的 12×12 矩阵，其逆矩阵可用计算机程序求得。将式（3－112）代入式（3－109）中，得：

$$\boldsymbol{\Psi}=\boldsymbol{N}\boldsymbol{d}^e\tag{3-113}$$

式中 $\boldsymbol{N}$ 为六节点三角形单元的形函数矩阵，是一个 2×12 矩阵，其表达式为

$$\boldsymbol{N}=\boldsymbol{M}^{*}\boldsymbol{X}^{-1} \tag{3-114}$$

如果用子矩阵表示，形函数 $\boldsymbol{N}$ 的形式如下：

$$\boldsymbol{N}=\begin{pmatrix} N_1 & 0 & N_2 & 0 & N_3 & 0 & N_4 & 0 & N_5 & 0 & N_6 & 0 \\ 0 & N_1 & 0 & N_2 & 0 & N_3 & 0 & N_4 & 0 & N_5 & 0 & N_6 \end{pmatrix} \tag{3-115}$$

式（3-114）是根据节点的整体坐标求得的单元形函数，如果由节点的自然坐标（L_1、L_2、L_3）求单元形函数，则可导出：

$$\left.\begin{aligned} N_1&=L_1(2L_1-1)\\ N_2&=L_2(2L_2-1)\\ N_3&=L_3(2L_3-1)\\ N_4&=4L_2L_3\\ N_5&=4L_3L_1\\ N_6&=4L_1L_2 \end{aligned}\right\} \tag{3-116}$$

式中的 L_1、L_2、L_3 按式（3-100）和式（3-101）确定。

根据式（3-113）表达的位移模式就可求出单元的应变及应力，进而得到六节点三角形单元的刚度方程。

3.2.4.3 四节点矩形单元

四节点矩形单元如图 3-31 所示。设矩形单元的边长分别为 $2b$ 和 $2h$，四个节点的编号为 1、2、3、4（按逆时针方向标注节点），矩形的两边分别与 x、y 轴平行，整体坐标系下的节点坐标标记为（x_1，y_1）、（x_2，y_2）、（x_3，y_3）、（x_4，y_4）。该单元节点位移具有 8 个自由度，其位移向量为

$$\boldsymbol{d}^{e}=\{u_1\quad v_1\quad u_2\quad v_2\quad u_3\quad v_3\quad u_4\quad v_4\}^{\mathrm{T}} \tag{3-117}$$

单元内的位移为

$$\boldsymbol{\Psi}(x,y)=\begin{Bmatrix} u \\ v \end{Bmatrix} \tag{3-118}$$

因为在每条边上只有两个节点（角节点），对于协调的位移场，单元位移 u 和 v 沿每条边必定是线性的，所以选择如下的线性位移模式：

$$\left.\begin{aligned} u(x,y)&=a_1+a_2x+a_3y+a_4xy\\ v(x,y)&=a_5+a_6x+a_7y+a_8xy \end{aligned}\right\} \tag{3-119}$$

或写成矩阵形式：

$$\boldsymbol{\Psi}=\begin{Bmatrix} u \\ v \end{Bmatrix}=\begin{pmatrix} 1 & x & y & xy & 0 & 0 & 0 & 0 \\ 0 & 0 & 0 & 0 & 1 & x & y & xy \end{pmatrix}\begin{Bmatrix} a_1 \\ a_2 \\ a_3 \\ a_4 \\ a_5 \\ a_6 \\ a_7 \\ a_8 \end{Bmatrix} \tag{3-120}$$

可以看出，这种位移模式在 x、y 方向均呈线性变化，称为双线性位移模式。由于在单元的边界上，位移是按线性变化的，且相邻单元公共节点上有相同的节点位移值，因此保证了两个相邻单元在其公共边界上位移的连续性。这种单元的位移模式是完备的和协调的，满足解的收敛条件，因此四节点矩形单元是协调单元。

将单元四个节点的坐标和位移代入式（3－119），可得到

$$\left.\begin{aligned} u(x,y) &= \frac{1}{4bh}[(b-x)(h-y)u_1+(b+x)(h-y)u_2+\\ &\qquad (b+x)(h+y)u_3+(b-x)(h+y)u_4] \\ v(x,y) &= \frac{1}{4bh}[(b-x)(h-y)v_1+(b+x)(h-y)v_2+\\ &\qquad (b+x)(h+y)v_3+(b-x)(h+y)v_4] \end{aligned}\right\} \tag{3-121}$$

这两个位移表达式可以等效地用形函数和节点位移来表达：

$$\boldsymbol{\Psi}=\boldsymbol{N}\boldsymbol{d}^e \tag{3-122}$$

其展开形式为：

$$\boldsymbol{\Psi}=\begin{Bmatrix} u \\ v \end{Bmatrix}=\begin{pmatrix} N_1 & 0 & N_2 & 0 & N_3 & 0 & N_4 & 0 \\ 0 & N_1 & 0 & N_2 & 0 & N_3 & 0 & N_4 \end{pmatrix}\begin{Bmatrix} u_1 \\ v_1 \\ u_2 \\ v_2 \\ u_3 \\ v_3 \\ u_4 \\ v_4 \end{Bmatrix} \tag{3-123}$$

式中形函数是一个 2×8 矩阵，其表达式为：

$$\left.\begin{aligned} N_1 &= \frac{1}{4bh}(b-x)(h-y) \\ N_2 &= \frac{1}{4bh}(b+x)(h-y) \\ N_3 &= \frac{1}{4bh}(b+x)(h+y) \\ N_4 &= \frac{1}{4bh}(b-x)(h+y) \end{aligned}\right\} \tag{3-124}$$

根据式（3－122）和式（3－123）表达的位移函数就可求出单元的应变及应力，进而得到四节点矩形单元的刚度方程。

例如对于平面应力应变问题，其应变方程为：

$$\boldsymbol{\varepsilon}=\begin{Bmatrix} \varepsilon_x \\ \varepsilon_y \\ \gamma_{xy} \end{Bmatrix}=\begin{Bmatrix} \dfrac{\partial u}{\partial x} \\ \dfrac{\partial v}{\partial y} \\ \dfrac{\partial u}{\partial y}+\dfrac{\partial v}{\partial x} \end{Bmatrix} \tag{3-125}$$

将式（3－123）代入式（3－125），并取 u 和 v 的导数，应变就可以用未知的节点位移来表达：

$$\boldsymbol{\varepsilon} = \boldsymbol{B}\boldsymbol{d}^e \tag{3-126}$$

式中的应变矩阵 $\boldsymbol{B}$ 为 3×8 阶矩阵：

$$\boldsymbol{B} = \frac{1}{4bh}\begin{pmatrix} -(h-y) & 0 & (h-y) & 0 & (h+y) & 0 & -(h+y) & 0 \\ 0 & -(b-x) & 0 & -(b+x) & 0 & (b+x) & 0 & (b-x) \\ -(b-x) & -(h-y) & -(b+x) & -(h-y) & (b+x) & (h+y) & (b-x) & -(h+y) \end{pmatrix} \tag{3-127}$$

由式（3-126）和式（3-127）可以看出，x 方向的正应变是 y 的线性函数，y 方向的正应变是 x 的线性函数，而剪应变是 x 和 y 的线性函数。所以，四节点矩形单元是一个线性应变单元。

根据式（3-55）的本构方程得到应力与未知节点位移的关系：

$$\boldsymbol{\sigma} = \begin{Bmatrix} \sigma_x \\ \sigma_y \\ \tau_{xy} \end{Bmatrix} = \boldsymbol{D}^e\boldsymbol{B}\boldsymbol{d}^e \tag{3-128}$$

式中，$\boldsymbol{D}^e$ 由平面应力或平面应变条件，即式（3-56）给出。

单元刚度矩阵由下式确定：

$$\boldsymbol{K}^e = \int_{-h}^{h}\int_{-b}^{b}\boldsymbol{B}^{\mathrm{T}}\boldsymbol{D}^e\boldsymbol{B}t\mathrm{d}x\mathrm{d}y \tag{3-129}$$

因为应变矩阵 $\boldsymbol{B}$ 是 x 和 y 的函数，必须进行上式的积分。矩形单元的单元刚度矩阵 $\boldsymbol{K}^e$ 是 8×8 阶矩阵。设单元的节点力为 $\boldsymbol{f}^e$，则单元刚度方程为

$$\boldsymbol{f}^e = \boldsymbol{K}^e\boldsymbol{d}^e$$

根据单元刚度方程构造整体刚度方程，施加节点载荷和约束以修正刚度方程，进而求出未知的节点位移。

3.2.4.4 四节点四边形等参单元

在实际工程分析中，物体的边界大多是不规则的，用矩形单元进行剖分误差较大，常常采用四边形单元。下面通过推导不规则四边形单元的形函数，介绍使用坐标变换的方法和等参单元的优点。

四节点四边形单元如图 3-34b 所示，单元有直边，但形状是任意的，四个节点的编号为 1、2、3、4，整体坐标系下的节点坐标分别为 (x_1,y_1)、(x_2,y_2)、(x_3,y_3)、(x_4,y_4)。

该单元节点位移具有 8 个自由度，其位移向量为

$$\boldsymbol{d}^e = \{u_1 \quad v_1 \quad u_2 \quad v_2 \quad u_3 \quad v_3 \quad u_4 \quad v_4\}^{\mathrm{T}} \tag{3-130}$$

首先，将自然坐标 $s-t$ 附在单元上，如图 3-34a 所示，坐标的原点在单元的中心。s 和 t 轴不需要与 x 或 y 轴正交，也不需要与之平行。$s-t$ 坐标轴的取向应使四边形的 4 个角点和边界限制在 +1 或 -1 上，这种取向可以充分发挥一般的数值积分方法的优点。自然坐标系 $s-t$ 下的节点坐标分别为（-1，-1）、（1，-1）、（1，1）、（-1，1）。整体坐标与自然坐标的变换关系为：

$$\left.\begin{aligned} x &= x_c + bs \\ y &= y_c + ht \end{aligned}\right\} \tag{3-131}$$

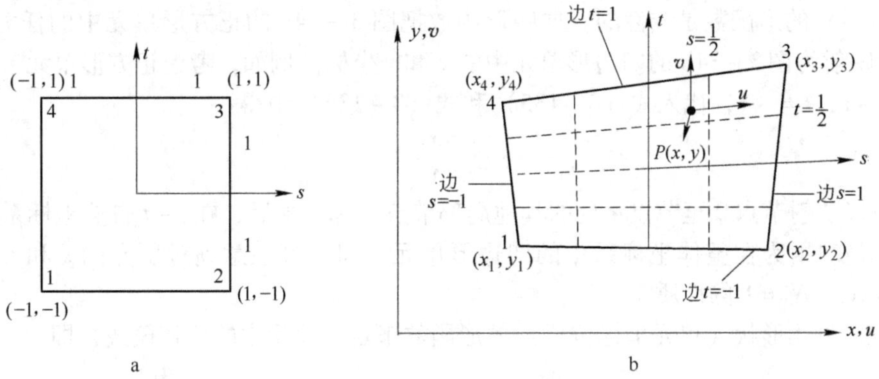

图 3－34 四节点四边形单元

a—在 $s-t$ 坐标系中的线性正方形单元；b—映射在 $x-y$ 坐标系中的四边形等参单元

式中，x_c 和 y_c 是单元中心的整体坐标。

对于四节点矩形单元，定义单元中位移的形函数由式（3－124）给出。现在，用这个形函数把图 3－34a 中在自然坐标系 $s-t$ 下的正方形映射为在 $x-y$ 坐标中图 3－34b 所示的四边形，四边形的大小和形状由节点坐标（x_1，y_1）、（x_2，y_2）、（x_3，y_3）、（x_4，y_4）来确定。因此，设

$$\left.\begin{aligned}x&=a_1+a_2s+a_3t+a_4st\\y&=a_5+a_6s+a_7t+a_8st\end{aligned}\right\}\tag{3-132}$$

用节点坐标（x_1，y_1）、（x_2，y_2）、（x_3，y_3）、（x_4，y_4）解出 a_i 项，由此可确定与式（3－115）相似的形式：

$$\left.\begin{aligned}x&=\frac{1}{4}[(1-s)(1-t)x_1+(1+s)(1-t)x_2+(1+s)(1+t)x_3+(1-s)(1+t)x_4]\\y&=\frac{1}{4}[(1-s)(1-t)y_1+(1+s)(1-t)y_2+(1+s)(1+t)y_3+(1-s)(1+t)y_4]\end{aligned}\right\}\tag{3-133}$$

其矩阵形式为：

$$\begin{Bmatrix}x\\y\end{Bmatrix}=\begin{pmatrix}N_1&0&N_2&0&N_3&0&N_4&0\\0&N_1&0&N_2&0&N_3&0&N_4\end{pmatrix}\begin{Bmatrix}x_1\\y_1\\x_2\\y_2\\x_3\\y_3\\x_4\\y_4\end{Bmatrix}\tag{3-134}$$

式中形函数为：

$$\left.\begin{aligned}N_1&=\frac{1}{4}(1-s)(1-t)\\N_2&=\frac{1}{4}(1+s)(1-t)\\N_3&=\frac{1}{4}(1+s)(1+t)\\N_4&=\frac{1}{4}(1-s)(1+t)\end{aligned}\right\}\tag{3-135}$$

式（3 - 135）的形函数是线性的。这些形函数把图 3 - 34a 的正方形单元中的任意点的 s 和 t 坐标映射为图 3 - 34b 的四边形单元中的 x 和 y 坐标。例如，考虑正方形单元节点 1 的坐标 $s=-1$，$t=-1$，代入式（3 - 135）和式（3 - 136）中得：

$$x = x_1$$
$$y = y_1$$

同样，可以映射节点 2 至节点 4 处的其他局部节点坐标，最后，在 $s-t$ 自然坐标系中的正方形单元被映射为在整体坐标系中的四边形单元。同时可注意到对所有的 s 和 t 值，有 $N_1+N_2+N_3+N_4=1$ 的性质。

用定义单元形状（单元坐标位置）的形函数来定义单元中的位移模式，即

$$\boldsymbol{\Psi}=\begin{Bmatrix} u \\ v \end{Bmatrix}=\begin{pmatrix} N_1 & 0 & N_2 & 0 & N_3 & 0 & N_4 & 0 \\ 0 & N_1 & 0 & N_2 & 0 & N_3 & 0 & N_4 \end{pmatrix}\begin{Bmatrix} u_1 \\ v_1 \\ u_2 \\ v_2 \\ u_3 \\ v_3 \\ u_4 \\ v_4 \end{Bmatrix} \tag{3-136}$$

式中形函数由式（3 - 135）给出。在图 3 - 34b 的四边形单元中，任意点 P（x，y）的位移由式（3 - 136）给出。

可以看到，通过引用自然坐标的等参数公式描述，使整体坐标系下的任意四边形单元成为等参单元。

对于非规则形状单元或高阶单元，用整体坐标 x 和 y 来表示形函数是乏味和困难的（即使是可能的），因此，现在用等参数局部坐标 s 和 t 来描述。用 s 和 t 的坐标表达式要比用 x 和 y 的坐标表达式更容易，这样处理也使计算机程序更简单。

根据式（3 - 136）表达的位移函数就可求出单元的应变及应力，进而得到四边形单元的刚度方程。

3.2.4.5 八节点四边形单元

图 3 - 35 所示的八节点四边形单元，有 4 个角节点（节点编号为 1、2、3、4）和 4 个边中节点（节点编号为 5、6、7、8），单元自由度总数为 16。与四节点四边形单元类似，通过自然坐标 $s-t$ 将其映射为二阶等参单元。设该单元的坐标位置函数为自然坐标系（s，t）的不完全三次多项式：

$$\left.\begin{aligned} x &= a_1+a_2s+a_3t+a_4st+a_5s^2+a_6t^2+a_7s^2t+a_8st^2 \\ y &= a_9+a_{10}s+a_{11}t+a_{12}st+a_{13}s^2+a_{14}t^2+a_{15}s^2t+a_{16}st^2 \end{aligned}\right\} \tag{3-137}$$

这样，单元的节点自由度数与系数 a_i 的个数相同。对于角节点，其形函数为：

$$\left.\begin{aligned} N_1 &= \frac{1}{4}(1-s)(1-t)(-s-t-1) \\ N_2 &= \frac{1}{4}(1+s)(1-t)(s-t-1) \\ N_3 &= \frac{1}{4}(1+s)(1+t)(s+t-1) \\ N_4 &= \frac{1}{4}(1-s)(1+t)(-s+t-1) \end{aligned}\right\} \tag{3-138}$$

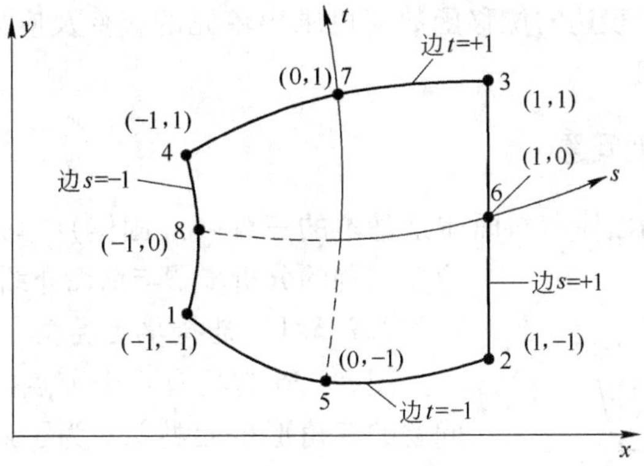

图 3-35 八节点四边形单元

为便于计算机编程，也可以使用下标的形式来表示：

$$N_i = \frac{1}{4}(1 - ss_i)(1 - tt_i)(ss_i + tt_i - 1) \tag{3-139}$$

式中的 i 是形函数的序号，且

$$\left.\begin{aligned} s_i &= -1, 1, 1, -1 \qquad (i = 1,2,3,4) \\ t_i &= -1, -1, 1, 1 \qquad (i = 1,2,3,4) \end{aligned}\right\} \tag{3-140}$$

对于边中节点，其形函数为：

$$\left.\begin{aligned} N_5 &= \frac{1}{2}(1 - s)(1 - t)(1 + s) \\ N_6 &= \frac{1}{2}(1 + s)(1 - t)(1 + t) \\ N_7 &= \frac{1}{2}(1 + s)(1 + t)(1 - s) \\ N_8 &= \frac{1}{2}(1 - s)(1 + t)(1 - t) \end{aligned}\right\} \tag{3-141}$$

使用下标的形式来表示：

$$\left.\begin{aligned} N_i &= \frac{1}{2}(1 - s^2)(1 + tt_i) \qquad t_i = -1, 1 \qquad (i = 5,7) \\ N_i &= \frac{1}{2}(1 + ss_i)(1 - t^2) \qquad s_i = 1, -1 \qquad (i = 6,8) \end{aligned}\right\} \tag{3-142}$$

通过式（3-138）和式（3-141）可以看出，在节点 i，$N_i = 1$；在其他节点，$N_i = 0$，根据形函数的一般定义，这是必须满足的。

这时，单元内的位移模式为：

$$\begin{Bmatrix} u \\ v \end{Bmatrix} = \begin{pmatrix} N_1 & 0 & N_2 & 0 & N_3 & 0 & N_4 & 0 & N_5 & 0 & N_6 & 0 & N_7 & 0 & N_8 & 0 \\ 0 & N_1 & 0 & N_2 & 0 & N_3 & 0 & N_4 & 0 & N_5 & 0 & N_6 & 0 & N_7 & 0 & N_8 \end{pmatrix} \times \begin{Bmatrix} u_1 \\ v_1 \\ u_2 \\ v_2 \\ \vdots \\ u_8 \\ v_8 \end{Bmatrix} \tag{3-143}$$

根据式（3－143）表达的位移函数就可求出单元的应变及应力，进而得到八节点四边形单元的刚度方程。

3.2.5　三维应力和应变问题

在三维问题中，四面体和六面体是基本的三维（或固体）单元。三维单元的应力和应变问题的分析步骤与前面介绍的二维单元相同。

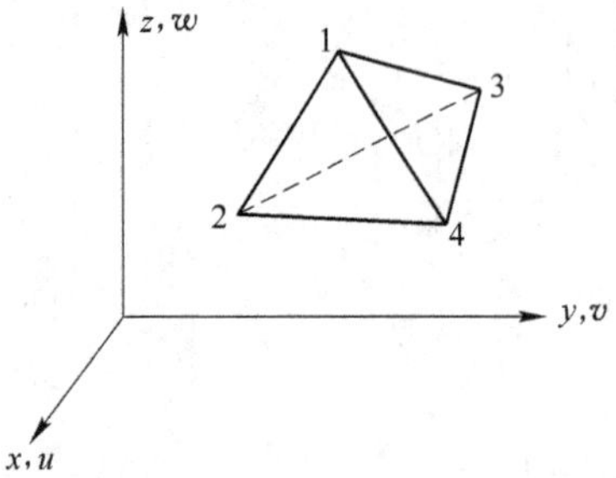

图 3－36　四节点四面体单元

3.2.5.1　选择单元类型

图 3－36 为具有 4 个节点的四面体单元。与二维问题的三角形单元类似，为了避免在单元体积计算时出现负值，对节点的编号顺序要求如下：当从最后一个节点（例如节点 4）观察时，前 3 个节点要以逆时针方向排序。

该单元每个节点有 3 个位移自由度，所以单元共有 12 个自由度，其位移向量为：

$$\boldsymbol{d}^e = \begin{Bmatrix} u_1 \\ v_1 \\ w_1 \\ \vdots \\ u_4 \\ v_4 \\ w_4 \end{Bmatrix} \tag{3-144}$$

3.2.5.2　选择位移模式

在单元的每条边只有 2 个节点（角节点），对于协调的位移场，要求位移函数 u、v 和 w 必须沿每一条边是线性的，函数在四面体的每一个平面也必须是线性的。设四面体单元的位移模式为：

$$\left.\begin{aligned} u(x,y,z) &= a_1 + a_2x + a_3y + a_4z \\ v(x,y,z) &= a_5 + a_6x + a_7y + a_8z \\ w(x,y,z) &= a_9 + a_{10}x + a_{11}y + a_{12}z \end{aligned}\right\} \tag{3-145}$$

或写成矩阵形式：

$$\begin{Bmatrix} u \\ v \\ w \end{Bmatrix} = \begin{pmatrix} 1 & x & y & z & 0 & 0 & 0 & 0 & 0 & 0 & 0 & 0 \\ 0 & 0 & 0 & 0 & 1 & x & y & z & 0 & 0 & 0 & 0 \\ 0 & 0 & 0 & 0 & 0 & 0 & 0 & 0 & 1 & x & y & z \end{pmatrix} \begin{Bmatrix} a_1 \\ a_2 \\ \vdots \\ a_{11} \\ a_{12} \end{Bmatrix} = \boldsymbol{Sa} \tag{3-146}$$

单元内任意点的位移为坐标矩阵 $\boldsymbol{S}$ 与待定系数向量 $\boldsymbol{a}$ 之积。

将单元四个节点的坐标和位移值代入式（3－145），得

$$\left.\begin{aligned}u_1&=a_1+a_2x_1+a_3y_1+a_4z_1\\v_1&=a_5+a_6x_1+a_7y_1+a_8z_1\\w_1&=a_9+a_{10}x_1+a_{11}y_1+a_{12}z_1\\u_2&=a_1+a_2x_2+a_3y_2+a_4z_2\\v_2&=a_5+a_6x_2+a_7y_2+a_8z_2\\w_2&=a_9+a_{10}x_2+a_{11}y_2+a_{12}z_2\\&\vdots\qquad\qquad\vdots\\u_4&=a_1+a_2x_4+a_3y_4+a_4z_4\\v_4&=a_5+a_6x_4+a_7y_4+a_8z_4\\w_4&=a_9+a_{10}x_4+a_{11}y_4+a_{12}z_4\end{aligned}\right\}\tag{3-147}$$

写成矩阵形式为:

$$\boldsymbol{d}^e=\begin{Bmatrix}u_1\\v_1\\w_1\\u_2\\v_2\\w_2\\u_3\\v_3\\w_3\\u_4\\v_4\\w_4\end{Bmatrix}=\begin{pmatrix}1&x_1&y_1&z_1&0&0&0&0&0&0&0&0\\0&0&0&0&1&x_1&y_1&z_1&0&0&0&0\\0&0&0&0&0&0&0&0&1&x_1&y_1&z_1\\1&x_2&y_2&z_2&0&0&0&0&0&0&0&0\\0&0&0&0&1&x_2&y_2&z_2&0&0&0&0\\0&0&0&0&0&0&0&0&1&x_2&y_2&z_2\\1&x_3&y_3&z_3&0&0&0&0&0&0&0&0\\0&0&0&0&1&x_3&y_3&z_3&0&0&0&0\\0&0&0&0&0&0&0&0&1&x_3&y_3&z_3\\1&x_4&y_4&z_4&0&0&0&0&0&0&0&0\\0&0&0&0&1&x_4&y_4&z_4&0&0&0&0\\0&0&0&0&0&0&0&0&1&x_4&y_4&z_4\end{pmatrix}\begin{Bmatrix}a_1\\a_2\\a_3\\a_4\\a_5\\a_6\\a_7\\a_8\\a_9\\a_{10}\\a_{11}\\a_{12}\end{Bmatrix}=\boldsymbol{Ca}\tag{3-148}$$

单元节点位移 $\boldsymbol{d}^e$ 为节点坐标矩阵 $\boldsymbol{C}$ 与待定系数向量 $\boldsymbol{a}$ 之积。用矩阵求逆法求出 $\boldsymbol{a}$，并代入式（3－146），得

$$\begin{Bmatrix}u\\v\\w\end{Bmatrix}=\boldsymbol{SC}^{-1}\boldsymbol{d}^e\tag{3-149}$$

令 $\boldsymbol{N}=\boldsymbol{SC}^{-1}$，$\boldsymbol{N}$ 就是四节点四面体单元的形函数矩阵。其中

$$\boldsymbol{C}^{-1}=\frac{1}{6V}\begin{pmatrix}\alpha_1&0&0&\alpha_2&0&0&\alpha_3&0&0&\alpha_4&0&0\\\beta_1&0&0&\beta_2&0&0&\beta_3&0&0&\beta_4&0&0\\\gamma_1&0&0&\gamma_2&0&0&\gamma_3&0&0&\gamma_4&0&0\\\delta_1&0&0&\delta_2&0&0&\delta_3&0&0&\delta_4&0&0\\0&\alpha_1&0&0&\alpha_2&0&0&\alpha_3&0&0&\alpha_4&0\\0&\beta_1&0&0&\beta_2&0&0&\beta_3&0&0&\beta_4&0\\0&\gamma_1&0&0&\gamma_2&0&0&\gamma_3&0&0&\gamma_4&0\\0&\delta_1&0&0&\delta_2&0&0&\delta_3&0&0&\delta_4&0\\0&0&\alpha_1&0&0&\alpha_2&0&0&\alpha_3&0&0&\alpha_4\\0&0&\beta_1&0&0&\beta_2&0&0&\beta_3&0&0&\beta_4\\0&0&\gamma_1&0&0&\gamma_2&0&0&\gamma_3&0&0&\gamma_4\\0&0&\delta_1&0&0&\delta_2&0&0&\delta_3&0&0&\delta_4\end{pmatrix}\tag{3-150}$$

式（3－150）的 V 为单元的体积，由下式计算：

$$V=\frac{1}{6}\begin{vmatrix}1 & x_1 & y_1 & z_1\\ 1 & x_2 & y_2 & z_2\\ 1 & x_3 & y_3 & z_3\\ 1 & x_4 & y_4 & z_4\end{vmatrix} \tag{3-151}$$

式（3－150）的其他参数由下式给出：

$$\alpha_1=\begin{vmatrix}x_2 & y_2 & z_2\\ x_3 & y_3 & z_3\\ x_4 & y_4 & z_4\end{vmatrix}\quad \beta_1=-\begin{vmatrix}1 & y_2 & z_2\\ 1 & y_3 & z_3\\ 1 & y_4 & z_4\end{vmatrix}\quad \gamma_1=\begin{vmatrix}1 & x_2 & z_2\\ 1 & x_3 & z_3\\ 1 & x_4 & z_4\end{vmatrix}\quad \delta_1=-\begin{vmatrix}1 & x_2 & y_2\\ 1 & x_3 & y_3\\ 1 & x_4 & y_4\end{vmatrix}$$

$$\alpha_2=-\begin{vmatrix}x_1 & y_1 & z_1\\ x_3 & y_3 & z_3\\ x_4 & y_4 & z_4\end{vmatrix}\quad \beta_2=-\begin{vmatrix}1 & y_1 & z_1\\ 1 & y_3 & z_3\\ 1 & y_4 & z_4\end{vmatrix}\quad \gamma_2=-\begin{vmatrix}1 & x_1 & z_1\\ 1 & x_3 & z_3\\ 1 & x_4 & z_4\end{vmatrix}\quad \delta_2=-\begin{vmatrix}1 & x_1 & y_1\\ 1 & x_3 & y_3\\ 1 & x_4 & y_4\end{vmatrix}$$

$$\alpha_3=\begin{vmatrix}x_1 & y_1 & z_1\\ x_2 & y_2 & z_2\\ x_4 & y_4 & z_4\end{vmatrix}\quad \beta_3=-\begin{vmatrix}1 & y_1 & z_1\\ 1 & y_2 & z_2\\ 1 & y_4 & z_4\end{vmatrix}\quad \gamma_3=\begin{vmatrix}1 & x_1 & z_1\\ 1 & x_2 & z_2\\ 1 & x_4 & z_4\end{vmatrix}\quad \delta_3=-\begin{vmatrix}1 & x_1 & y_1\\ 1 & x_2 & y_2\\ 1 & x_4 & y_4\end{vmatrix}$$

$$\alpha_4=-\begin{vmatrix}x_1 & y_1 & z_1\\ x_2 & y_2 & z_2\\ x_3 & y_3 & z_3\end{vmatrix}\quad \beta_4=-\begin{vmatrix}1 & y_1 & z_1\\ 1 & y_2 & z_2\\ 1 & y_3 & z_3\end{vmatrix}\quad \gamma_4=\begin{vmatrix}1 & x_1 & z_1\\ 1 & x_2 & z_2\\ 1 & x_3 & z_3\end{vmatrix}\quad \delta_4=\begin{vmatrix}1 & x_1 & y_1\\ 1 & x_2 & y_2\\ 1 & x_3 & y_3\end{vmatrix}$$

将有关参数代入式（3－149），可得

$$\left.\begin{aligned}
u(x,y,z)=&\frac{1}{6V}\{(\alpha_1+\beta_1x+\gamma_1y+\delta_1z)u_1+(\alpha_2+\beta_2x+\gamma_2y+\delta_2z)u_2+\\
&(\alpha_3+\beta_3x+\gamma_3y+\delta_3z)u_3+(\alpha_4+\beta_4x+\gamma_4y+\delta_4z)u_4\}\\
v(x,y,z)=&\frac{1}{6V}\{(\alpha_1+\beta_1x+\gamma_1y+\delta_1z)v_1+(\alpha_2+\beta_2x+\gamma_2y+\delta_2z)v_2+\\
&(\alpha_3+\beta_3x+\gamma_3y+\delta_3z)v_3+(\alpha_4+\beta_4x+\gamma_4y+\delta_4z)v_4\}\\
w(x,y,z)=&\frac{1}{6V}\{(\alpha_1+\beta_1x+\gamma_1y+\delta_1z)w_1+(\alpha_2+\beta_2x+\gamma_2y+\delta_2z)w_2+\\
&(\alpha_3+\beta_3x+\gamma_3y+\delta_3z)w_3+(\alpha_4+\beta_4x+\gamma_4y+\delta_4z)w_4\}
\end{aligned}\right\} \tag{3-152}$$

如果用形函数表示，则有

$$\begin{Bmatrix}u\\ v\\ w\end{Bmatrix}=\begin{bmatrix}N_1 & 0 & 0 & N_2 & 0 & 0 & N_3 & 0 & 0 & N_4 & 0 & 0\\ 0 & N_1 & 0 & 0 & N_2 & 0 & 0 & N_3 & 0 & 0 & N_4 & 0\\ 0 & 0 & N_1 & 0 & 0 & N_2 & 0 & 0 & N_3 & 0 & 0 & N_4\end{bmatrix}\begin{Bmatrix}u_1\\ v_1\\ w_1\\ \vdots\\ u_4\\ v_4\\ w_4\end{Bmatrix} \tag{3-153}$$

式中的形函数为：

$$\left.\begin{aligned}
N_1 &= \frac{1}{6V}(\alpha_1 + \beta_1 x + \gamma_1 y + \delta_1 z)\\
N_2 &= \frac{1}{6V}(\alpha_2 + \beta_2 x + \gamma_2 y + \delta_2 z)\\
N_3 &= \frac{1}{6V}(\alpha_3 + \beta_3 x + \gamma_3 y + \delta_3 z)\\
N_4 &= \frac{1}{6V}(\alpha_4 + \beta_4 x + \gamma_4 y + \delta_4 z)
\end{aligned}\right\} \tag{3-154}$$

3.2.5.3 确定单元的力学性质

A 由位移模式求应变

根据弹性力学的应变方程式（3－2）：

$$\boldsymbol{\varepsilon} = \begin{Bmatrix} \varepsilon_x \\ \varepsilon_y \\ \varepsilon_z \\ \gamma_{xy} \\ \gamma_{yz} \\ \gamma_{zx} \end{Bmatrix} = \begin{pmatrix} \dfrac{\partial u}{\partial x} \\ \dfrac{\partial v}{\partial y} \\ \dfrac{\partial w}{\partial z} \\ \dfrac{\partial u}{\partial y} + \dfrac{\partial v}{\partial x} \\ \dfrac{\partial v}{\partial z} + \dfrac{\partial w}{\partial y} \\ \dfrac{\partial w}{\partial x} + \dfrac{\partial u}{\partial z} \end{pmatrix}$$

利用式（3－153）的位移模式求导并代入上式可得：

$$\boldsymbol{\varepsilon} = \boldsymbol{B}\boldsymbol{d}^e \tag{3-155}$$

式中的应变矩阵 $\boldsymbol{B}$ 为：

$$\boldsymbol{B} = [B_1 \quad B_2 \quad B_3 \quad B_4] \tag{3-156}$$

式（3－156）中的子矩阵定义为：

$$\boldsymbol{B}_i = \begin{pmatrix} N_{i,x} & 0 & 0 \\ 0 & N_{i,y} & 0 \\ 0 & 0 & N_{i,z} \\ N_{i,y} & N_{i,x} & 0 \\ 0 & N_{i,z} & N_{i,y} \\ N_{i,z} & 0 & N_{i,x} \end{pmatrix} = \frac{1}{6V}\begin{pmatrix} \beta_i & 0 & 0 \\ 0 & \gamma_i & 0 \\ 0 & 0 & \delta_i \\ \gamma_i & \beta_i & 0 \\ 0 & \delta_i & \gamma_i \\ \delta_i & 0 & \beta_i \end{pmatrix} \quad (i=1,2,3,4) \tag{3-157}$$

对于四节点四面体单元，应变矩阵 $\boldsymbol{B}$ 为常数。式（3－155）表示了应变与节点位移的关系。

B 由应变求应力

根据弹性力学的本构方程式（3－4）可得：

$$\boldsymbol{\sigma}=\begin{Bmatrix}\sigma_x\\\sigma_y\\\sigma_z\\\tau_{xy}\\\tau_{yz}\\\tau_{zx}\end{Bmatrix}=\boldsymbol{D}^e\begin{Bmatrix}\varepsilon_x\\\varepsilon_y\\\varepsilon_z\\\gamma_{xy}\\\gamma_{yz}\\\gamma_{zx}\end{Bmatrix}\tag{3-158}$$

式中的本构矩阵为：

$$\boldsymbol{D}^e=\frac{E}{(1+\nu)(1-2\nu)}\begin{pmatrix}1-\nu & \nu & \nu & 0 & 0 & 0\\ \nu & 1-\nu & \nu & 0 & 0 & 0\\ \nu & \nu & 1-\nu & 0 & 0 & 0\\ 0 & 0 & 0 & \frac{1-2\nu}{2} & 0 & 0\\ 0 & 0 & 0 & 0 & \frac{1-2\nu}{2} & 0\\ 0 & 0 & 0 & 0 & 0 & \frac{1-2\nu}{2}\end{pmatrix}\tag{3-159}$$

对于四节点四面体单元，本构矩阵为常数。式（3－158）表示了应力与节点位移的关系。

3.2.5.4　推导单元刚度矩阵和刚度方程

单元刚度矩阵为：

$$\boldsymbol{K}^e=\int_V \boldsymbol{B}^{\mathrm{T}}\boldsymbol{D}^e\boldsymbol{B}\mathrm{d}V$$

因为对于四节点四面体单元，矩阵 $\boldsymbol{B}$ 和 $\boldsymbol{D}^e$ 均为常数，所以单元刚度矩阵可写成如下形式：

$$\boldsymbol{K}^e=\boldsymbol{B}^{\mathrm{T}}\boldsymbol{D}^e\boldsymbol{B}V\tag{3-160}$$

式中，V 是单元的体积，单元刚度矩阵为 12×12 阶矩阵。

设单元的节点力为 $\boldsymbol{f}^e$，则有

$$\boldsymbol{f}^e=\boldsymbol{K}^e\boldsymbol{d}^e\tag{3-161}$$

这就是单元刚度方程。

3.2.5.5　计算等效节点载荷

将作用在单元边界上的体积力 p_v^e、表面力 p_s^e 和集中力 p_c^e 等效的移到节点上去，其等效载荷为：

体积力引起的：

$$f_v^e=\int_V N^{\mathrm{T}}p_v^e\mathrm{d}V$$

表面力引起的：

$$f_s^e=\int_S N^{\mathrm{T}}p_s^e\mathrm{d}S$$

集中力引起的：

$$f_c^e = N^{\mathrm{T}} p_c^e$$

这样，单元的节点力为：

$$f^e = f_v^e + f_s^e + f_c^e \tag{3-162}$$

可以证明，等体积力（如重力）条件下其力平均分配到4个节点上。

3.2.5.6 组装单元方程

利用结构力的平衡条件和边界条件把各个单元按原来的结构重新连接起来，形成整体有限元方程。把各单元按节点组装成与原结构相似的整体结构，得到整体结构的节点力与节点位移的关系，即整体刚度方程

$$\boldsymbol{F} = \boldsymbol{K}\boldsymbol{d} \tag{3-163}$$

式中，$\boldsymbol{K}$ 为整体刚度矩阵，$\boldsymbol{d}$ 为节点位移向量，$\boldsymbol{F}$ 为总的载荷向量。

3.2.5.7 求解节点位移及其他未知量

求解式（3-155）的整体刚度方程得出各节点的位移。再根据有关方程计算出节点的应力和应变等。

三维应力分析中有关等参数公式描述的高阶单元请参考有关书籍。

3.3 有限元刚度法的分析步骤及计算程序

3.3.1 刚度法的分析步骤

根据3.2节的讨论，对一个物体进行弹性有限元分析的步骤可以归纳为：

（1）建立分析对象的几何模型；

（2）对几何模型进行单元剖分（离散化处理）；

（3）将连接单元的节点位移作为问题的基本未知量；

（4）选择适当的位移模式，以便由每个有限单元的节点位移唯一地确定该单元中的位移分布；

（5）利用位移模式确定单元的应变和应力分布；

（6）根据虚功原理建立单元中节点力与节点位移的关系，即建立刚度方程；

（7）根据作用力等效的原则将每个单元所受外载荷移到该单元的节点上，形成等效节点力；

（8）按照各节点整体编号及节点自由度的顺序，将各单元的刚度方程叠加，组装成整体刚度方程；

（9）根据边界条件（边界节点必须满足的位移条件），修改整体刚度方程，消除刚体位移；

（10）求解整体刚度方程，得到节点位移；

（11）根据相应方程求解应力和应变；

（12）利用计算机图形方式，将计算结果以变形网格、等值线、彩色云图、动画等形式进行显示和分析。

从应用角度看，可以将整个分析过程分为：

（1）前处理：步骤（1）和步骤（2）。

（2）加载求解：步骤（7）、步骤（9）、步骤（10）和步骤（11）。

（3）后处理：步骤（12）。

其余步骤为软件自动进行。

3.3.2 刚度法的计算程序

编程环境选择 Visual Studio Net，编程语言为 Visual C + +. Net 或 Visual Basic. Net（见图3 - 37）。下面以3.2.3.2 节讲述的问题为例，介绍有限元刚度法计算程序的构成和 Visual C + +. Net 的编程方法。

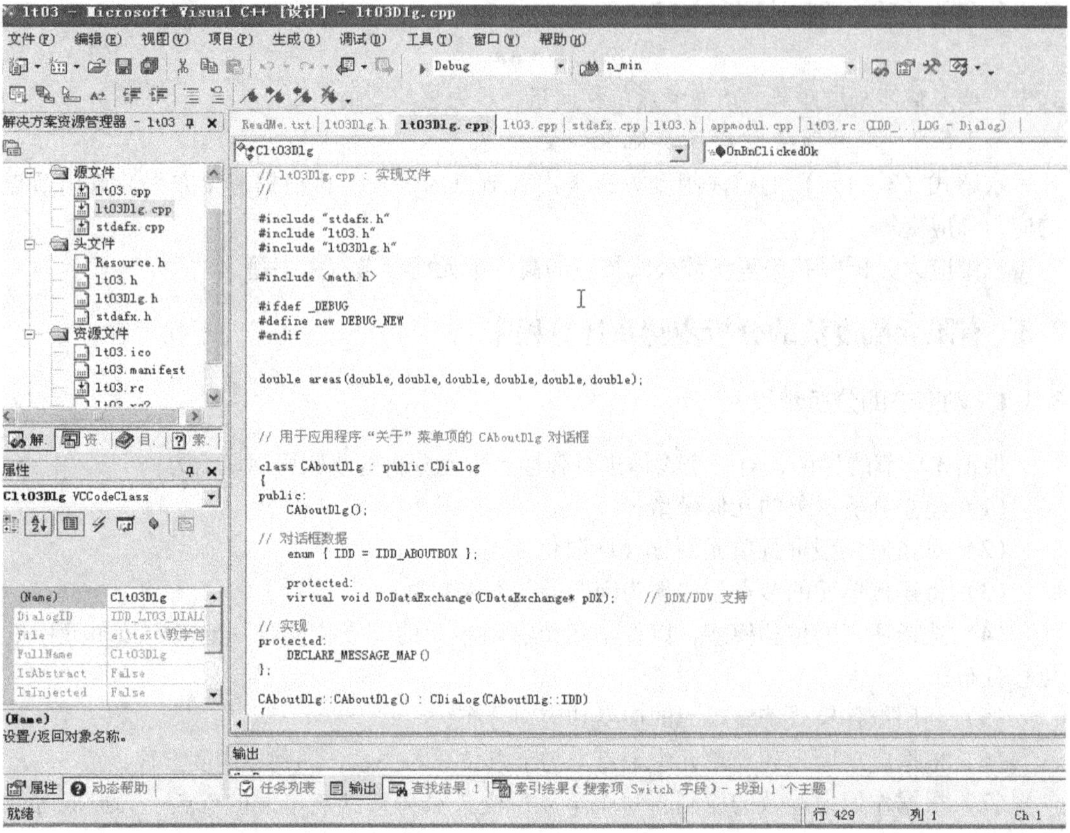

图3 - 37 有限元计算的编程环境和语言

图3 - 38 是程序的运行界面和执行结果。由于本问题主要是计算节点位移和单元应力，所以界面比较简洁，上部为文本的显示框，其中左侧一组显示 2 个节点的平面位移值，右侧一组显示 2 个单元的平面应力值。下部为 2 个命令钮，用于控制程序的执行和退出。

A 加必要的头文件和函数说明

```
//lt03Dlg. cpp:实现文件
#include "stdafx. h"
#include "lt03. h"
#include "lt03Dlg. h"
```

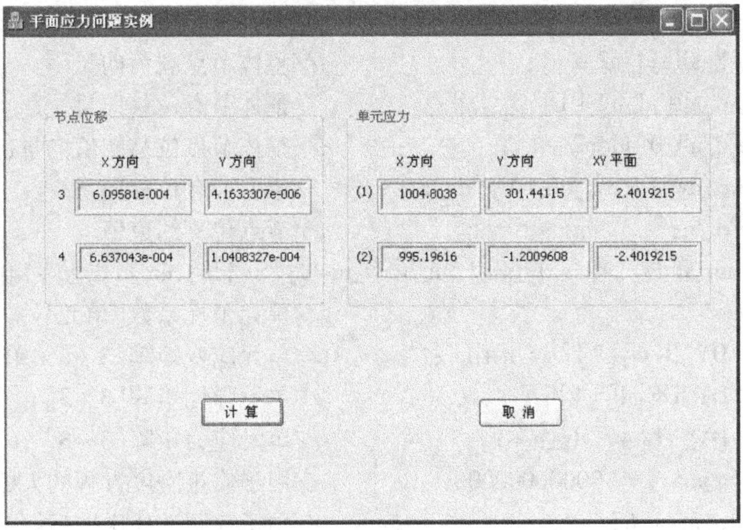

图 3-38 程序运行界面

```
#include <math.h>                   //在此加需要的头文件
#ifdef_DEBUG
#define new DEBUG_NEW
#endif
double areas(double,double,double,double,double,double);
                                    //在此定义函数原形，计算三角形单元面积
```

B 设定常数项和变量说明

```
void Clt03Dlg::OnBnClickedOk()
{
    //TODO:在此添加控件通知处理程序代码
    const double T = 1000;                   //设定常数项
    const double E = 30000000;
    const double nou = 0.3;
    const double t = 1;
    const int dy_n = 2;                      //系统单元总数
    const int jd_n = 4;                      //系统节点总数
    const int jd_n2 = 2*jd_n;
    const int dy_jdn = 3;                    //单元含有的节点数
    double jd_x[100],jd_y[100],jd_z[100];   //节点坐标变量[节点号]
    double dyjd_x[dy_n+1][dy_jdn],dyjd_y[dy_n+1][dy_jdn],dyjd_z[dy_n+1][dy_jdn];
                                             //单元的节点坐标变量[单元号*节点号]
    double A[dy_n+1];                        //单元面积[单元号]
    double K_e[jd_n2+1][jd_n2+1][dy_n+1],K_ea[jd_n2+1][jd_n2+1]
          [dy_n+1],K_ea1[jd_n2+1][jd_n2+1][dy_n+1];
```

```
    double K_all[jd_n2 +1][jd_n2 +1];          //单元和整体刚度矩阵
    double F_all[jd_n2 +1];                    //整体节点载荷向量
    double d_all[jd_n2 +1];                    //整体节点位移向量
    double d_all_0[jd_n2 +1];                  //整体节点位移初值向量(用于迭代法)
    double d_dy[2 * dy_jdn +1][dy_n +1];       //单元节点位移向量
    double d_bj;                               //节点位移约束值
    double nn_a[dy_n +1][dy_jdn],nn_b[dy_n +1][dy_jdn],nn_c[dy_n +1][dy_jdn];
                                               //单元坐标系数[单元号 * 节点号]
    double DY_B[4][7][dy_n +1];                //单元应变矩阵[3 * 6 * 单元号]
    double DY_DE[4][4];                        //单元弹性矩阵[3 * 3]
    double DY_YL[4][dy_n +1];                  //单元应力矩阵[3 * 3]
    double n_max = 10000000000;                //用于修正刚度方程的大数
    int  n_num = 6;                            //用于控制迭代次数(迭代法用)
    double n_min = 0.001;
    double n_min1 = 0.00000001;
    char  buf[40] = "";
    int  ndigit = 8;
    int  ii,jj,kk;
    double ff1,ff2;
    int  mm1;
    double ss[4],ss1[jd_n2 +1][jd_n2 +1];
```

C 定义已知条件

```
jd_x[1] = 0; jd_x[2] = 0; jd_x[3] = 20; jd_x[4] = 20;      //节点位置
jd_y[1] = 0;jd_y[2] = 10;jd_y[3] = 10;jd_y[4] = 0;
F_all[5] = 100 * t * T / 20;F_all[6] = 0;                  //已知载荷
F_all[7] = 100 * t * T / 20;F_all[8] = 0;
for(int j = 1; j <= jd_n2; j++)
  d_all[j] = 10000;
d_all[1] = d_all[2] = d_all[3] = d_all[4] = 0;             //约束条件
```

D 计算相关系数

```
for(int i = 1; i <= dy_n; i++)                             //单元数的循环
{
    for(int j = 0; j <= jd_n2; j++)
        for(int k = 0; k <= jd_n2; k++)
          K_e[j][k][i] = K_ea[j][k][i] = K_ea1[j][k][i] = 0;
    switch(i)
      {
        case 1:
          ii = 1; jj = 3; kk = 2;
```

```
        K_e[1][0][i] = K_e[2][0][i] = ii;
                              //用0行0列标记每列每行所属的节点号
        K_e[3][0][i] = K_e[4][0][i] = jj;
        K_e[5][0][i] = K_e[6][0][i] = kk;
        for(int j = 1; j <= 2 * dy_jdn; j++)
          K_e[0][j][i] = K_e[j][0][i];
        break;
      case 2:
        ii = 1; jj = 4; kk = 3;
        K_e[1][0][i] = K_e[2][0][i] = ii;
        K_e[3][0][i] = K_e[4][0][i] = jj;
        K_e[5][0][i] = K_e[6][0][i] = kk;
        for(int j = 1; j <= 2 * dy_jdn; j++)
          K_e[0][j][i] = K_e[j][0][i];
        break;
    }
  for(int j = 1; j <= jd_n2; j++)
      K_ea[j][0][i] = K_e[j][0][i];
  for(int k = 1; k <= jd_n2; k++)
      K_ea[0][k][i] = K_e[0][k][i];
  dyjd_x[i][0] =jd_x[ii];dyjd_y[i][0] =jd_y[ii];
  dyjd_x[i][1] =jd_x[jj];dyjd_y[i][1] =jd_y[jj];
  dyjd_x[i][2] =jd_x[kk];dyjd_y[i][2] =jd_y[kk];
  A[i] = areas(dyjd_x[i][0],dyjd_y[i][0],dyjd_x[i][1],
          dyjd_y[i][1],dyjd_x[i][2],dyjd_y[i][2]);
  nn_a[i][0] = dyjd_x[i][1] * dyjd_y[i][2] - dyjd_x[i][2] * dyjd_y[i][1];
  nn_a[i][1] = dyjd_x[i][2] * dyjd_y[i][0] - dyjd_x[i][0] * dyjd_y[i][2];
  nn_a[i][2] = dyjd_x[i][0] * dyjd_y[i][1] - dyjd_x[i][1] * dyjd_y[i][0];
  nn_b[i][0] = dyjd_y[i][1] - dyjd_y[i][2];
  nn_b[i][1] = dyjd_y[i][2] - dyjd_y[i][0];
  nn_b[i][2] = dyjd_y[i][0] - dyjd_y[i][1];
  nn_c[i][0] = dyjd_x[i][2] - dyjd_x[i][1];
  nn_c[i][1] = dyjd_x[i][0] - dyjd_x[i][2];
  nn_c[i][2] = dyjd_x[i][1] - dyjd_x[i][0];
  for(int j = 0; j <= 3; j++)
      for(int k = 0; k <= 3; k++)
        DY_DE[j][k] = 0;
  for(int j = 0; j <= 3; j++)
      for(int k = 0; k <= 6; k++)
```

```
            DY_B[j][k][i] = 0;
        ff1 = E/(1 - nou*nou);
        DY_DE[1][1] = ff1;DY_DE[1][2] = ff1 * nou;
        DY_DE[2][1] = ff1 * nou;DY_DE[2][2] = ff1;
        DY_DE[3][3] = ff1 * 0.5 *(1 - nou);
        ff1 = 0.5 / A[i];
        DY_B[1][1][i] = ff1 * nn_b[i][0];
        DY_B[1][3][i] = ff1 * nn_b[i][1];
        DY_B[1][5][i] = ff1 * nn_b[i][2];
        DY_B[2][2][i] = ff1 * nn_c[i][0];
        DY_B[2][4][i] = ff1 * nn_c[i][1];
        DY_B[2][6][i] = ff1 * nn_c[i][2];
        DY_B[3][1][i] = ff1 * nn_c[i][0];
        DY_B[3][3][i] = ff1 * nn_c[i][1];
        DY_B[3][5][i] = ff1 * nn_c[i][2];
        DY_B[3][2][i] = ff1 * nn_b[i][0];
        DY_B[3][4][i] = ff1 * nn_b[i][1];
        DY_B[3][6][i] = ff1 * nn_b[i][2];
```

E 构造单元刚度矩阵

```
    ff1 = t * E/(4 * A[i] *(1 - nou * nou));
    ff2 = 0.5 *(1 - nou);
    for(int r = 0; r <= 2;r++)
        for(int s = 0; s <= 2;s++)
          {
            K_e[2*r+1][2*s+1][i] = ff1 *(nn_b[i][r] * nn_b[i][s]
                + ff2 * nn_c[i][r] * nn_c[i][s]);
            K_e[2*r+2][2*s+1][i] = ff1 *(nou * nn_c[i][r] * nn_b[i][s]
                + ff2 * nn_b[i][r] * nn_c[i][s]);
            K_e[2*r+1][2*s+2][i] = ff1 *(nou * nn_b[i][r] * nn_c[i][s]
                + ff2 * nn_c[i][r] * nn_b[i][s]);
            K_e[2*r+2][2*s+2][i] = ff1 *(nn_c[i][r] * nn_c[i][s]
                + ff2 * nn_b[i][r] * nn_b[i][s]);
          }
    for(int j = 1; j <= jd_n2; j = j + 2)          //单元刚度矩阵扩阶-按行排序
    {
        mm1 =(int)(K_e[j][0][i] + 0.001);
        if(mm1 > 0)
        {
            for(int k = 1; k <= jd_n2; k++)
```

```
        {
            K_ea[2 * mm1 - 1][k][i] = K_e[j][k][i];
            K_ea[2 * mm1][k][i] = K_e[j+1][k][i];
        }
    }
    }
    for(int k = 1; k <= jd_n2; k = k + 2)  //单元刚度矩阵扩阶－按列排序
    {
        mm1 = (int)(K_ea[0][k][i] + 0.001);
        if(mm1 > 0)
        {
            for(int j = 1; j <= jd_n2; j++)
            {
              K_ea1[j][2 * mm1 - 1][i] = K_ea[j][k][i];
              K_ea1[j][2 * mm1][i] = K_ea[j][k+1][i];
            }
        }
    }
}             //end i
```

F 构造和修正整体刚度矩阵

```
for(int j = 1; j <= jd_n2; j++)
{
    for(int k = 1; k <= jd_n2; k++)
    {
        ff1 = 0;
        for(int i = 1; i <= dy_n; i++)
            ff1 = ff1 + K_ea1[j][k][i];
        K_all[j][k] = ff1;
    }
}
//------------修正整体刚度矩阵----------------------
d_bj = 0;
for(int j = 1; j <= jd_n2; j++)
{
    if(fabs(d_all[j] - d_bj) < n_min)
    {
        K_all[j][j] = n_max * K_all[j][j];
        F_all[j] = K_all[j][j] * d_bj;
    }
```

```
}
```

G 解整体刚度方程

```
//------------用高斯消元法求解整体刚度方程------------------
for(int k = 1; k <= jd_n2 - 1; k++)
{
    for(int i = k+1; i <= jd_n2; i++)
    {
        ss1[i][k] = K_all[i][k] / K_all[k][k];
        for(int j = k; j <= jd_n2; j++)
            K_all[i][j] = K_all[i][j] - ss1[i][k] * K_all[k][j];
        F_all[i] = F_all[i] - ss1[i][k] * F_all[k];
    }
}
for(int i = jd_n2; i >= 1; i--)
{
    ff1 = 0;
    for(int j = i+1; j <= jd_n2; j++)
    ff1 = ff1 + K_all[i][j] * d_all[j];
    d_all[i] =(F_all[i] - ff1)/ K_all[i][i];
}
```

H 求解单元应力

```
d_dy[1][1] = d_all[1];d_dy[2][1] = d_all[2];  //构造单元节点位移向量
d_dy[3][1] = d_all[5];d_dy[4][1] = d_all[6];
d_dy[5][1] = d_all[3];d_dy[6][1] = d_all[4];
d_dy[1][2] = d_all[1];d_dy[2][2] = d_all[2];
d_dy[3][2] = d_all[7];d_dy[4][2] = d_all[8];
d_dy[5][2] = d_all[5];d_dy[6][2] = d_all[6];
for(int i = 1; i <= dy_n; i++)
{
    for(int j = 1; j <= 3; j++)     //计算单元应变矩阵与单元位移向量之积
    {
        ff1 = 0;
        for(int k = 1; k <= 6; k++)
            ff1 = ff1 + DY_B[j][k][i] * d_dy[k][i];
        ss[j] = ff1;
    }
    for(int j = 1; j <= 3; j++)     //计算单元弹性矩阵与上述结果向量之积
    {
        ff1 = 0;
```

```
        for(int k = 1; k <= 3; k++)
            ff1 = ff1 + DY_DE[j][k] * ss[k];
        DY_YL[j][i] = ff1;
    }
}
```

I 显示计算结果

```
//------------在文本框中显示位移和应力值------------------
for(int j = 1; j <= jd_n2; j++)
    if(fabs(d_all[j]) < n_min1)
        d_all[j] = 0;
for(int i = 1; i <= dy_n; i++)
    for(int j = 1; j <= 3; j++)
        if(fabs(DY_YL[j][i]) < n_min1)
            DY_YL[j][i] = 0;
gcvt(d_all[5],ndigit,buf);
x3.SetWindowText(buf);
gcvt(d_all[6],ndigit,buf);
y3.SetWindowText(buf);
gcvt(d_all[7],ndigit,buf);
x4.SetWindowText(buf);
gcvt(d_all[8],ndigit,buf);
y4.SetWindowText(buf);
gcvt(DY_YL[1][1],ndigit,buf);
sx1.SetWindowText(buf);
gcvt(DY_YL[2][1],ndigit,buf);
sy1.SetWindowText(buf);
gcvt(DY_YL[3][1],ndigit,buf);
sxy1.SetWindowText(buf);
gcvt(DY_YL[1][2],ndigit,buf);
sx2.SetWindowText(buf);
gcvt(DY_YL[2][2],ndigit,buf);
sy2.SetWindowText(buf);
gcvt(DY_YL[3][2],ndigit,buf);
sxy2.SetWindowText(buf);
```

J 自定义函数

```
double areas(double x1,double y1,double x2,double y2,double x3,double y3)
{
    double A2;
    A2 = x1 * (y2 - y3) + x2 * (y3 - y1) + x3 * (y1 - y2);
```

```
    return(0.5 * A2);
}
```

针对 3.2.3.2 节的实例（图 3－21）上机进行编程，计算节点位移和单元应力。设板厚 $t=1\text{in}$，材料的杨氏模量 $E=30\times10^6\text{psi}$，泊松比 $\nu=0.3$。考虑不同的单元剖分情况：

（1）离散化处理为 2 个单元，单元类型为三节点三角形单元；

（2）离散化处理为 4 个单元，单元类型为三节点三角形单元，比较计算精度；

（3）离散化处理为 2 个单元，单元类型为四节点四边形单元。

复习思考题

1. 数值计算中的有限元法有何特点？
2. 在有限元分析中，离散化的主要内容是什么，如何正确地选择单元类型和形状？
3. 在有限元分析中，节点和单元是如何定义的，节点和单元有何关系？
4. 在刚度法中，位移函数和形函数有何关系？
5. 刚度矩阵有何特性？
6. 在有限元分析中，施加的载荷有几类，什么叫等效节点载荷？
7. 何谓单元的等参数公式描述，如何获得高阶单元的形函数？
8. 说明有限元刚度法进行结构应力和应变数值计算的步骤和计算机程序设计方法。

4 刚塑性有限元法

根据材料的变形特征，金属塑性成形可以分为体积成形和板料成形两大类工艺。在体积成形工艺中，如轧制、挤压和锻造等，金属材料产生较大塑性变形，而弹性变形相对极小，可忽略不计。在板料成形工艺中，如冷轧、冷冲压等，金属材料既有弹性变形又有塑性变形，且弹性变形对成形工艺有一定影响，不能忽略。正因为如此，形成了两种典型的材料模型：即弹塑性材料模型和刚塑性材料模型。由于金属材料的弹性与塑性本构关系有较大差别，在数值计算中其对应问题的描述乃至求解都有明显不同。因此，在塑性有限元法中，与之相对应地分别为弹塑性有限元法和刚塑性有限元法。

弹塑性有限元法同时考虑金属材料的弹性变形和塑性变形，弹性区采用胡克（Hooke）定律，塑性区采用普朗特 - 罗伊斯（Prandtl - Reuss）应力应变方程和密赛斯（Mises）屈服准则，求解未知量是节点的位移增量。弹塑性有限元法又分为小变形弹塑性有限元法和大变形弹塑性有限元法，前者采用小变形增量来描述大变形问题，处理形式简单，但累积误差大，目前较少采用。后者以大变形（有限变形）理论为基础，采用拉格朗日（Lagrange）描述，同时考虑材料的物理非线性和几何非线性，因而理论关系复杂，并且增量步长很小，计算效率低。弹塑性有限元法既可以分析塑性成形的加载过程，又能分析卸载过程，包括计算工件变形后内部的残余应力、应变、工件的回弹以及与模具的相互作用。

刚塑性有限元法不考虑弹性变形，采用列维 - 密赛斯（Levy - Mises）方程和密赛斯（Mises）屈服准则，求解未知量是节点的位移速度。刚塑性有限元法通过在离散空间对速度的积分来处理几何非线性，因而解法相对比较简单，求解效率高，求解精度可以满足工程要求。由于体积成形中工艺条件的差异而使金属材料呈现出刚塑性硬化材料和刚黏塑性材料两种典型特性。刚塑性硬化材料模型对应的有限元法就是习惯上称谓的刚塑性有限元法，它适用于冷、温态体积成形问题。刚黏塑性材料模型对应为刚黏塑性有限元法，它适用于热态体积成形问题，并且可以进行变形与传热的热力耦合分析。刚（黏）塑性有限元法由于忽略了弹性变形，所以不能进行卸载分析，无法得到残余应力及预测回弹，同时刚性区的应力计算亦有一定误差。但由于该方法的自身特点，仍然在金属材料塑性成形的分析计算中得到广泛应用。

在研究金属塑性加工成形工艺时，弹性变形与塑性变形相比，在总变形量中弹性变形所占比例很小。例如，当压下率大于 10% 时，冷轧钢的弹性变形一般不大于总变形量的 5%，热轧钢的弹性变形一般不大于总变形量的 1%。经验表明，忽略这部分弹性变形的影响，采用刚塑性材料模型求解，在大大简化求解过程的同时也能得到满意的工程解。所以，本章主要介绍刚塑性有限元法的基本原理、计算公式和应用方法，关于弹塑性有限元法和刚黏塑性有限元法的内容请参考有关书籍。

4.1　材料成形的塑性理论基础

塑性理论用以描述固体介质（如金属、合金材料）发生塑性变形的力学行为，是建立在简单加载条件下应力－应变关系实验研究基础上的科学。下面简单介绍一下与刚塑性有限元法有关的塑性理论及其基本方程。

4.1.1　应力、应变和应变速率

当物体在外力作用下发生变形时，应力、应变和应变速率是描述材料变形行为的基本参数。对于单向应力状态的情况，这些基本参数的度量方法如下：

以圆杆试棒的单向拉伸试验为例，设试棒的初始长度为 l_0、横截面积为 A_0。任意 t 时刻，该试棒在外力 P 的作用下拉伸至长度为 l、横截面积为 A，其应力－应变曲线如图 4－1 所示。

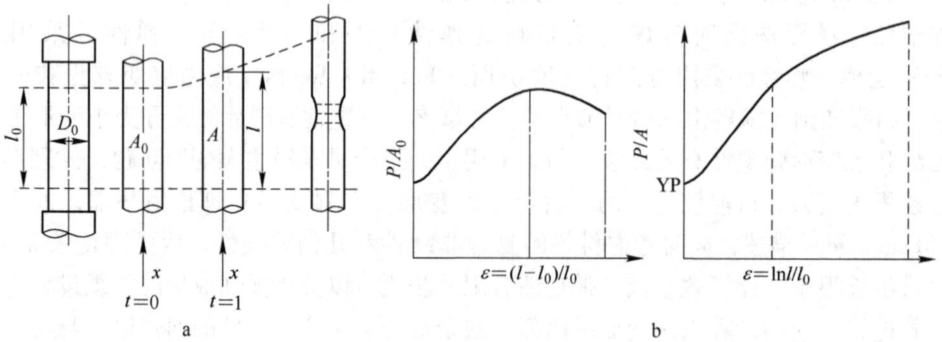

图 4－1　单向拉伸试验
a—拉伸试棒；b—应力－应变曲线

假定试棒颈缩前材料的变形是均匀的，选择一固定坐标系，以试棒在任意 t 时刻的位移为参考，这时的应力定义为：

$$\sigma = \frac{P}{A} \tag{4-1}$$

应变速率定义为：

$$\dot{\varepsilon} = \frac{i}{l} \tag{4-2}$$

式中，i 为位移速度。

无限小应变定义为：

$$\mathrm{d}\varepsilon = \frac{\mathrm{d}l}{l} \tag{4-3}$$

此时试棒的变形总量即应变可以通过无限小应变的积分求出：

$$\varepsilon = \int_0^t \frac{\mathrm{d}l}{l} = \ln\left(\frac{l}{l_0}\right) \tag{4-4}$$

式中，ε 称为对数或自然应变。

4.1.1.1 应力张量及其不变量

在复杂应力状态下，材料内部一点的应力状态用应力张量$\boldsymbol{\sigma}_{ij}$来表示，其中的i，$j=x$，y，z：

$$\boldsymbol{\sigma}_{ij}=\begin{pmatrix}\sigma_{xx} & \sigma_{yx} & \sigma_{zx}\\ \sigma_{xy} & \sigma_{yy} & \sigma_{zy}\\ \sigma_{xz} & \sigma_{yz} & \sigma_{zz}\end{pmatrix} \tag{4-5}$$

通常将式（4－5）用3个法线应力（正应力）σ_x，σ_y，σ_z和6个切线应力（剪应力）τ_{xy}，τ_{yx}，τ_{yz}，τ_{zy}，τ_{zx}，τ_{xz}来表示，即

$$\boldsymbol{\sigma}_{ij}=\begin{pmatrix}\sigma_{x} & \tau_{yx} & \tau_{zx}\\ \tau_{xy} & \sigma_{y} & \tau_{zy}\\ \tau_{xz} & \tau_{yz} & \sigma_{z}\end{pmatrix} \tag{4-6}$$

当小单元体没有转动时，存在$\tau_{xy}=\tau_{yx}$，$\tau_{yz}=\tau_{zy}$，$\tau_{zx}=\tau_{xz}$，这时应力张量$\boldsymbol{\sigma}_{ij}$是对称的，只有6个独立分量。对于某一给定的应力状态，可以唯一地由3个主应力分量或应力张量不变量确定。3个主应力分量（σ_1，σ_2，σ_3）由下面的特征方程解出，该方程有3个实根：

$$\sigma^3-I_1\sigma^2-I_2\sigma-I_3=0 \tag{4-7}$$

式中，I_1、I_2、I_3为应力张量$\boldsymbol{\sigma}_{ij}$的3个不变量，它们由下式确定：

$$\left.\begin{aligned}&I_1=\sigma_x+\sigma_y+\sigma_z=\sigma_1+\sigma_2+\sigma_3\\ &I_2=-(\sigma_x\sigma_y+\sigma_y\sigma_z+\sigma_z\sigma_x)+\tau_{xy}^2+\tau_{yz}^2+\tau_{zx}^2=-(\sigma_1\sigma_2+\sigma_2\sigma_3+\sigma_3\sigma_1)\\ &I_3=\sigma_x\sigma_y\sigma_z+2\tau_{xy}\tau_{yz}\tau_{zx}-(\sigma_x\tau_{yz}^2+\sigma_y\tau_{zx}^2+\sigma_z\tau_{xy}^2)=\sigma_1\sigma_2\sigma_3\end{aligned}\right\} \tag{4-8}$$

在一般情况下，任意应力张量$\boldsymbol{\sigma}_{ij}$可以分解为两个张量之和的形式：

$$\boldsymbol{\sigma}_{ij}=\begin{pmatrix}\sigma_x-\sigma_{\mathrm{m}} & \tau_{yx} & \tau_{zx}\\ \tau_{xy} & \sigma_y-\sigma_{\mathrm{m}} & \tau_{zy}\\ \tau_{xz} & \tau_{yz} & \sigma_z-\sigma_{\mathrm{m}}\end{pmatrix}+\begin{pmatrix}\sigma_{\mathrm{m}} & 0 & 0\\ 0 & \sigma_{\mathrm{m}} & 0\\ 0 & 0 & \sigma_{\mathrm{m}}\end{pmatrix}=\boldsymbol{\sigma}'_{ij}+\delta_{ij}\sigma_{\mathrm{m}} \tag{4-9}$$

式中的第一个张量$\boldsymbol{\sigma}'_{ij}$称为偏差应力张量，第二个张量$\delta_{ij}\sigma_{\mathrm{m}}$称为球应力张量。其中，$i=j$时$\delta_{ij}=1$；$i\neq j$时$\delta_{ij}=0$，$\sigma_m$为3个正应力的平均值，即

$$\sigma_{\mathrm{m}}=\frac{1}{3}(\sigma_x+\sigma_y+\sigma_z)$$

偏差应力张量$\boldsymbol{\sigma}'_{ij}$的3个不变量为：

$$\left.\begin{aligned}&I'_1=(\sigma_x-\sigma_{\mathrm{m}})+(\sigma_y-\sigma_{\mathrm{m}})+(\sigma_z-\sigma_{\mathrm{m}})=0\\ &I'_2=\frac{1}{6}[(\sigma_x-\sigma_y)^2+(\sigma_y-\sigma_z)^2+(\sigma_z-\sigma_x)^2+6(\tau_{xy}^2+\tau_{yz}^2+\tau_{zx}^2)]\\ &I'_3=\frac{1}{3}(\sigma_1-\sigma_{\mathrm{m}})(\sigma_2-\sigma_{\mathrm{m}})(\sigma_3-\sigma_{\mathrm{m}})\text{（坐标轴为主应力轴）}\end{aligned}\right\} \tag{4-10}$$

4.1.1.2 应变张量及其不变量

应变张量$\boldsymbol{\varepsilon}_{ij}$的表达式为：

$$\boldsymbol{\varepsilon}_{ij}=\boldsymbol{\varepsilon}_{ji}=\begin{pmatrix}\varepsilon_{x} & \gamma_{yx} & \gamma_{zx}\\ \gamma_{xy} & \varepsilon_{y} & \gamma_{zy}\\ \gamma_{xz} & \gamma_{yz} & \varepsilon_{z}\end{pmatrix} \tag{4-11}$$

式中，ε_x，ε_y，ε_z 为正应变，γ_{xy}、γ_{yz}、γ_{zx}、γ_{yx}、γ_{zy}、γ_{xz} 为剪应变量。应变张量 $\boldsymbol{\varepsilon}_{ij}$ 是对称的。

对于应变张量 $\boldsymbol{\varepsilon}_{ij}$，其3个主应变分量（$\varepsilon_1$，$\varepsilon_2$，$\varepsilon_3$）是由下面的特征方程解出的3个实根：

$$\varepsilon^3 - J_1\varepsilon^2 - J_2\varepsilon - J_3 = 0 \tag{4-12}$$

式中，J_1、J_2、J_3 为应变张量 $\boldsymbol{\varepsilon}_{ij}$ 的3个不变量，它们由下式确定：

$$\left.\begin{aligned} J_1 &= \varepsilon_x + \varepsilon_y + \varepsilon_z = \varepsilon_1 + \varepsilon_2 + \varepsilon_3 \\ J_2 &= -(\varepsilon_x\varepsilon_y + \varepsilon_y\varepsilon_z + \varepsilon_z\varepsilon_x) + \gamma_{xy}^2 + \gamma_{yz}^2 + \gamma_{zx}^2 \\ J_3 &= \varepsilon_x\varepsilon_y\varepsilon_z + 2\gamma_{xy}\gamma_{yz}\gamma_{zx} - (\varepsilon_x\gamma_{yz}^2 + \varepsilon_y\gamma_{zx}^2 + \varepsilon_z\gamma_{xy}^2) \end{aligned}\right\} \tag{4-13}$$

4.1.1.3 应变速率张量与几何方程

应变速率张量 $\dot{\boldsymbol{\varepsilon}}_{ij}$ 的表达式为：

$$\dot{\boldsymbol{\varepsilon}}_{ij} = \dot{\boldsymbol{\varepsilon}}_{ji} = \begin{pmatrix} \dot{\varepsilon}_x & \dot{\varepsilon}_{yx} & \dot{\varepsilon}_{zx} \\ \dot{\varepsilon}_{xy} & \dot{\varepsilon}_y & \dot{\varepsilon}_{zy} \\ \dot{\varepsilon}_{xz} & \dot{\varepsilon}_{yz} & \dot{\varepsilon}_z \end{pmatrix} \tag{4-14}$$

应变速率张量的各分量等于相应应变分量对时间的导数，即

$$\left.\begin{aligned} \dot{\varepsilon}_x &= \frac{\partial \varepsilon_x}{\partial t} = \frac{\partial v_x}{\partial x} \\ \dot{\varepsilon}_y &= \frac{\partial \varepsilon_y}{\partial t} = \frac{\partial v_y}{\partial y} \\ \dot{\varepsilon}_z &= \frac{\partial \varepsilon_z}{\partial t} = \frac{\partial v_z}{\partial z} \\ \dot{\varepsilon}_{xy} &= \frac{1}{2}\left(\frac{\partial v_x}{\partial y} + \frac{\partial v_y}{\partial x}\right) = \frac{1}{2}\dot{\gamma}_{xy} \\ \dot{\varepsilon}_{yz} &= \frac{1}{2}\left(\frac{\partial v_y}{\partial z} + \frac{\partial v_z}{\partial y}\right) = \frac{1}{2}\dot{\gamma}_{yz} \\ \dot{\varepsilon}_{zx} &= \frac{1}{2}\left(\frac{\partial v_z}{\partial x} + \frac{\partial v_x}{\partial z}\right) = \frac{1}{2}\dot{\gamma}_{zx} \end{aligned}\right\} \tag{4-15}$$

式中，v_x，v_y，v_z 为质点沿 x，y，z 轴的位移速度分量；$\dot{\gamma}_{xy}$，$\dot{\gamma}_{yz}$，$\dot{\gamma}_{zx}$ 为相应平面的剪应变速率分量。式（4-15）表明了应变速率张量的各分量与位移速度分量的关系，也就是塑性变形的几何方程。

利用求和约定记法，式（4-15）的几何方程可简写为：

$$\dot{\varepsilon}_{ij} = \frac{1}{2}(v_{i,j} + v_{j,i}) \tag{4-16}$$

式中“,”表示对坐标变量的偏微分。

4.1.2 屈服准则

屈服准则是确定材料在外力作用下由弹性状态过渡到塑性状态的条件，它一般表示为

$$f(\boldsymbol{\sigma}_{ij}) = C \tag{4-17}$$

式中，C 为材料的物理常数，f（$\boldsymbol{\sigma}_{ij}$）称为屈服函数。

对于各向同性材料，塑性屈服只依赖于3个主应力的大小，而与其作用方向无关。因此，最好用应力张量的不变量来表示屈服条件，即

$$f(I_1, I_2, I_3) = C \tag{4-18}$$

实验表明，材料的屈服与静水压力无关，故上式应该用偏差应力张量的不变量来表示：

$$f(I_2', I_3') = C \tag{4-19}$$

因为 $I_1' = 0$，所以在式（4-19）中没有 I_1'。

在金属塑性变形分析中广泛使用的两个屈服准则是屈雷斯卡（Tresca）和密赛斯（Mises）屈服准则。

屈雷斯卡（Tresca）屈服准则建立在最大剪应力基础上，认为只要最大剪应力达到极限值材料就发生屈服。该准则的表达式为：

$$\tau_{\max} = \frac{1}{2}(\sigma_1 - \sigma_3) = C \qquad (\sigma_1 \geqslant \sigma_2 \geqslant \sigma_3) \tag{4-20}$$

下式是用单向拉伸试验测得的变形抗力（屈服强度）σ_s 表示的屈雷斯卡屈服准则：

$$\sigma_1 - \sigma_3 = \sigma_s \tag{4-21}$$

密赛斯（Mises）屈服准则认为，只要偏差应力张量的第二不变量 I_2' 达到极限值材料就发生屈服。该准则的表达式为：

$$I_2' = \frac{1}{6}[(\sigma_x - \sigma_y)^2 + (\sigma_y - \sigma_z)^2 + (\sigma_z - \sigma_x)^2 + 6(\tau_{xy}^2 + \tau_{yz}^2 + \tau_{zx}^2)] = C \tag{4-22}$$

若所取坐标轴为主轴，则有

$$I_2' = \frac{1}{6}[(\sigma_1 - \sigma_2)^2 + (\sigma_2 - \sigma_3)^2 + (\sigma_3 - \sigma_1)^2] = C \tag{4-23}$$

如果使用变形抗力 σ_s，则密赛斯屈服准则可写为：

$$(\sigma_x - \sigma_y)^2 + (\sigma_y - \sigma_z)^2 + (\sigma_z - \sigma_x)^2 + 6(\tau_{xy}^2 + \tau_{yz}^2 + \tau_{zx}^2) = 2\sigma_s^2 \tag{4-24}$$

或

$$(\sigma_1 - \sigma_2)^2 + (\sigma_2 - \sigma_3)^2 + (\sigma_3 - \sigma_1)^2 = 2\sigma_s^2 \tag{4-25}$$

4.1.3 列维-密赛斯（Levy-Mises）方程

根据塑性位势和流动理论可推导出下面的列维-密赛斯（Levy-Mises）方程：

$$\left.\begin{aligned}
\dot{\varepsilon}_x &= \frac{2}{3}\left[\sigma_x - \frac{1}{2}(\sigma_y + \sigma_z)\right]\dot{\lambda} \\
\dot{\varepsilon}_y &= \frac{2}{3}\left[\sigma_y - \frac{1}{2}(\sigma_z + \sigma_x)\right]\dot{\lambda} \\
\dot{\varepsilon}_z &= \frac{2}{3}\left[\sigma_z - \frac{1}{2}(\sigma_x + \sigma_y)\right]\dot{\lambda} \\
\dot{\varepsilon}_{xy} &= \tau_{xy}\dot{\lambda} \\
\dot{\varepsilon}_{yz} &= \tau_{yz}\dot{\lambda} \\
\dot{\varepsilon}_{zx} &= \tau_{zx}\dot{\lambda}
\end{aligned}\right\} \tag{4-26}$$

式中，$\dot{\lambda}$ 为非负比例常数。

列维-密赛斯（Levy-Mises）方程反映了应变速率张量与应力张量的关系，是刚塑

性有限元法使用的塑性本构关系。

4.1.4 等效应力和等效应变

在塑性成形过程中，工件可能受到各种应力状态的作用，在一般应力状态下，其应力张量 $\boldsymbol{\sigma}_{ij}$ 与变形抗力 σ_s 之间的关系可用密赛斯屈服准则表示。对式(4－24)和式(4－25)整理后用一个统一的应力 $\bar{\sigma}$ 表达式来表示 σ_s，则得到：

$$\bar{\sigma}=\frac{1}{\sqrt{2}}[(\sigma_x-\sigma_y)^2+(\sigma_y-\sigma_z)^2+(\sigma_z-\sigma_x)^2+6(\tau_{xy}^2+\tau_{yz}^2+\tau_{zx}^2)]^{\frac{1}{2}}=\sqrt{\frac{3}{2}}(\boldsymbol{\sigma}'_{ij}\boldsymbol{\sigma}'_{ij})^{\frac{1}{2}} \tag{4-27}$$

或

$$\bar{\sigma}=\frac{1}{\sqrt{2}}[(\sigma_1-\sigma_2)^2+(\sigma_2-\sigma_3)^2+(\sigma_3-\sigma_1)^2]^{\frac{1}{2}} \tag{4-28}$$

由于 $\bar{\sigma}$ 与单向应力状态的变形抗力 σ_s 等效，所以将 $\bar{\sigma}$ 称为等效应力，也称流动应力、统一应力或应力强度。

在一般应力状态下，需要构造一个等效应变 $\bar{\varepsilon}$，使得等效应力 $\bar{\sigma}$ 与等效应变 $\bar{\varepsilon}$ 的关系曲线同单向应力状态下的应力－应变关系等效。由于一般应力状态下和单向应力状态下的塑性功耗相等，可以推得等效应变 $\bar{\varepsilon}$ 的表达式为：

$$\begin{aligned}\bar{\varepsilon}&=\sqrt{\frac{2}{3}}\left\{\frac{1}{2}[(\varepsilon_x-\varepsilon_y)^2+(\varepsilon_y-\varepsilon_z)^2+(\varepsilon_z-\varepsilon_x)^2]+\frac{1}{4}(\gamma_{xy}^2+\gamma_{yz}^2+\gamma_{zx}^2)\right\}^{\frac{1}{2}}\\&=\sqrt{\frac{2}{3}}(\boldsymbol{\varepsilon}_{ij}\boldsymbol{\varepsilon}_{ij})^{\frac{1}{2}}\end{aligned} \tag{4-29}$$

或

$$\bar{\varepsilon}=\sqrt{\frac{2}{3}}(\varepsilon_1^2+\varepsilon_2^2+\varepsilon_3^2)^{\frac{1}{2}} \tag{4-30}$$

同时，由等效应变增量 $\mathrm{d}\bar{\varepsilon}$ 推得等效应变速率 $\dot{\bar{\varepsilon}}$ 的表达式为：

$$\begin{aligned}\dot{\bar{\varepsilon}}&=\sqrt{\frac{2}{3}}\left\{\frac{1}{2}[(\dot{\varepsilon}_x-\dot{\varepsilon}_y)^2+(\dot{\varepsilon}_y-\dot{\varepsilon}_z)^2+(\dot{\varepsilon}_z-\dot{\varepsilon}_x)^2]+\frac{1}{4}(\dot{\gamma}_{xy}^2+\dot{\gamma}_{yz}^2+\dot{\gamma}_{zx}^2)\right\}^{\frac{1}{2}}\\&=\sqrt{\frac{2}{3}}(\dot{\boldsymbol{\varepsilon}}_{ij}\dot{\boldsymbol{\varepsilon}}_{ij})^{\frac{1}{2}}\end{aligned} \tag{4-31}$$

或

$$\dot{\bar{\varepsilon}}=\sqrt{\frac{2}{3}}(\dot{\varepsilon}_1^2+\dot{\varepsilon}_2^2+\dot{\varepsilon}_3^2)^{\frac{1}{2}} \tag{4-32}$$

通过引用等效应力 $\bar{\sigma}$ 和等效应变速率 $\dot{\bar{\varepsilon}}$，列维－密赛斯(Levy－Mises)方程式(4－26)中的 $\dot{\lambda}$ 可以表示为：

$$\dot{\lambda}=\frac{3}{2}\frac{\dot{\bar{\varepsilon}}}{\bar{\sigma}} \tag{4-33}$$

4.2 刚塑性材料的变分原理

刚塑性材料的变分原理是刚塑性有限元法的理论基础，它以能量积分的形式把塑性偏微分方程组的求解问题转化为泛函极值问题。通过这种转化，建立起刚塑性有限元法的基本方程。

4.2.1 刚塑性材料的边值问题

塑性变形是一个边值问题，该问题的描述如下：设一体积为 V、表面积为 S 的刚塑性体，在表面力 P_f 作用下整个变形体处于塑性状态，表面积 S 分为 S_p 和 S_V 两部分，其中 S_p 上作用着表面力 P_f，S_V 上给定速度 v_i^0（见图 4-2）。该问题称之为刚塑性边值问题，它由下列塑性方程和边界条件来定义，即：

（1）应力平衡方程

$$\sigma_{ij,j}=0 \tag{4-34}$$

（2）几何方程

$$\dot{\varepsilon}_{ij}=\frac{1}{2}(v_{i,j}+v_{j,i}) \tag{4-35}$$

（3）本构方程

$$\dot{\varepsilon}_{ij}=\frac{3\dot{\bar{\varepsilon}}}{2\bar{\sigma}}\sigma'_{ij} \tag{4-36}$$

（4）Mises 屈服条件

$$\bar{\sigma}=Y \tag{4-37}$$

式中，Y 表示材料的屈服应力，其值为：

$$Y=\begin{cases}\sigma_s & \text{理想刚塑性材料}\\ f(\bar{\varepsilon}) & \text{刚塑性硬化材料}\end{cases}$$

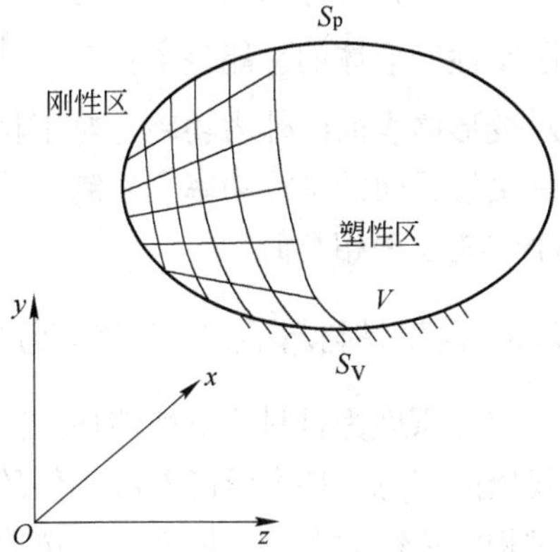

图 4-2　任意刚塑性变形体

（5）体积不可压缩条件

$$\dot{\varepsilon}_V=\dot{\varepsilon}_{ij}\delta_{ij}=0 \tag{4-38}$$

（6）边界条件，包括应力边界条件和速度边界条件，表示为：

$$\sigma_{ij}n_j=P_f \qquad S\in S_p \tag{4-39}$$

$$v_i=v_i^0 \qquad S\in S_V \tag{4-40}$$

式中，n_j 为 S_p 表面上任一点处单位外法线矢量的分量。

4.2.2 理想刚塑性材料的变分原理

理想刚塑性材料的变分原理也称马尔克夫（Markov）变分原理，其表述为：对于刚塑性边值问题，在满足变形几何方程式（4-35）、体积不可压缩条件式（4-38）和边界位移速度条件式（4-40）的所有容许速度场 v_i^* 中，使泛函

$$\Pi=\int_V\bar{\sigma}\,\dot{\bar{\varepsilon}}^*\,\mathrm{d}V-\int_{S_p}P_f v_i^*\,\mathrm{d}S \tag{4-41}$$

取驻值（即一阶变分 $\delta\Pi=0$）的 v_i^* 为本问题的精确解。

为书写方便，将上式的“＊”去掉，则式（4-41）变为：

$$\Pi=\int_V\bar{\sigma}\,\dot{\bar{\varepsilon}}\mathrm{d}V-\int_{S_p}P_f v_i\mathrm{d}S \tag{4-42}$$

其精确解的条件为：

$$\delta \Pi = 0$$

即

$$\int_V \bar{\sigma}\delta \dot{\bar{\varepsilon}} \mathrm{d}V - \int_{S_\mathrm{p}} P_\mathrm{f}\delta v_i \mathrm{d}S = 0 \qquad (4-43)$$

马尔克夫变分原理将式（4－34）至式（4－40）描述的刚塑性材料的边值问题归结为能量泛函对位移速度场 v_i 的极值问题，避开了偏微分方程的求解困难，一旦求得速度场的精确解后，就可以利用几何方程式（4－35）求出应变速率场 $\dot{\varepsilon}_{ij}$，再由本构方程式（4－36）求出变形体瞬时的应力场 σ'_{ij}。

马尔克夫变分原理是塑性力学极限分析中上限定理的另一种表达形式。它的物理意义是刚塑性变形体的总能耗率：泛函 Π 的第一项表示变形体内部的塑性变形功率，第二项表示变形体表面的外力功率。对于材料成形的塑性加工问题，外力功率主要指变形工件与模具接触界面的摩擦功率、轧制和拉拔中的张力功率等。实际上，该变分原理与力学中的最小位能原理相类似。

4.2.3 刚塑性材料不完全广义变分原理

变分原理为材料成形塑性加工问题的数值求解指出了一条途径，即在运动容许速度场中找出能使总能耗率泛函取最小值的速度场，因而如何正确地构造容许速度场 v_i，成为求解过程的关键问题。一般来讲，选取满足位移速度边界条件式（4－40）的容许速度场比较容易，而要满足体积不可压缩条件式（4－38）则非常困难。同时，由于刚塑性材料模型不计弹性变形部分，并采用体积不可压缩假设，就难以确定静水压力 σ_m，因而求不出变形体内的应力分布 σ_{ij}。

对于一般的刚塑性材料，运动容许速度场需要满足速度边界条件、几何方程和体积不变条件，把这些限制条件作为约束条件引入总能耗率泛函，这可使上述约束条件在对泛函求变分的过程中得到满足，从而使初始速度场的设定容易得多。引入约束条件后，变分原理的表达要有相应的变化，统称为广义变分原理。根据引入约束条件的情况，进一步又分为完全广义变分原理和不完全广义变分原理，前者引入全部约束条件，而后者只引入部分约束条件。下面介绍两种典型的不完全广义变分原理，即拉格朗日乘子法和罚函数法，其他方法请参考有关书籍。

4.2.3.1 拉格朗日乘子法

拉格朗日乘子法的数学基础是多元函数的条件极值理论。若求目标函数

$$\Phi = \Phi(v_1, v_2, \cdots, v_{n-1}, v_n)$$

在约束函数

$$g_j = g_j(v_1, v_2, \cdots, v_{n-1}, v_n) = 0 \qquad (j = 1, 2, \cdots, m)$$

条件下的极值，可构造如下修正函数：

$$F = \Phi(v_1, v_2, \cdots, v_n) + \sum_j \lambda_j g_j(v_1, v_2, \cdots, v_{n-1}, v_n)$$

并令其一阶偏导数为零，即

$$\frac{\partial F}{\partial v_i} = 0 \qquad (i = 1, 2, \cdots, n)$$

$$\frac{\partial F}{\partial \lambda_j}=0 \qquad (j=1,2,\cdots,m)$$

这里的 λ_j 称为拉格朗日乘子，数值待定。上式共有 $(n+m)$ 个方程，恰好能解出 v_1，v_2，…，v_n 和 λ_1，λ_2，…，λ_m 共 $(n+m)$ 个未知数。

将拉格朗日乘子法用于马尔克夫变分原理，把体积不可压缩条件式（4－38）用拉格朗日乘子 λ 引入泛函式（4－42），构造出新的泛函：

$$\Pi_1 = \int_V \bar{\sigma}\,\dot{\bar{\varepsilon}}\mathrm{d}V + \int_V \lambda \dot{\varepsilon}_V \mathrm{d}V - \int_{S_p} P_f v_i \mathrm{d}S \tag{4-44}$$

对于一切满足几何方程和位移速度边界条件的容许速度场，其精确解使式（4－44）取极值，即满足

$$\delta\Pi_1 = \int_V \bar{\sigma}\delta\dot{\bar{\varepsilon}}\mathrm{d}V + \int_V \lambda\delta_{ij}\delta\dot{\varepsilon}_{ij}\mathrm{d}V + \int_V \delta\lambda\delta_{ij}\dot{\varepsilon}_{ij}\mathrm{d}V - \int_{S_p} P_f\delta v_i \mathrm{d}S = 0 \tag{4-45}$$

可以证明，当上式成立时，满足几何方程和位移速度边界条件的速度场能够自动满足边值问题的所有基本方程，因而这个速度场就是真实解。

该新泛函取得真实解时对应的拉格朗日乘子 λ 的值等于静水压力 σ_m，从而使得塑性加工问题的全部场量信息得到解答。

4.2.3.2 罚函数法

罚函数法是最优化原理中的一种数值计算方法，其基本思想是用一个足够大的正数把约束条件作为惩罚项引入目标函数中，使得数值求解过程逐步靠近真实解。因为当所求解远离真实解时，惩罚项数值很大，而当所求解接近真实解时，惩罚项的作用就随之减弱。

利用一个足够大的正数 α 将体积不可压缩条件引入泛函式（4－42），构造出新的泛函：

$$\Pi_2 = \int_V \bar{\sigma}\,\dot{\bar{\varepsilon}}\mathrm{d}V + \frac{\alpha}{2}\int_V \dot{\varepsilon}_V^2 \mathrm{d}V - \int_{S_p} P_f v_i \mathrm{d}S \tag{4-46}$$

对于一切满足几何方程和位移速度边界条件的容许速度场，其精确解使式（4－46）取极值，即满足

$$\delta\Pi_2 = \int_V \bar{\sigma}\delta\dot{\bar{\varepsilon}}\mathrm{d}V + \alpha\int_V \dot{\varepsilon}_V\delta\dot{\varepsilon}_V\mathrm{d}V - \int_{S_p} P_f\delta v_i \mathrm{d}S = 0 \tag{4-47}$$

对于罚函数法，只有当 α 趋于无穷大时，$\dot{\varepsilon}_V$ 才趋于零，但在实际应用中 α 不可能取无穷大。实践表明，α 的取值大小对解有很大的影响：若 α 的取值太小，则体积不可压缩条件施加不当，以致降低计算精度；若 α 的取值过大，则有限元刚度方程会出现病态，甚至不能求解。因此，α 的取值应适宜，一般 $\alpha=10^5\sim10^7$ 较好。

当速度场 v_i 为真实解时，拉格朗日乘子法和罚函数法的泛函驻值点应相同，即 $\delta\Pi_1=\delta\Pi_2$，比较式（4－45）和式（4－47）可以得出罚函数法中静水压力 σ_m 为

$$\sigma_m = \alpha\dot{\varepsilon}_V \tag{4-48}$$

泛函式（4－46）惩罚项的被积函数采用 $\dot{\varepsilon}_V^2$ 形式，它要求 $|\dot{\varepsilon}_V|$ 在可行域内处处满足体积不可压缩条件，才能保证惩罚项总值很小。而实际应用中发现这样的约束条件过于严格而不易达到，可通过适当放松约束条件来处理。下面介绍一种方法——修正罚函数法。

修正罚函数法是通过对惩罚项构造形式的修改来达到放松约束的目的。对于泛函式

(4－46)，修改惩罚项以后的泛函表示为：

$$\prod_3 = \int_V \bar{\sigma}\,\dot{\bar{\varepsilon}}\mathrm{d}V + \frac{\alpha}{2V}\left[\int_V \dot{\varepsilon}_V \mathrm{d}V\right]^2 - \int_{S_p} P_f v_i \mathrm{d}S \tag{4-49}$$

式中第二项即为修改后的惩罚项，它的直观意义是要求单元体积变化的平均值很小。因此，尽管修正的惩罚项与前者形式不同，但它们的内涵是类似的。

同理，对于泛函式(4－49)，若 v_i 为真实解时，可以得出修正罚函数法中静水压力 σ_m 为

$$\sigma_m = \frac{\alpha}{V}\int_V \dot{\varepsilon}_V \mathrm{d}V \tag{4-50}$$

拉格朗日乘子法和罚函数法都是在马尔克夫变分原理的基础上，从数学方面引入体积不可压缩条件，以解决容许速度场不易满足体积不可压缩条件和由材料模型假定带来的应力计算问题。在实际应用中，考虑问题处理的难易程度和计算机程序的简繁程度，常常使用刚塑性可压缩材料和刚黏塑性材料的变分原理来处理。下面简单介绍一下刚塑性可压缩材料的变分原理，关于刚黏塑性材料的变分原理请参考有关书籍。

4.2.4 刚塑性可压缩材料的变分原理

拉格朗日乘子法和罚函数法都引入了体积不可压缩条件，由此给刚塑性有限元法求解带来了两方面困难：

(1) 体积不可压缩导致屈服与静水压力无关的结论，因而同一种塑性变形状态可由同一应力偏量叠加上不同静水压力形成的多种不同的应力状态对应，反映在刚塑性有限元的求解中，不能由变形速度场直接求出应力场。

(2) 所设的运动容许速度场需要满足体积不可压缩约束条件，从而增加了设定初始容许速度场的难度。

但事实上，塑性变形中体积并非不可压缩，例如，从钢锭轧成钢坯，材料密度就会有所增加。其他塑性加工过程也都伴随着程度不同的体积变化。真实金属中存在着空位、位错、晶界缺陷及孔洞、疏松、微裂纹等情况，可为塑性变形时的体积变化提供金属学方面的解释。

刚塑性可压缩有限元法，从改变材料模型入手，认为材料体积可少许压缩，这使得体积不可压缩不再成为运动容许速度场的约束条件，同时可由变形速度场直接求出应力场，从而解决了前面提到的两个困难。

4.2.4.1 刚塑性可压缩材料的边值问题

由于材料模型不同，描述刚塑性可压缩材料边值问题的方程也有所不同。刚塑性可压缩材料边值问题由下列塑性方程和边界条件来定义：

(1) 应力平衡方程

$$\sigma_{ij,j} = 0 \tag{4-51}$$

(2) 几何方程

$$\dot{\varepsilon}_{ij} = \frac{1}{2}(v_{i,j} + v_{j,i}) \tag{4-52}$$

(3) 本构方程

$$\dot{\varepsilon}'_{ij} = \frac{3\dot{\tilde{\varepsilon}}}{2\tilde{\sigma}}\sigma'_{ij} \tag{4-53}$$

$$\dot{\varepsilon}_{\mathrm{m}}=\frac{1}{3}g\frac{\dot{\tilde{\varepsilon}}}{\tilde{\sigma}}\sigma_{\mathrm{m}} \tag{4-54}$$

式中 $\dot{\varepsilon}'_{ij}$，σ'_{ij}——分别为偏差应变速率和偏差应力张量；

$\tilde{\sigma}$，$\dot{\tilde{\varepsilon}}$——分别为可压缩材料的等效应力和等效应变速率，其值为：

$$\tilde{\sigma}=\left(\frac{3}{2}\sigma'_{ij}\sigma'_{ij}+g\sigma_{\mathrm{m}}^{2}\right)^{\frac{1}{2}}$$

$$\dot{\tilde{\varepsilon}}=\left(\frac{2}{3}\dot{\varepsilon}'_{ij}\dot{\varepsilon}'_{ij}+\frac{1}{g}\dot{\varepsilon}_{\mathrm{V}}^{2}\right)^{\frac{1}{2}}$$

g——可压缩常数，与材料的可压缩程度有关，$g>0$。在金属轧制过程的求解中，一般取 0.01～0.001。

（4）Mises 屈服条件

$$\tilde{\sigma}=Y \tag{4-55}$$

（5）边界条件，包括应力边界条件和速度边界条件，表示为：

$$\sigma_{ij}n_j=P_{\mathrm{f}} \qquad S\in S_{\mathrm{p}} \tag{4-56}$$

$$v_i=v_i^0 \qquad S\in S_{\mathrm{V}} \tag{4-57}$$

与刚塑性材料的边值问题相比，由于材料模型的变化仅仅产生局部改变，因而其大部分方程是一样的，只有本构方程发生改变，同时没有了体积约束条件。

4.2.4.2 刚塑性可压缩材料的变分原理

对于刚塑性可压缩材料的边值问题，在满足几何方程、速度边界条件的一切容许速度场 v_i 中，真实解使泛函

$$\coprod_4=\int_V\tilde{\sigma}\dot{\tilde{\varepsilon}}\mathrm{d}V-\int_{S_{\mathrm{p}}}P_{\mathrm{f}}v_i^*\,\mathrm{d}S \tag{4-58}$$

取驻值，即

$$\delta\coprod_4=\int_V\tilde{\sigma}\delta\dot{\tilde{\varepsilon}}\mathrm{d}V-\int_{S_{\mathrm{p}}}P_{\mathrm{f}}\delta v_i\mathrm{d}S=0 \tag{4-59}$$

在刚塑性可压缩材料的变分原理中，由于 $\dot{\tilde{\varepsilon}}$ 内含有 $\dot{\varepsilon}_{\mathrm{V}}$ 项，因而当 $\dot{\varepsilon}_{\mathrm{V}}$ 变化时会使 $\dot{\tilde{\varepsilon}}$ 增加，则塑性消耗功也在增加。这样，该体积变化项的作用与罚函数法中惩罚项的作用有相同之处。

4.2.5 塑性边界条件及其泛函

塑性加工过程中，通常工件的变形是在模具（或轧辊）与工件接触状态下进行的，也就是通过工件与模具的接触界面（边界），模具把力和速度的作用施加到工件上，使之发生塑性变形。这种作用状态随着工艺过程的进行不断变化，直至所需的变形过程完成为止。因此，边界条件在工艺问题模拟分析中具有重要作用。

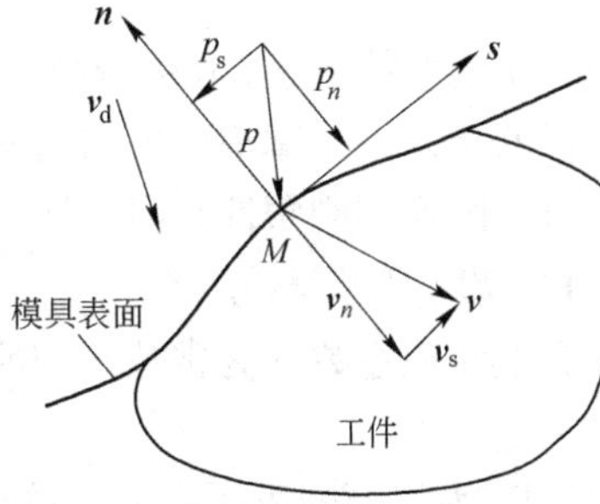

图 4-3 工件表面与边界条件

4.2.5.1 边界条件

根据模具与变形工件的作用情况，工件的外表面可以分为自由表面和接触表面（见图 4-3）。自由表面是与模具没有接触的工件表面，该面上既没有外力

作用，又无位移速度约束。实质上自由表面是 $P_f=0$ 的应力边界，即该表面属于应力边界表面 S_p，只不过这种零应力边界条件对工件的变形没有任何作用，同时在泛函外力功率计算项中其值为零，因此可以不予考虑。接触表面则是在变形过程瞬时工件与模具相互接触的那部分表面。如图 4－3 所示，设模具运动速度矢量为 $\boldsymbol{v}_d$，取接触表面上工件任意一点 M，对应在模具上为 M_d 点，假定该点处模具轮廓的切向与法向单位矢量分别为 $\boldsymbol{s}$ 和 $\boldsymbol{n}$（矢量 $\boldsymbol{n}$ 定义为从工件指向模具，并且与 $\boldsymbol{s}$ 构成右手坐标系）。对于接触状态的 M 点，模具的作用力为 P，将 P 分解为切向分量 P_s 和法向分量 P_n。显然，P_s 就是 M 点所受到的摩擦力，P_s 可由假定摩擦力计算条件确定，即为已知外力，而 P_n 则是未知力。若此时 M 点的速度矢量为 $\boldsymbol{v}$，同样可分解为 v_s 和 v_n。显然，法向分量 v_n 满足下式

$$\boldsymbol{v}_n=\boldsymbol{v}_d n \tag{4-60}$$

而切向分量 $\boldsymbol{v}_s$ 一般来说其数值和方向都是未知的。因此，接触表面是应力和速度混合的边界表面，在该表面上，外力部分已知，速度也是部分给定。

为方便起见，将上述分析归纳为

自由表面：

$$P_f=0 \qquad S\in S_p$$

接触表面：

$$\left.\begin{aligned}P_s&=f\\ v_n&=v_d n\end{aligned}\right\} \qquad S\in S_f$$

式中，f 表示摩擦力；S_f 表示接触表面。

4.2.5.2 摩擦力计算模型

工件变形时在与模具接触面上受到的摩擦力，对金属材料流动模式、工件几何尺寸及内部缺陷、模具受力状态和总载荷、总能量都有很大的影响。同时，塑性加工中的摩擦是在高压、高温条件下发生的，并且伴随着工件的塑性变形，因此其机制十分复杂，影响因素很多，如接触面上的润滑条件、模具表面状态、变形温度以及材料化学成分、性能等等。如何正确地处理摩擦边界条件，选择合理的摩擦力计算模型将直接影响到有限元计算结果的准确性。目前，还没有一个公认的理论公式能使塑性加工过程中接触面上摩擦计算问题得到圆满解决，根据具体情况，采用不同的摩擦应力模型对摩擦功率项加以处理。下面介绍几种通常采用的摩擦应力模型。

A 剪切摩擦模型

假设摩擦表面上摩擦因子为常数，则摩擦应力 f 可以表示为

$$f=mk \tag{4-61}$$

式中，m 为摩擦因子，$0\leqslant m\leqslant 1$；k 为工件材料的剪切屈服强度。该模型表示，在给定摩擦因子的条件下，摩擦应力与材料的剪切屈服强度成正比。这种摩擦条件在程序处理上非常简单，因而在刚塑性有限元法中经常采用。

B 库仑摩擦模型

假设摩擦系数 μ 为常数，则摩擦应力 f 为

$$f=\mu P_n \tag{4-62}$$

式中，P_n 为界面的正压应力。该模型表示，在给定摩擦系数的条件下，摩擦应力与接触面上的正压应力成正比。采用这种摩擦条件进行有限元计算时，每个迭代步中都要利用得

到的应力场对摩擦应力进行修整，因而用起来不如剪切摩擦模型简便。

C 反正切摩擦模型

假设摩擦应力为接触面上相对滑动速度 v_r 的反正切函数，即

$$f = -mk\left[\frac{2}{\pi}\arctan\left(\frac{v_r}{v_0}\right)\right] \tag{4-63}$$

式中，v_0 为一小正数。该模型表示摩擦应力与相对滑动速度方向相反，摩擦应力的大小，除与材料的剪切屈服强度和相对滑动速度有关外，还与 v_r/v_0 有关。小正数 v_0 值的大小，对有限元求解精度和收敛情况影响很大，一般在 $10^{-3} \sim 10^{-5}$ 为宜。这种摩擦条件特别适合变形材料中存在相对滑动速度为零的中性点或中性区的加工过程。

可以认为，反正切摩擦模型是对剪切摩擦模型的修正。同理可给出库仑摩擦模型的相应计算公式：

$$f = -\mu P_n\left[\frac{2}{\pi}\arctan\left(\frac{v_r}{v_0}\right)\right] \tag{4-64}$$

塑性力学研究表明，剪切摩擦模型可以用来描述体积成形工艺中的摩擦条件，而库仑摩擦模型比较适合板料成形，也适用于相对滑动速度较慢的刚性区部分。

4.2.6 刚性区的处理

刚塑性有限元法建立于刚塑性变分原理之上，而刚塑性变分原理只适用于塑性变形区。在实际塑性加工过程中，由于变形极不均匀，存在不发生塑性变形的刚性区和变形很小的区域，如挤压工艺远离模具入口端和出口端区域，自由锻时远离模具作用的区域等。这时，该区域材料变形不符合塑性本构关系，因而刚塑性变分原理也不适用。

如果在刚性区内使用刚塑性变分原理，因为刚性区内的应变速率接近零或者等于零，在计算过程中会引起泛函变分的奇异，造成计算结果的溢出，因此有必要区分塑性区与刚性区。但在有限元计算开始时，很难准确地确定塑性变形区与刚性变形区的交界面，为了解决这个问题，常采用下面的方法进行处理。

首先，将塑性区域假定为一个较大的范围，取得计算结果后，引入等效应变速率的一个限定值$\dot{\bar{\varepsilon}}_o$，当某单元的等效应变速率$\dot{\bar{\varepsilon}} \leqslant \dot{\bar{\varepsilon}}_o$ 时为刚性区，否则为塑性区。对于刚性区单元取$\dot{\bar{\varepsilon}} = \dot{\bar{\varepsilon}}_o$，并认为该区域的应力与应变关系呈线性，即

$$\sigma'_{ij} = \frac{2\bar{\sigma}}{3\dot{\bar{\varepsilon}}_o}\dot{\varepsilon}_{ij} \tag{4-65}$$

则相应的泛函式（4-42）变为：

$$\Pi = \begin{cases} \int_V \bar{\sigma}\,\dot{\bar{\varepsilon}}\mathrm{d}V - \int_{S_p} P_f v_i \mathrm{d}S & \dot{\bar{\varepsilon}} > \dot{\bar{\varepsilon}}_o \\ \int_V \frac{1}{2}\bar{\sigma}\,\dot{\bar{\varepsilon}}\mathrm{d}V - \int_{S_p} P_f v_i \mathrm{d}S & \dot{\bar{\varepsilon}} \leqslant \dot{\bar{\varepsilon}}_o \end{cases} \tag{4-66}$$

其他泛函式也采用相同的处理方法。

等效应变速率限定值$\dot{\bar{\varepsilon}}_o$ 的大小对有限元计算结果的精度和计算过程的收敛性都有一定的影响，$\dot{\bar{\varepsilon}}_o$ 过小，收敛性变差；$\dot{\bar{\varepsilon}}_o$ 过大，计算精度降低。因此，确定$\dot{\bar{\varepsilon}}_o$ 的大小时，应遵循在保证收敛的前提下，尽量提高计算精度的原则。一般$\dot{\bar{\varepsilon}}_o = 10^{-3} \sim 10^{-4}$，变形大时取大值，变形小时取小值。

4.3 平面应变问题

刚塑性材料的变分原理，就是把塑性加工问题归结为从容许速度场中求出满足能耗率泛函驻值的真实速度场问题。能耗率泛函驻值条件（一阶变分为零）就是刚塑性有限元的基本方程，其基本未知量是变形体内的速度场。一旦解出速度场，就可利用相应塑性方程求出应变速率场、应力场，并通过积分求得应变场、位移场等，最终可获得塑性加工问题的全解。

本节通过平面变形问题，针对四节点四边形单元，介绍刚塑性有限元法的分析方法和求解过程。

4.3.1 离散化及相关矩阵

图4-4所示的单元类型为四节点四边形单元。前面已经介绍过，整体坐标系下的任意四边形可以通过坐标变换映射为自然坐标系下的规则四边形（矩形），并成为等参单元。设矩形单元4个节点的坐标为（s_i，t_i），四边形单元4个节点的坐标为（x_i，y_i），4个节点的速度为（$\dot{u}_{ix}$，$\dot{u}_{iy}$），单元内任意点的速度为（v_x，v_y）。

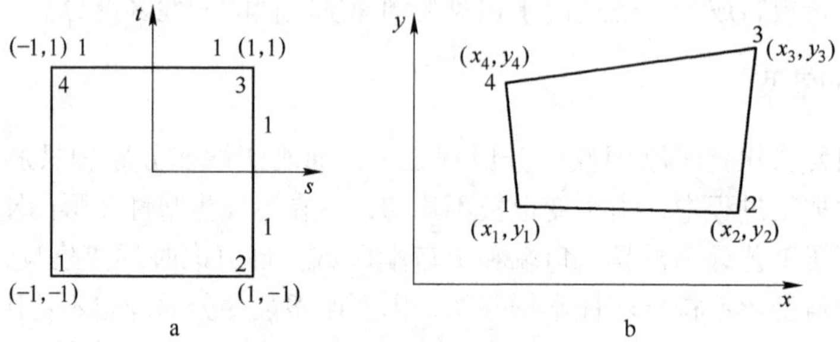

图4-4 四节点四边形单元

a—自然坐标系；b—整体坐标系

4.3.1.1 单元形函数

对于图4-4a的矩形单元，选择如下速度模式

$$v_x = a_1 + a_2 s + a_3 t + a_4 st$$
$$v_y = a_5 + a_6 s + a_7 t + a_8 st$$

用节点坐标和节点速度解出 a_i 项，得到速度插值公式：

$$\left.\begin{aligned} v_x &= \sum_{i=1}^{4} N_i \dot{u}_{ix} \\ v_y &= \sum_{i=1}^{4} N_i \dot{u}_{iy} \end{aligned}\right\} \tag{4-67}$$

式中形函数为：

$$\left.\begin{aligned} N_1 &= \frac{1}{4}(1-s)(1-t) \\ N_2 &= \frac{1}{4}(1+s)(1-t) \\ N_3 &= \frac{1}{4}(1+s)(1+t) \\ N_4 &= \frac{1}{4}(1-s)(1+t) \end{aligned}\right\} \tag{4-68}$$

采用等参单元的坐标变换公式，则有

$$\left.\begin{aligned} x &= \sum_{i=1}^{4} N_i x_i \\ y &= \sum_{i=1}^{4} N_i y_i \end{aligned}\right\} \tag{4-69}$$

将式（4－67）写成矩阵形式：

$$\boldsymbol{v} = \begin{Bmatrix} v_x \\ v_y \end{Bmatrix} = \boldsymbol{N}\dot{\boldsymbol{u}}^e = \begin{pmatrix} N_1 & 0 & N_2 & 0 & N_3 & 0 & N_4 & 0 \\ 0 & N_1 & 0 & N_2 & 0 & N_3 & 0 & N_4 \end{pmatrix} \begin{Bmatrix} \dot{u}_{1x} \\ \dot{u}_{1y} \\ \vdots \\ \dot{u}_{4x} \\ \dot{u}_{4y} \end{Bmatrix} \tag{4-70}$$

式中，$\boldsymbol{v}$、$\dot{\boldsymbol{u}}^e$、$\boldsymbol{N}$ 分别为单元内任一点速度向量、单元的节点速度向量和单元形函数矩阵。该式表明了单元速度场与单元 4 个节点速度的关系。

4.3.1.2 单元应变速率矩阵

根据塑性力学理论，平面变形问题的几何方程为：

$$\dot{\boldsymbol{\varepsilon}} = \begin{Bmatrix} \dot{\varepsilon}_x \\ \dot{\varepsilon}_y \\ \dot{\varepsilon}_z \\ \dot{\gamma}_{xy} \end{Bmatrix} = \begin{Bmatrix} \dfrac{\partial v_x}{\partial x} \\ \dfrac{\partial v_y}{\partial y} \\ 0 \\ \dfrac{\partial v_x}{\partial y} + \dfrac{\partial v_y}{\partial x} \end{Bmatrix} \tag{4-71}$$

式中，$\dot{\boldsymbol{\varepsilon}}$ 为应变速率向量，其中的剪应变速率是工程剪应变速率，即 $\dot{\gamma}_{xy} = 2\dot{\varepsilon}_{xy}$。

将式（4－71）写成矩阵方程

$$\dot{\boldsymbol{\varepsilon}} = \boldsymbol{L}\boldsymbol{v} \tag{4-72}$$

式中，$\boldsymbol{L}$ 称为微分算子矩阵，即

$$\boldsymbol{L} = \begin{pmatrix} \dfrac{\partial}{\partial x} & 0 \\ 0 & \dfrac{\partial}{\partial y} \\ 0 & 0 \\ \dfrac{\partial}{\partial y} & \dfrac{\partial}{\partial x} \end{pmatrix}$$

将式（4－70）代入式（4－72）得

$$\dot{\boldsymbol{\varepsilon}} = \boldsymbol{L}\boldsymbol{N}\dot{\boldsymbol{u}}^e = \boldsymbol{B}\dot{\boldsymbol{u}}^e \tag{4-73}$$

式中，$\boldsymbol{B} = \boldsymbol{L}\boldsymbol{N}$，称为应变速率矩阵，它反映了单元内任一点应变速率向量与该单元节点速度向量之间的关系，$\boldsymbol{B}$ 的具体形式如下：

$$\boldsymbol{B} = \begin{pmatrix} X_1 & 0 & X_2 & 0 & X_3 & 0 & X_4 & 0 \\ 0 & Y_1 & 0 & Y_2 & 0 & Y_3 & 0 & Y_4 \\ K_1 & 0 & K_2 & 0 & K_3 & 0 & K_4 & 0 \\ Y_1 & X_1 & Y_2 & X_2 & Y_3 & X_3 & Y_4 & X_4 \end{pmatrix} \tag{4-74}$$

式中

$$X_i = \frac{\partial N_i}{\partial x} \qquad Y_i = \frac{\partial N_i}{\partial y} \qquad (i=1,2,3,4) \tag{4-75}$$

对于平面应变问题，$K_i=0$。

由式（4－75）可知，确定应变速率矩阵 $\boldsymbol{B}$ 时，需要求形函数 N_i 对整体坐标的偏导数。由于 N_i 是自然坐标（s，t）的函数（见式（4－68）），而整体坐标（x，y）又是自然坐标的函数，利用复合求导规则，有

$$\frac{\partial N_i}{\partial s} = \frac{\partial N_i}{\partial x}\frac{\partial x}{\partial s} + \frac{\partial N_i}{\partial y}\frac{\partial y}{\partial s}$$

$$\frac{\partial N_i}{\partial t} = \frac{\partial N_i}{\partial x}\frac{\partial x}{\partial t} + \frac{\partial N_i}{\partial y}\frac{\partial y}{\partial t}$$

写成矩阵形式

$$\begin{Bmatrix} \dfrac{\partial N_i}{\partial s} \\ \dfrac{\partial N_i}{\partial t} \end{Bmatrix} = \boldsymbol{J} \begin{Bmatrix} \dfrac{\partial N_i}{\partial x} \\ \dfrac{\partial N_i}{\partial y} \end{Bmatrix} \tag{4-76}$$

式中，$\boldsymbol{J}$ 称为雅可比（Jacobian）坐标变换矩阵，其具体形式为：

$$\boldsymbol{J} = \begin{pmatrix} \dfrac{\partial x}{\partial s} & \dfrac{\partial y}{\partial s} \\ \dfrac{\partial x}{\partial t} & \dfrac{\partial y}{\partial t} \end{pmatrix} \tag{4-77}$$

式中的各偏导数可由式（4－69）求导得到。因而，式（4－75）变为

$$\begin{Bmatrix} X_i \\ Y_i \end{Bmatrix} = \begin{Bmatrix} \dfrac{\partial N_i}{\partial x} \\ \dfrac{\partial N_i}{\partial y} \end{Bmatrix} = \boldsymbol{J}^{-1} \begin{Bmatrix} \dfrac{\partial N_i}{\partial s} \\ \dfrac{\partial N_i}{\partial t} \end{Bmatrix} \tag{4-78}$$

式中，$\boldsymbol{J}^{-1}$ 为雅可比矩阵的逆矩阵，其具体形式为：

$$\boldsymbol{J}^{-1} = \frac{1}{|\boldsymbol{J}|} \begin{pmatrix} \dfrac{\partial y}{\partial t} & -\dfrac{\partial y}{\partial s} \\ -\dfrac{\partial x}{\partial t} & \dfrac{\partial x}{\partial s} \end{pmatrix}$$

其中，$|\boldsymbol{J}|$ 为雅可比矩阵的行列式，即

$$|\boldsymbol{J}| = \frac{\partial x}{\partial s}\frac{\partial y}{\partial t} - \frac{\partial x}{\partial t}\frac{\partial y}{\partial x}$$

利用式（4－68）、式（4－78）、式（4－75）就可确定应变速率矩阵 $\boldsymbol{B}$。

4.3.1.3 单元等效应变速率和体积应变速率矩阵

对于等效应变速率公式（见式（4－31））

$$\dot{\bar{\varepsilon}} = \sqrt{\frac{2}{3}\dot{\varepsilon}_{ij}\dot{\varepsilon}_{ij}}$$

利用应变速率向量公式（4－71），可将等效应变速率 $\dot{\bar{\varepsilon}}$ 以应变速率向量形式给出，即

$$\dot{\bar{\varepsilon}} = \sqrt{\dot{\varepsilon}^{\mathrm{T}} \boldsymbol{D} \dot{\varepsilon}} \tag{4-79}$$

式中，矩阵 $\boldsymbol{D}$ 为对角阵，对角元素值为 2/3 或 1/3，分别对应于应变速率向量 $\dot{\boldsymbol{\varepsilon}}$ 中的正应变速率和剪应变速率分量，其阶数与 $\dot{\boldsymbol{\varepsilon}}$ 中分量数相同。对于平面应变问题，$\boldsymbol{D}$ 的具体形式为：

$$\boldsymbol{D} = \begin{pmatrix} \frac{2}{3} & 0 & 0 & 0 \\ 0 & \frac{2}{3} & 0 & 0 \\ 0 & 0 & \frac{2}{3} & 0 \\ 0 & 0 & 0 & \frac{1}{3} \end{pmatrix}$$

把式（4-73）代入式（4-79）得

$$\dot{\bar{\boldsymbol{\varepsilon}}} = \sqrt{(\dot{\boldsymbol{u}}^e)^{\mathrm{T}} \boldsymbol{B}^{\mathrm{T}} \boldsymbol{D} \boldsymbol{B} \dot{\boldsymbol{u}}^e} = \sqrt{(\dot{\boldsymbol{u}}^e)^{\mathrm{T}} \boldsymbol{A} \dot{\boldsymbol{u}}^e} \tag{4-80}$$

式中的矩阵 $\boldsymbol{A}$ 定义为

$$\boldsymbol{A} = \boldsymbol{B}^{\mathrm{T}} \boldsymbol{D} \boldsymbol{B}$$

由体积应变速率公式可得

$$\dot{\boldsymbol{\varepsilon}}_{\mathrm{V}} = \boldsymbol{c}^{\mathrm{T}} \dot{\boldsymbol{\varepsilon}} \tag{4-81}$$

对于平面应变问题，式中的向量 $\boldsymbol{c} = \{1 \quad 1 \quad 1 \quad 0\}^{\mathrm{T}}$。
把式（4-73）代入式（4-81）得

$$\dot{\boldsymbol{\varepsilon}}_{\mathrm{V}} = \boldsymbol{c}^{\mathrm{T}} \boldsymbol{B} \dot{\boldsymbol{u}}^e = \boldsymbol{C}^{\mathrm{T}} \dot{\boldsymbol{u}}^e \tag{4-82}$$

式中的矩阵 $\boldsymbol{C}$ 定义为

$$\boldsymbol{C}^{\mathrm{T}} = \boldsymbol{c}^{\mathrm{T}} \boldsymbol{B}$$

式（4-80）和式（4-82）分别表明了等效应变速率、体积应变速率与单元节点速度向量之间的关系。

4.3.2 刚塑性有限元基本公式

经过上述的离散化处理，得到了单元内任一点应变速率向量、等效应变速率及体积应变速率与单元节点速度向量之间的关系，这就可以对单元特性做进一步分析，以确定单元刚度方程，进而得到整体刚度方程。

下面介绍利用罚函数法和拉格朗日乘子法推导刚度方程的过程。

4.3.2.1 罚函数法

假设塑性变形体离散为 m 个单元、k 个节点，并设 $\dot{\boldsymbol{u}}^e$ 为单元节点速度向量，$\dot{\boldsymbol{U}}$ 为整体节点速度向量，且定义为

$$\dot{\boldsymbol{U}} = \{\dot{u}_1 \quad \dot{u}_2 \quad \cdots \quad \dot{u}_{k-1} \quad \dot{u}_k\}^{\mathrm{T}} \tag{4-83}$$

对于平面应变问题，每个节点的自由度为 2，即节点 x、y 方向的位移速度 $\dot{u}_{ix}$ 和 $\dot{u}_{iy}$。

A 基本求解公式

对罚函数法的基本方程离散化后可得

$$\delta \coprod_2 = \delta \coprod_2(\dot{U}) = \sum_e \delta \coprod_2^e(\dot{\boldsymbol{u}}^e) = 0$$

对上式做如下的变型处理

$$\delta \coprod_2 = (\delta \dot{\boldsymbol{U}})^{\mathrm{T}} \frac{\partial \coprod_2}{\partial \dot{\boldsymbol{U}}} = 0$$

由于变分 $(\delta \dot{\boldsymbol{U}})^{\mathrm{T}}$ 的任意性，显然上式成立的条件是

$$\frac{\partial \coprod_2}{\partial \dot{\boldsymbol{U}}} = \sum_e \frac{\partial \coprod_2^e}{\partial \dot{\boldsymbol{u}}^e} = 0 \tag{4-84}$$

根据罚函数法的基本方程式（4－47）得

$$\frac{\partial \coprod_2^e}{\partial \dot{\boldsymbol{u}}^e} = \frac{\partial \coprod_{\mathrm{E}}^e}{\partial \dot{\boldsymbol{u}}^e} + \frac{\partial \coprod_{\alpha}^e}{\partial \dot{\boldsymbol{u}}^e} - \frac{\partial \coprod_{\mathrm{P}}^e}{\partial \dot{\boldsymbol{u}}^e} \tag{4-85}$$

其中

$$\frac{\partial \coprod_{\mathrm{E}}^e}{\partial \dot{\boldsymbol{u}}^e} = \int_{V^e} \bar{\sigma} \frac{\partial \dot{\bar{\varepsilon}}}{\partial \dot{\boldsymbol{u}}^e} \mathrm{d}V \tag{4-86}$$

$$\frac{\partial \coprod_{\alpha}^e}{\partial \dot{\boldsymbol{u}}^e} = \int_{V^e} \alpha \dot{\boldsymbol{\varepsilon}}_{\mathrm{V}} \frac{\partial \dot{\boldsymbol{\varepsilon}}_{\mathrm{V}}}{\partial \dot{\boldsymbol{u}}^e} \mathrm{d}V \tag{4-87}$$

式中，V^e 为单元 e 的体积。

式（4－85）右边第三项为摩擦功率项（外力作用部分），其表达式要根据具体问题的接触界面摩擦条件来确定。下面推导式（4－86）和式（4－87）的具体形式。

由式（4－80）可得

$$\frac{\partial \dot{\bar{\boldsymbol{\varepsilon}}}}{\partial \dot{\boldsymbol{u}}^e} = \frac{1}{\sqrt{(\dot{\boldsymbol{u}}^e)^{\mathrm{T}} \boldsymbol{A} \dot{\boldsymbol{u}}^e}} \cdot \boldsymbol{A} \dot{\boldsymbol{u}}^e = \frac{1}{\dot{\bar{\boldsymbol{\varepsilon}}}} \boldsymbol{A} \dot{\boldsymbol{u}}^e$$

代入式（4－86）中，得

$$\frac{\partial \coprod_{\mathrm{E}}^e}{\partial \dot{\boldsymbol{u}}^e} = \int_{V^e} \frac{\bar{\boldsymbol{\sigma}}}{\dot{\bar{\boldsymbol{\varepsilon}}}} \boldsymbol{A} \dot{\boldsymbol{u}}^e \mathrm{d}V \tag{4-88}$$

由式（4－82）可得

$$\frac{\partial \dot{\boldsymbol{\varepsilon}}_{\mathrm{V}}}{\partial \dot{\boldsymbol{u}}^e} = \boldsymbol{C}$$

代入式（4－87）中，得

$$\frac{\partial \coprod_{\alpha}^e}{\partial \dot{u}^e} = \alpha \int_{V^e} \boldsymbol{C} \boldsymbol{C}^{\mathrm{T}} \dot{\boldsymbol{u}}^e \mathrm{d}V \tag{4-89}$$

对所有单元按式（4－84）依次进行组装，得到整体刚度方程

$$\boldsymbol{K}_{\dot{u}} \dot{\boldsymbol{U}} = \boldsymbol{P} \tag{4-90}$$

式中，$\boldsymbol{K}_{\dot{u}}$ 为整体刚度矩阵，其具体形式为

$$\boldsymbol{K}_{\dot{u}} = \sum_e \left(\int_{V^e} \frac{\bar{\sigma}}{\dot{\bar{\varepsilon}}} \boldsymbol{A} \mathrm{d}V + \alpha \int_{V^e} \boldsymbol{C} \boldsymbol{C}^{\mathrm{T}} \mathrm{d}V \right) \tag{4-91}$$

式中，$\boldsymbol{P}$ 为接触界面作用力引起的力向量，也就是外加的节点载荷向量，其具体形式为

$$\boldsymbol{P} = \sum_e \frac{\partial \coprod_P^e}{\partial \dot{\boldsymbol{u}}^e} \tag{4-92}$$

B 刚度方程的线性化

由式（4－90）的整体刚度方程和式（4－91）的整体刚度矩阵可以看出，整体刚度方程是一个关于节点速度向量 $\dot{\boldsymbol{u}}$ 的非线性方程组，即整体刚度矩阵与 $\dot{\boldsymbol{U}}$ 有关。对于非线性方程组的求解，通常采用牛顿—拉夫森（Newton－Raphson）法将方程组线性化后迭代求解。对于罚函数法建立的有限元方程，其迭代公式如下：

$$\begin{cases}\left\{\dfrac{\partial^2 \coprod_2}{\partial\dot{\boldsymbol{U}}\partial(\dot{\boldsymbol{U}})^{\mathrm{T}}}\right\}_n \cdot \Delta\dot{U}_n = -\left\{\dfrac{\partial \coprod_2}{\partial\dot{\boldsymbol{U}}}\right\}_n \\ \dot{U}_{n+1} = \dot{U}_n + \beta\Delta\dot{U}_n\end{cases} \tag{4-93}$$

式中，n 为迭代次数；β 为阻尼因子（$0<\beta\leqslant 1$），其作用在于提高迭代法的收敛性，但会增加迭代次数。

式（4－93）中泛函 $\coprod_2$ 的一阶导数已经求出，下面推导其二阶导数部分。

$$\frac{\partial^2 \coprod_2}{\partial\dot{\boldsymbol{U}}\partial(\dot{\boldsymbol{U}})^{\mathrm{T}}} = \sum_e \frac{\partial^2 \coprod_2^e}{\partial\dot{\boldsymbol{u}}^e\partial(\dot{\boldsymbol{u}}^e)^{\mathrm{T}}}$$

将泛函 $\coprod_2$ 仍分解为三部分，得

$$\frac{\partial^2 \coprod_2^e}{\partial\dot{\boldsymbol{u}}^e\partial(\dot{\boldsymbol{u}}^e)^{\mathrm{T}}} = \frac{\partial^2 \coprod_{\mathrm{E}}^e}{\partial\dot{\boldsymbol{u}}^e\partial(\dot{\boldsymbol{u}}^e)^{\mathrm{T}}} + \frac{\partial^2 \coprod_{\alpha}^e}{\partial\dot{\boldsymbol{u}}^e\partial(\dot{\boldsymbol{u}}^e)^{\mathrm{T}}} - \frac{\partial^2 \coprod_{\mathrm{P}}^e}{\partial\dot{\boldsymbol{u}}^e\partial(\dot{\boldsymbol{u}}^e)^{\mathrm{T}}}$$

可以推得

$$\begin{aligned}\frac{\partial^2 \coprod_{E}^e}{\partial\dot{\boldsymbol{u}}^e\partial(\dot{\boldsymbol{u}}^e)^{\mathrm{T}}} &= \int_{V^e} \frac{1}{\dot{\bar{\boldsymbol{\varepsilon}}}}\left[\bar{\sigma}\boldsymbol{A} + \frac{1}{\dot{\bar{\boldsymbol{\varepsilon}}}}\left(\frac{\partial\bar{\sigma}}{\partial\dot{\bar{\boldsymbol{\varepsilon}}}} - \frac{\bar{\sigma}}{\dot{\bar{\boldsymbol{\varepsilon}}}}\right)(\boldsymbol{A}\dot{\boldsymbol{u}}^e)^{\mathrm{T}}(\boldsymbol{A}\dot{\boldsymbol{u}}^e)\right]\mathrm{d}V \\ \frac{\partial^2 \coprod_{\alpha}^e}{\partial\dot{\boldsymbol{u}}^e\partial(\dot{\boldsymbol{u}}^e)^{\mathrm{T}}} &= \alpha\int_{V^e}\boldsymbol{C}\boldsymbol{C}^{\mathrm{T}}\mathrm{d}V\end{aligned} \tag{4-94}$$

需要注意，上式中对于刚塑性材料 $\dfrac{\partial\bar{\sigma}}{\partial\dot{\bar{\boldsymbol{\varepsilon}}}}=0$，而刚黏塑性材料则应根据所采用的材料模型公式来确定该项导数。

最后，得到经过线性化的迭代求解方程，即

$$\boldsymbol{K}\Delta\dot{\boldsymbol{U}} = \boldsymbol{R} \tag{4-95}$$

式中，$\boldsymbol{K}$ 为整体刚度矩阵，其具体形式为

$$\boldsymbol{K} = K_{\mathrm{E}} + K_{\alpha} + K_{\mathrm{P}} \tag{4-96}$$

其中

$$\left.\begin{aligned}K_{\mathrm{E}} &= \sum_e \int_{V^e} \frac{1}{\dot{\bar{\boldsymbol{\varepsilon}}}}\left[\bar{\sigma}\boldsymbol{A} + \frac{1}{\dot{\bar{\boldsymbol{\varepsilon}}}}\left(\frac{\partial\bar{\sigma}}{\partial\dot{\bar{\boldsymbol{\varepsilon}}}} - \frac{\bar{\sigma}}{\dot{\bar{\boldsymbol{\varepsilon}}}}\right)(\boldsymbol{A}\dot{\boldsymbol{u}}^e)^{\mathrm{T}}(\boldsymbol{A}\dot{\boldsymbol{u}}^e)\right]\mathrm{d}V \\ K_{\alpha} &= \sum_e \alpha\int_{V^e}\boldsymbol{C}\boldsymbol{C}^{\mathrm{T}}\mathrm{d}V \\ K_{\mathrm{P}} &= \sum_e \frac{\partial^2 \coprod_{\mathrm{P}}^e}{\partial\dot{\boldsymbol{u}}^e\partial(\dot{\boldsymbol{u}}^e)^{\mathrm{T}}}\end{aligned}\right\} \tag{4-97}$$

式中，$\boldsymbol{R}$ 为节点不平衡力向量，也就是计算出的节点力向量与节点外加载荷向量的差，其具体形式为

$$\boldsymbol{R} = P_{\mathrm{E}} + P_{\alpha} + P \tag{4-98}$$

其中

$$\left.\begin{aligned} P_{\mathrm{E}} &= -\sum_{e} \int_{V^e} \frac{\bar{\sigma}}{\dot{\bar{\varepsilon}}} \boldsymbol{A}\dot{\boldsymbol{u}}^e \mathrm{d}V \\ P_{\alpha} &= -\sum_{e} \alpha \int_{V^e} \boldsymbol{C}\boldsymbol{C}^{\mathrm{T}} \dot{\boldsymbol{u}}^e \mathrm{d}V \\ P &= \sum_{e} \frac{\partial \prod_{\mathrm{P}}^{e}}{\partial \dot{\boldsymbol{u}}^e} \end{aligned}\right\} \tag{4-99}$$

至此，得到了刚塑性有限元中罚函数法的全部求解公式。

4.3.2.2　拉格朗日乘子法

A　基本求解公式

对拉格朗日乘子法的基本方程离散化后可得

$$\delta \prod_{1} = \delta \prod_{1}(\dot{U}, \boldsymbol{\lambda}) = \sum_{e} \delta \prod_{1}^{e}(\dot{\boldsymbol{u}}^e, \lambda^e) = 0 \tag{4-100}$$

式中，$\boldsymbol{\lambda}$ 为所有单元的拉格朗日乘子向量，即

$$\boldsymbol{\lambda} = \{\lambda^1 \quad \lambda^2 \quad \cdots \quad \lambda^{m-1} \quad \lambda^m\}^{\mathrm{T}}$$

对式（4－100）做如下的变形处理

$$\delta \prod_{1} = (\delta \dot{\boldsymbol{U}})^{\mathrm{T}} \frac{\partial \prod_{1}}{\partial \dot{\boldsymbol{U}}} + (\delta \boldsymbol{\lambda})^{\mathrm{T}} \frac{\partial \prod_{1}}{\partial \boldsymbol{\lambda}} = 0$$

由于变分 $(\delta\dot{\boldsymbol{U}})^T$、$(\delta\boldsymbol{\lambda})^T$ 的任意性，显然上式成立的条件是下列联立方程组成立：

$$\left.\begin{aligned} \frac{\partial \prod_{1}}{\partial \dot{U}} &= \sum_{e} \frac{\partial \prod_{1}^{e}}{\partial \dot{\boldsymbol{u}}^e} = 0 \\ \frac{\partial \prod_{1}}{\partial \boldsymbol{\lambda}} &= \sum_{e} \frac{\partial \prod_{1}^{e}}{\partial \lambda^e} = 0 \end{aligned}\right\} \tag{4-101}$$

根据拉格朗日乘子法的基本方程式（4－45）得

$$\frac{\partial \prod_{1}^{e}}{\partial \dot{\boldsymbol{u}}^e} = \frac{\partial \prod_{\mathrm{E}}^{e}}{\partial \dot{\boldsymbol{u}}^e} + \frac{\partial \prod_{\lambda}^{e}}{\partial \dot{\boldsymbol{u}}^e} - \frac{\partial \prod_{\mathrm{P}}^{e}}{\partial \dot{\boldsymbol{u}}^e} \tag{4-102}$$

式中右边第1和第3项与罚函数法相同，可推导出第2项为

$$\frac{\partial \prod_{\lambda}^{e}}{\partial \dot{\boldsymbol{u}}^e} = \int_{V^e} \lambda^e \boldsymbol{C} \mathrm{d}V \tag{4-103}$$

而

$$\frac{\partial \prod_{1}^{e}}{\partial \lambda^e} = \frac{\partial \prod_{\lambda}^{e}}{\partial \lambda^e} = \int_{V^e} \boldsymbol{C}^{\mathrm{T}} \dot{\boldsymbol{u}}^e \mathrm{d}V \tag{4-104}$$

利用式（4－88）、式（4－92）、式（4－103）和式（4－104），并按式（4－101）组装，得到关于整体节点速度 $\dot{\boldsymbol{U}}$ 的非线性联立方程组：

$$\left.\begin{aligned} &\left(\sum_{e} \int_{V^e} \frac{\bar{\sigma}}{\dot{\bar{\varepsilon}}} \boldsymbol{A} \mathrm{d}V\right) \dot{\boldsymbol{U}} + \left(\sum_{e} \int_{V^e} \boldsymbol{C} \mathrm{d}V\right) \boldsymbol{\lambda} = P \\ &\left(\sum_{e} \int_{V^e} \boldsymbol{C}^{\mathrm{T}} \mathrm{d}V\right) \dot{\boldsymbol{U}} = 0 \end{aligned}\right\} \tag{4-105}$$

这就是刚塑性有限元拉格朗日乘子法的整体刚度方程。

B 刚度方程的线性化

同样采用牛顿—拉夫森法将方程组线性化后迭代求解，其迭代公式如下：

$$\left.\begin{aligned}\left\{\frac{\partial^2 \Pi_1}{\partial \dot{\boldsymbol{U}}\partial(\dot{\boldsymbol{U}})^{\mathrm{T}}}\right\}_n \cdot \Delta \dot{U}_n &= -\left\{\frac{\partial \Pi_1}{\partial \dot{\boldsymbol{U}}}\right\}_n \\ \left\{\frac{\partial^2 \Pi_1}{\partial \lambda \partial(\dot{\boldsymbol{U}})^{\mathrm{T}}}\right\}_n \cdot \Delta \dot{U}_n &= -\left\{\frac{\partial \Pi_1}{\partial \lambda}\right\}_n\end{aligned}\right\} \tag{4-106}$$

或者

$$\left.\begin{aligned}\left\{\sum_e \frac{\partial^2 \Pi_1^e}{\partial \dot{\boldsymbol{u}}^e\partial(\dot{\boldsymbol{u}}^e)^{\mathrm{T}}}\right\}_n \cdot \sum_e \Delta \dot{u}_n^e &= -\left\{\sum_e \frac{\partial \Pi_1^e}{\partial \dot{\boldsymbol{u}}^e}\right\}_n \\ \left\{\sum_e \frac{\partial^2 \Pi_1^e}{\partial \lambda^e \partial(\dot{\boldsymbol{u}}^e)^{\mathrm{T}}}\right\}_n \cdot \sum_e \Delta \dot{\boldsymbol{u}}_n^e &= -\left\{\sum_e \frac{\partial \Pi_1^e}{\partial \lambda^e}\right\}_n\end{aligned}\right\}$$

其中

$$\frac{\partial^2 \Pi_1^e}{\partial \dot{\boldsymbol{u}}^e\partial(\dot{\boldsymbol{u}}^e)^{\mathrm{T}}} = \frac{\partial^2 \Pi_{\mathrm{E}}^e}{\partial \dot{\boldsymbol{u}}^e\partial(\dot{\boldsymbol{u}}^e)^{\mathrm{T}}} + \frac{\partial^2 \Pi_{\lambda}^e}{\partial \dot{\boldsymbol{u}}^e\partial(\dot{\boldsymbol{u}}^e)^{\mathrm{T}}} + \frac{\partial^2 \Pi_{\mathrm{P}}^e}{\partial \dot{\boldsymbol{u}}^e\partial(\dot{\boldsymbol{u}}^e)^{\mathrm{T}}}$$

而

$$\frac{\partial^2 \Pi_{\lambda}^e}{\partial \dot{\boldsymbol{u}}^e\partial(\dot{\boldsymbol{u}}^e)^{\mathrm{T}}} = 0$$

所以

$$\frac{\partial^2 \Pi_1^e}{\partial \dot{\boldsymbol{U}}\partial(\dot{\boldsymbol{U}})^{\mathrm{T}}} = \sum_e \frac{\partial^2 \Pi_{\mathrm{E}}^e}{\partial \dot{\boldsymbol{u}}^e\partial(\dot{\boldsymbol{u}}^e)^{\mathrm{T}}} + \sum_e \frac{\partial^2 \Pi_{\mathrm{P}}^e}{\partial \dot{\boldsymbol{u}}^e\partial(\dot{\boldsymbol{u}}^e)^{\mathrm{T}}} = K_{\mathrm{E}} + K_{\mathrm{P}} \tag{4-107}$$

对式（4－104）求导，得

$$\left.\begin{aligned}\frac{\partial^2 \Pi_1^e}{\partial \lambda^e \partial(\dot{\boldsymbol{u}}^e)^{\mathrm{T}}} &= \frac{\partial^2 \Pi_{\lambda}^e}{\partial \lambda^e \partial(\dot{\boldsymbol{u}}^e)^{\mathrm{T}}} = \int_{V^e} \boldsymbol{C}^{\mathrm{T}} \mathrm{d}V \\ \frac{\partial^2 \Pi_1}{\partial \lambda\, \partial(\dot{\boldsymbol{U}})^{\mathrm{T}}} &= \sum_e \frac{\partial^2 \Pi_{\lambda}^e}{\partial \lambda^e \partial(\dot{\boldsymbol{u}}^e)^{\mathrm{T}}} = Q^{\mathrm{T}}\end{aligned}\right\} \tag{4-108}$$

式中，$Q^{\mathrm{T}} = \sum_e \int_{V^e} \boldsymbol{C}^{\mathrm{T}} \mathrm{d}V$ 为 $m \times n$ 阶矩阵，m 是单元总数，n 是问题总自由度数。

将式（4－107）、式（4－108）以及前述有关各式代入式（4－106），组装后可得

$$\left.\begin{aligned}(K_{\mathrm{E}} + K_{\mathrm{p}}) \cdot \Delta \dot{\boldsymbol{U}} + Q\lambda &= P_{\mathrm{E}} + P \\ Q^{\mathrm{T}} \cdot \Delta \dot{\boldsymbol{U}} &= P_{\lambda}\end{aligned}\right\} \tag{4-109}$$

上式的矩阵形式为

$$\begin{pmatrix} K_{\mathrm{E}} + K_{\mathrm{P}} & Q \\ Q^T & 0 \end{pmatrix} \begin{Bmatrix} \Delta \dot{\boldsymbol{U}} \\ \lambda \end{Bmatrix} = \begin{Bmatrix} P_{\mathrm{E}} + P \\ P_{\lambda} \end{Bmatrix} \tag{4-110}$$

式中

$$P_{\lambda} = -\sum_{e}\int_{V^e} \boldsymbol{C}^{\mathrm{T}}\dot{\boldsymbol{u}}^{e}\mathrm{d}V \tag{4-111}$$

应当注意，拉格朗日乘子法迭代公式（4-110）说明，泛函一阶变分方程仅是 $\dot{\boldsymbol{U}}$ 的非线性方程组，它关于 λ 是线性的，因此在有限元求解时，对 $\dot{\boldsymbol{U}}$ 进行逐步修正计算，而 λ 则伴随求解。与罚函数法一样，节点位移速度向量 $\dot{\boldsymbol{U}}$ 的修正公式为

$$\dot{U}_{n+1} = \dot{U}_{n} + \beta\Delta\dot{U}_{n}$$

4.3.2.3 体积积分公式

在上述的刚塑性有限元基本公式中，大都涉及到单元的体积积分。单元的体积积分公式与单元的形状有关。在实际分析中，由于单元形状的任意性和有限元计算公式中被积函数的复杂性，所以一般都采用数值积分的方法进行体积积分。

对于平面应变问题，设被积函数为 Φ（s，t），单元的体积微分 $\mathrm{d}V = W\mathrm{d}x\mathrm{d}y$，$W$ 为单元厚度（z 向长度尺寸），则二维高斯积分公式为

$$\int_{V^e}\Phi\mathrm{d}V = W\sum_{i}\sum_{j}\Phi(s_i,t_j)\,|J|\,W_iW_j \tag{4-112}$$

式中 $|J|$——由式（4-77）定义的雅可比坐标变换矩阵的行列式；

i，j——高斯积分点；

W_i，W_j——高斯积分点权因子。

利用式（4-111），可得到平面应变问题的各体积积分公式如下：

$$\left.\begin{aligned}
K_{\mathrm{E}} &= \sum_{e} W\left\{\sum_{i}\sum_{j}\frac{1}{\dot{\bar{\varepsilon}}}\left[\bar{\sigma}\boldsymbol{A} + \frac{1}{\dot{\bar{\varepsilon}}}\left(\frac{\partial\bar{\sigma}}{\partial\dot{\bar{\varepsilon}}} - \frac{\bar{\sigma}}{\dot{\bar{\varepsilon}}}\right)bb^{\mathrm{T}}\right]|J|W_iW_j\right\}\\
K_{\alpha} &= \sum_{e} W\alpha\left\{\sum_{i}\sum_{j}\boldsymbol{C}\boldsymbol{C}^{\mathrm{T}}|J|W_iW_j\right\}\\
P_{\mathrm{E}} &= -\sum_{e} W\left\{\sum_{i}\sum_{j}\frac{\bar{\sigma}}{\dot{\bar{\varepsilon}}}\boldsymbol{A}\dot{\boldsymbol{u}}^{e}|J|W_iW_j\right\}\\
P_{\alpha} &= -\sum_{e} W\alpha\left\{\sum_{i}\sum_{j}\boldsymbol{C}\boldsymbol{C}^{\mathrm{T}}\dot{\boldsymbol{u}}^{e}|J|W_iW_j\right\}\\
P_{\lambda} &= -\sum_{e} W\left\{\sum_{i}\sum_{j}\boldsymbol{C}^{\mathrm{T}}\dot{\boldsymbol{u}}^{e}|J|W_iW_j\right\}
\end{aligned}\right\} \tag{4-113}$$

4.3.3 刚塑性有限元分析方法

前面给出的基于变分原理的刚塑性有限元方程，采用牛顿—拉夫森迭代法求解的是塑性加工过程的某一瞬时的解。由于在变形过程中，相对空间坐标而言，塑性区的大小、形状及其内部的场变量（如速度、应力、应变、温度等）一般都随变形过程的进行和时间而变化，是非稳态过程。因此，要实现对整个金属成形过程的模拟，求得变形过程的全解，就需要采用增量变形分析方法。

4.3.3.1 增量变形分析方法

增量变形分析方法，简称增量法，其基本要点如下：

（1）首先把整个塑性成形过程分为若干个增量变形（或增量加载）区间，并假设每个增量变形区间的变形为稳态过程，即在任一增量变形区间内，变形工件的速度场、应变速率场、材料性能以及边界条件等都保持不变。简言之，就是把整个非稳态变形过程近似

地看作若干个稳态变形阶段之和。

（2）设第 m 步增量变形区间表示为 $[t_{m-1}, t_m]$，其增量步长 $\Delta t_m = t_m - t_{m-1}$。采用牛顿—拉夫森迭代法求解出该区间收敛的位移速度场后，利用几何方程求得应变速率场，再由塑性本构方程得到应力场，并同时更新变形工件的构形（节点坐标）、变形分布（应变场）、材料性能和边界条件等，为下一步增量计算作准备。

对于变形体的构形，即有限元网格中各节点的坐标，可以表示为

$$\boldsymbol{x}_m = \boldsymbol{x}_{m-1} + \Delta t_m \dot{\boldsymbol{u}}_m \tag{4-114}$$

式中，$\boldsymbol{x}$ 为任一节点的坐标向量；$\dot{u}$ 为对应节点的位移速度收敛解。

对于变形体的应变场，可以表示为

$$\boldsymbol{\varepsilon}_m = \boldsymbol{\varepsilon}_{m-1} + \Delta t_m \dot{\boldsymbol{\varepsilon}}_m \tag{4-115}$$

式中，$\boldsymbol{\varepsilon}$ 和 $\dot{\boldsymbol{\varepsilon}}$ 分别为有限元网格任一单元的应变和应变速率向量。新的应变场 ε_m 确定后，就可以根据材料的屈服应力公式更新材料性能。

随着工件变形的进行，接触边界会发生以下两方面的变化：一是原来的自由表面节点可能与磨具接触变为接触节点，使得接触表面增大；二是原来的接触节点可能脱离模具而变为自由表面节点，使接触表面减少。在工件边界条件更新时，要考虑到接触边界的这种动态变化，对于第一种情况，可以通过自由节点与模具在空间的相对运动关系确定是否接触模具；对于第二种情况，可以根据节点是否受拉应力进行判定。

（3）对于任一增量变形区间的求解，都以上一增量步计算更新的工件构形作为参考构形，更新的变形分布、材料性能和边界条件等作为计算条件。因而，该增量变形区间的计算结果就是变形过程进行到该区间终了时的总结果。上述过程的不断进行，就可得到变形过程各个阶段以及最终的模拟结果。

可以看出，增量法实际上是以增量近似代替微分，把非稳态的连续变形过程离散成若干个稳态变形阶段来进行模拟分析的。因而，增量步长的大小，将影响到计算结果的精度和求解效率。确定增量步长要综合考虑下面几个因素：

（1）工件自由表面节点与模具接触的最短时间。

（2）应变增量与位移增量满足线性几何关系（小变形条件）所限定的时间步长。

（3）满足计算所需精度的允许最大时间步长。从理论上讲，增量步长应当取上面三个限定值的最小者，然而由于它们往往是事后检测的，因此要给出一个理想的方法非常困难。通常是先根据计算经验大约设定一个平均步长，然后增量变形计算时，再根据自由节点接触模具时间予以确定。

4.3.3.2 分析步骤

利用增量变形分析方法进行刚塑性有限元分析的一般步骤为：

（1）建立有限元模型，包括工件网格划分、材料模型、模具型腔几何信息及其运动和边界条件等各方面信息。

（2）构造或生成初始速度场。采用牛顿—拉夫森迭代法求解刚塑性有限元法的非线性方程组时，需要设定一个初始速度场作为求解的起始点。

构造或生成初始速度场的方法有工程近似法、细化网格法、近似函数法和直接迭代法（也称线性本构关系法）。需要注意的是，初始速度场并不要求十分精确，但是它必须基本符合求解问题的材料塑性流动规律。

（3）根据相关方程计算各单元的刚度矩阵和节点力向量，并进行斜面约束处理。

（4）形成整体刚度矩阵 $\boldsymbol{K}$ 和节点不平衡力向量 $\boldsymbol{R}$，并引入速度约束条件消除整体刚度方程的奇异性。

（5）利用牛顿—拉夫森迭代法解整体刚度方程，得到节点位移速度增量 $\Delta\dot{\boldsymbol{U}}$，修正节点位移速度向量 $\dot{\boldsymbol{U}}$，并检查收敛情况，若收敛转入第 6 步，反之重复步骤（3）~步骤（5）。

非线性方程组迭代收敛的常用判据有以下几种：

1）速度收敛判据

以节点位移速度修正量的相对范数比作为收敛判据，即

$$\frac{\|\Delta\dot{\boldsymbol{U}}\|}{\|\dot{\boldsymbol{U}}\|}\leqslant\delta_1 \tag{4-116}$$

式中，δ_1 为一很小的正数，一般取 $10^4\sim10^6$；$\|\Delta\dot{\boldsymbol{U}}\|$和$\|\dot{\boldsymbol{U}}\|$分别为节点位移速度增量范数和节点位移速度范数，且有

$$\|\Delta\dot{\boldsymbol{U}}\| = \sqrt{(\Delta\dot{\boldsymbol{U}})^{\mathrm{T}}(\Delta\dot{\boldsymbol{U}})}$$

$$\|\dot{\boldsymbol{U}}\| = \sqrt{\dot{\boldsymbol{U}}^{\mathrm{T}}\dot{\boldsymbol{U}}}$$

当式（4－116）成立时，即认为迭代收敛，这时获得的速度场就认为是真实的速度场。

2）平衡收敛判据

以节点不平衡力向量的相对范数作为收敛判据，即

$$\frac{\|R\|}{\|P\|}\leqslant\delta_2 \tag{4-117}$$

式中，δ_2 为一很小的正数，一般取 $10^{-3}\sim10^{-4}$；$\|R\|$和$\|P\|$分别为节点不平衡力向量的范数和节点外加载荷向量的范数。随着迭代次数的增加，速度场趋近于真实解，由它计算出的节点理应与给定的节点载荷相等，即节点力与节点载荷相互平衡，所以当节点不平衡力向量的相对范数满足式（4－117）时，就认为迭代收敛。

3）能量收敛判据

以能量泛函的一阶变分值作为收敛判据（以拉格朗日乘子法为例），即

$$\sqrt{\sum_e\left[\left(\frac{\partial\prod^e}{\partial\dot{U}^e}\right)^2+\left(\frac{\partial\prod^e}{\partial\lambda^e}\right)^2\right]}\leqslant\delta_3 \tag{4-118}$$

式中，δ_3 为一很小的正数，一般取 10^{-4}以下。

真实的速度场使能量泛函的一阶变分为零。所以，在迭代过程中，泛函的一阶变分值变得越来越小，当满足式（4－118）时就认为速度场趋近于真实解。

（6）由几何方程和塑性本构方程求出应变速率和应力场。

（7）确定增量变形时间步长 Δt_{m}，并对工件构形、应变场和材料性能进行更新，同时检查工件接触边界并更新。

（8）若预定变形未完成，则重复步骤（3）~步骤（7），直到变形结束。

本节以最简单的平面应变问题为对象，介绍了刚塑性材料变形问题有限元分析的基本过程和方法，关于轴对称问题、三维空间问题以及热传导问题的有限元分析方法与此类

似，具体的有限元方程和求解过程请参考有关书籍。

复习思考题

1. 在刚塑性有限元法中，如何描述刚塑性体积不可压缩材料和体积可压缩材料的边值问题?
2. 说明马尔克夫变分原理的意义。
3. 说明拉格朗日乘子法和罚函数法不完全广义变分原理的基本内容。
4. 如何获得平面应变问题的整体刚度方程，如何处理工件与模具接触界面上的边界条件?
5. 在应用刚塑性有限元法进行塑性变形模拟分析时，你认为哪些步骤是关键步骤?
6. 利用与平面应变问题相类似的方法，试推导出轴对称问题四节点四边形单元的刚塑性有限元基本公式。

5 凝固微观组织模拟

5.1 概述

凝固是物质从液态向固态转变的相变过程，凝固过程的研究可以从两方面进行，宏观上凝固伴随着传热、传质和动量传输，即三传过程，三传主要与工艺手段发生关系，微观上，凝固则体现为形核与生长，形核与生长决定了合金凝固的微观组织。凝固组织微观模拟（Micro - Modeling），是相对于凝固过程宏观模拟而言，是指在晶粒尺度上对铸件凝固过程进行模拟。

铸件凝固过程晶粒组织的控制是铸造工作者长期致力研究的主题，对不同条件下制备的试样进行金相组织观察，获得组织选择和演化的规律，在实验上需要耗费大量的人力、物力和财力，有时还具有一定的盲目性。对材料凝固过程的微观模拟可以减少实验，结合一定量的实验就可以达到预测凝固组织和推断材料的力学性能，获得主要外部控制参数和凝固组织的定量关系，为凝固组织的控制和改善提供可靠依据。

获得优质铸件，必须控制铸件的凝固进程。早期主要凭经验或实测数据为依据进行铸造工艺设计，控制凝固过程。随着计算机技术的发展出现了计算机数值模拟，这为材料凝固过程的组织选择和控制提供了一个新的研究手段。初期的凝固过程计算机模拟局限在传热过程，20 世纪 60 年代，丹麦的 Forsund 采用有限差分法对铸件凝固过程的传热进行了模拟；之后，通用电气公司的 Hezel 和 Keverian 应用瞬态传热通用程序对汽轮机内缸体铸件进行了数值计算，得到的温度场计算结果与实测结果相当接近。这些尝试的成功，令研究者们认识到计算机模拟技术具有巨大的潜力和广阔的应用前景。

以能量、质量、动量守恒或平衡为基本控制方程，对凝固系统作宏观尺度上的描述，为凝固过程的宏观模拟。凝固过程宏观模拟包括温度场、溶质场的模拟，宏观数值模拟发展了很多数值方法，比如有限元法、有限差分法以及派生出来的交替显/隐式差分法等，发展较为成熟。进行凝固过程宏观模拟的目的是对铸件的温度场、流速场和应力场等进行计算，从而预测铸件的宏观缺陷，如缩松、缩孔、宏观偏析、热裂等。但是运用处理相变的简化模型来进行热流计算不能预测微观结构各项参数，例如晶粒尺寸、枝晶间距、各相的体积分数和组织的形态，而这些结构参数是控制铸件内在质量和性能的重要因素。为了预测铸件的性能和质量，多采用经验和实验相结合的方法。但是，由于凝固过程比较复杂，这些方法是相当受限的，几乎不能扩展到其他凝固条件，而且这些方法无法说明凝固的基本机制。而在微观结构形成中要同时考虑形核、生长动力学、溶质扩散和晶粒相互作用与热扩散等。由于这些原因，利用数值技术和考虑了微观组织形成机制的凝固模型变得尤为重要。

5.1.1 凝固组织的模拟尺度分类

凝固组织的模拟技术在最近几十年得到了迅速的发展，根据模拟对象的特征尺度（如图 5－1 所示），现有的模拟方法可划分为：

（1）宏观尺度组织数值模拟。宏观尺度的大小约为毫米到米的数量级。在宏观尺度上，主要应用有限元、有限差分等方法来求解凝固过程中的传热以及流动方程，模拟铸件的传热、充型流动及热应力等现象，预测缩孔、缩松、宏观偏析、裂纹等缺陷的形成。

（2）介观尺度组织数值模拟。介观尺度的大小为 10～1000μm 数量级。研究对象主要涉及固相分数的演化，多晶组织的尺度、结构和微观偏析的预测。

（3）微观尺度组织数值模拟。微观尺度的大小为 0.1～10μm 数量级。在微观尺度上的凝固组织模拟以晶粒为研究对象，从热力学和动力学两方面对组织的形成机理进行研究，主要是模拟多个晶粒组织及单个晶粒内部的枝晶形貌，例如枝晶尖端、一次和二次枝晶臂，以及多相组织等。

（4）纳观尺度组织数值模拟。纳观尺度也叫原子尺度，大小为 1～100nm 数量级，主要研究固液界面原子的扩散。凝固过程涉及多个尺度之间的耦合过程，各个尺度上的量化模拟是最终实现整体凝固模拟的基础。譬如凝固过程中宏观尺度上的糊状区包含了介观尺度上的柱状晶和等轴晶组织，而这些组织又包含了若干微观尺度特征。对这样一个涉及多尺度特征的问题，应依据每个尺度的差异选择不同的数值模拟方法。凝固组织相邻尺度之间不存在明确的界限，这里所采用的是一种较为概括的区分方法。

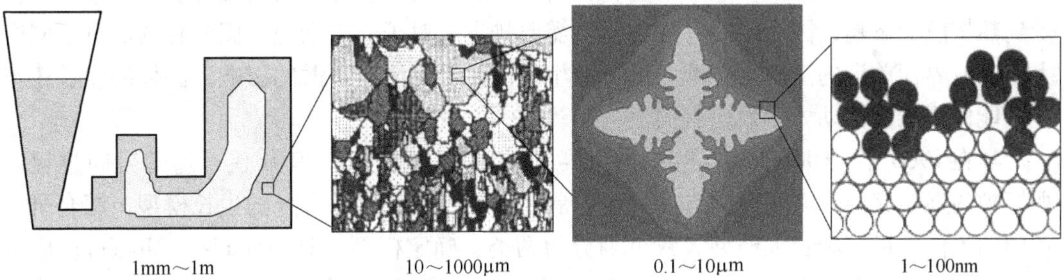

图 5－1 凝固过程数值模拟的多尺度分类

5.1.2 凝固微观组织模拟的方法

凝固微观上体现为形核与生长，凝固过程微观模拟主要指对晶粒的形核和生长、凝固组织形态进行数值模拟。形核从热力学角度来看首先需要一定的过冷，保证固相的自由能小于液相的自由能，在这种条件下，液相中将会形成一些晶胚，只有大于临界形核半径的晶胚才能作为一个晶核稳定存在。将形核率定义为单位时间内在单位体积的液相中形成的晶核数目，根据经典形核理论，形核率为

$$I = I_0 \exp\left(-\frac{\Delta G_d + \Delta G_n^*}{k_b T}\right) \tag{5-1}$$

式中，I 为形核率；I_0 为指数项前的因子；可以近似看成常数；ΔG_d 为原子跃过固液界面的扩散激活能；ΔG_n^* 为临界形核自由能；k_b 为 Boltzman 常数；T 为温度。

根据形核机理的不同可以分为均质形核和异质形核。均质形核时液相中的原子集团自

已逐渐长大而形成晶核，这种情况很少见。非均质形核时，液相中的原子集团依附在已有的基底表面形核，基底可能是液相内部的外来质点或者铸型型壁。实际凝固过程中，非均质形核的基底的数量和类型受到各种因素的影响，所以很难有一个准确的形核理论模型。实际应用中，根据形核率随过冷度的变化情况，大致可以将形核模型分为瞬时形核和连续形核。如图5－2所示，连续形核假定晶核数目随过冷度的变化而保持连续变化；瞬时形核假定所有核心都在达到形核温度后形成，此后不再变化。

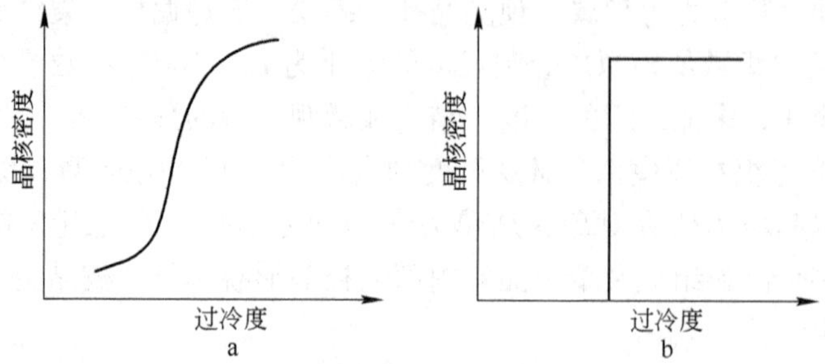

图5－2 两种形核模型过冷度和晶核密度的曲线
a—连续形核；b—瞬时形核

晶体的生长在原子的尺度上意味着原子在固液界面上不断堆积。固液界面根据微观结构不同，可以划分为粗糙界面和光滑界面，晶体以连续生长、二位台阶生长、螺型位错生长等机制长大。另一方面，晶体的生长在宏观上表现为固液界面向前推进。这个推进过程受到热扩散的影响，因为结晶释放的潜热需要排出。对于合金来说，固液相的成分不同产生了固液界面前沿的溶质再分配，晶体的生长因此受到溶质扩散的影响，晶体的生长还与界面能作用和界面动力学效应有关。

早在1966年，Oldfield就尝试对铸件凝固组织进行模拟；80年代，随着凝固过程宏观模拟的逐渐完善，微观模拟方面，也发展了等轴枝晶和共晶合金的生长模型。综合研究者们的工作，形核和长大模型大致可划分为两类：确定模型（Deterministic Model）；概率模型又称为随机性模型（Probabilistic Model）。确定模型是指给定时刻，一定体积熔体内晶粒的形核密度和生长速率是确定的函数（比如说是过冷度的函数）。概率模型则是指主要采用概率方法来研究晶粒的形核和长大，包括形核位置的随机分布和晶粒取向的随机选择。

针对凝固微观组织的数值模型，对当前的几种模拟方法：前沿跟踪法、确定性方法、蒙特卡罗方法（Monte Carlo Method，MC）和元胞自动机方法（Cellular Automaton Method，CA）以及相场法进行介绍。

5.1.2.1 前沿跟踪法

前沿跟踪法是将固相和液相中的热量、质量传输方程与固液界面上的能量守恒方程和Gibbs－Thomson方程联立，可以用多种数值方法直接求解凝固组织的尖锐界面模型。在自由生长方面，Schmidt分别使用体网格计算宏观温度场，曲面网格跟踪固液界面，对三维自由枝晶生长形态进行了模拟计算，图5－3显示了Schmidt模拟的三维结果。在定向凝固方面，Hunt和Lu通过考虑时间相关的非稳态溶质扩散场，进一步发展了前沿跟踪模型，采用 Gibbs - Thomson 方程在界面上将温度场和溶质场进行了耦合，获得了自洽的胞/枝晶界面形状，如图 5 -4 所示。他们发现，对于给定的外界控制条件，在一定间距范围内都存在胞/枝晶扩散解。模型通过分析不同间距相邻胞枝晶之间溶质扩散场的相互作用，确定了胞/枝晶尖端过冷度以及一次间距的分布范围。林鑫则在 Hunt - Lu 模型的基础上，充分考虑浓度场、温度场、界面张力效应和动力学效应的耦合作用过程下，建立了一个适用于定向凝固界面形态演化的准三维自洽模型。该模型包括了尖端过冷度，尖端半径和一次间距等主要的形态参数和胞/枝晶浓度场等相关信息，适用于从低速平界面到绝对稳定性平界面之间的凝固速度范围。

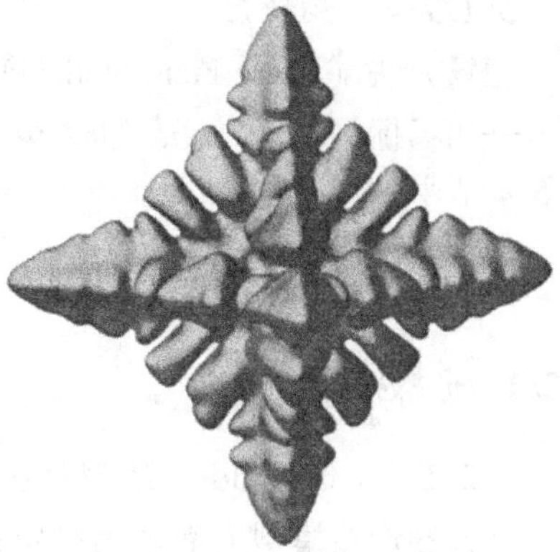

图 5 -3 Schmidt 使用前沿跟踪法模拟的三维枝晶形貌

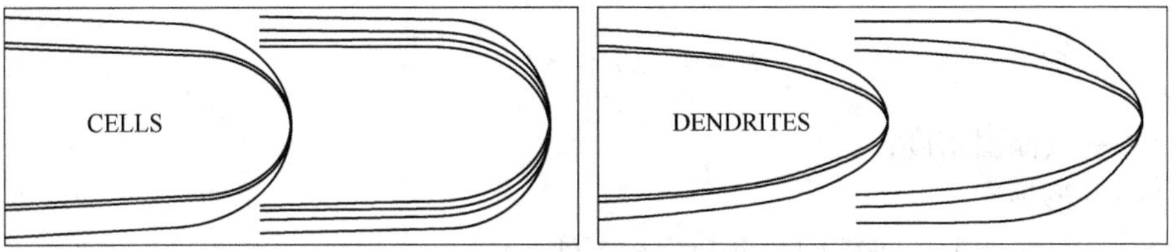

图 5 -4 Hunt - Lu 模型计算的胞/枝晶形貌

前沿跟踪法原理简单，但是求解过程中需要跟踪不断移动的固液界面，计算方法非常繁琐，难以处理枝晶生长中的枝晶分支、合并等复杂的界面形貌演化。

5.1.2.2 确定性模拟方法

最初的形核和长大模型大都采用确定模型，作为最早发展起来的微观组织模拟方法，确定性模拟的基本思路是：将凝固过程中液相形核的晶粒密度作为过冷度的函数，形核后晶粒长大速度与界面运动速度相等。通常采用的形核模型包括 Oldfield 连续形核模型，Hunt 的瞬态形核模型以及 Rappaz 的准连续形核模型；晶粒长大模型包括 Oldfield 的共晶合金晶粒长大模型、Rappaz 的枝晶长大速率模型、Liption 的等轴枝晶生长 LGK 模型以及 Kurz 等提出的快速凝固定向枝晶生长动力学 KGT 模型，在 5.2 节中进行介绍。

5.1.2.3 概率模拟方法

20 世纪 80 年代末，晶体生长的概率模型逐渐兴起，代表性的有蒙特卡罗方法。90 年代瑞士洛桑工学院的 Rappaz 等综合了确定模型和概率模型，提出了元胞自动机模型，之后，Rappaz 等又结合宏观有限元（FE）热流计算和微观元胞自动机（CA）模型，把宏观和微观计算结合起来，提出了 FE - CA 耦合算法模型。应该指出，宏观模拟和微观模拟之间并不是完全独立的，许多微观组织参数与宏观温度场有直接关系。确定性方法和随机性（概率）方法在实际应用中通常相互结合。例如，元胞自动机方法的生长动力学和转变规则是确定性的，而在处理多个晶粒的形核以及晶粒取向时则采用随机性方法。针对蒙特卡罗和元胞自动机法，在 5.3 节进行介绍。

5.1.2.4 相场法

相场方法（Phase Field Method）是直接微观组织模拟的研究方法，相场方法引入新变量——相场标量 $\Phi(r, t)$，通过 Φ 来区分固相和液相，跟踪两相热力学状态的变化，将在5.4节中进行介绍。

5.2 确定性模拟方法

5.2.1 形核模型

5.2.1.1 Oldfield 连续形核模型

最初的形核模型大都采用确定模型，确定模型是在传统凝固动力学基础上发展起来的，随着计算机技术的飞速发展，确定模型最先被应用于铸件凝固组织模拟。1966 年，Oldfield 尝试对铸件凝固组织进行模拟，通过模拟灰铸铁共晶生长提出了连续形核模型，认为形核是连续变化的，形核数与过冷度的 n 次方成正比。

$$N = A(\Delta T)^n \tag{5-2}$$

$$\dot{N} = \frac{\mathrm{d}N}{\mathrm{d}t} = nA(\Delta T)^{n-1}\frac{\mathrm{d}T}{\mathrm{d}t} \tag{5-3}$$

式中 N——共晶团密度；

$\dot{N}$——形核率；

A——常数，取决于凝固合金和冷却条件；

ΔT——形核过冷度。

该模型同时考虑了形核过冷及冷却速度对形核的影响，反映了形核全过程，可预测晶粒尺寸的连续分布。提出了在铸件凝固过程宏观温度场模拟的基础上将传热方程中的热源项表示成形核和生长速率的函数，从而能模拟铸件凝固组织形成过程的基本思想。

5.2.1.2 Hunt 瞬时形核模型

Hunt 在 20 世纪 80 年代初，提出了瞬时形核模型

$$\dot{N} = \frac{\mathrm{d}n}{\mathrm{d}t} = K_1(n_0 - n_t)\exp\left[-\frac{K_2}{(\Delta T)^2 T}\right] \tag{5-4}$$

式中，n_0 为初始形核质点密度；n_t 为 t 时刻晶粒和形核质点密度；K_1 为正比于熔体原子与形核质点碰撞频率的常数；K_2 为与晶核、形核质点和液体界面能相关的常数。

该模型依据非均质形核基本理论，考虑了熔体中初始形核质点随着形核过程的进行逐渐减少的事实，此外可以看到，形核率与过冷度呈指数关系，表明形核存在一个临界值（形核临界过冷度），过冷度低于这个临界值，几乎不发生形核，一旦过冷度超过临界值就迅速形核，并在瞬间完成全部的形核过程。该模型便于计算模拟过程中的固相率 f_s，但不能准确预测晶粒度。

5.2.1.3 Rappaz 形核模型

Rappaz 等人在 20 世纪 80 年代末利用概率方法，提出了基于高斯分布的准瞬时形核理论，认为形核是一个渐进的过程，而不是完全的瞬时突发过程。该模型认为形核率的变化与过冷度之间满足概率分布，而不再是间断的分布。形核行为发生在一系列连续分布（如高斯分布）的形核位置上。对于给定过冷度 ΔT，晶粒密度可由分布曲线的积分给出，

如图5-5所示，在某一过冷度ΔT时晶核密度由分布曲线从过冷为0到ΔT_1的积分得到，并随即转换为晶核密度分布曲线上的n_1。这样，在每个时间步长上晶核密度可随过冷度不断变化。当达到冷却曲线中的最低值，即当开始发生再辉时，其最终形核密度为n_2。

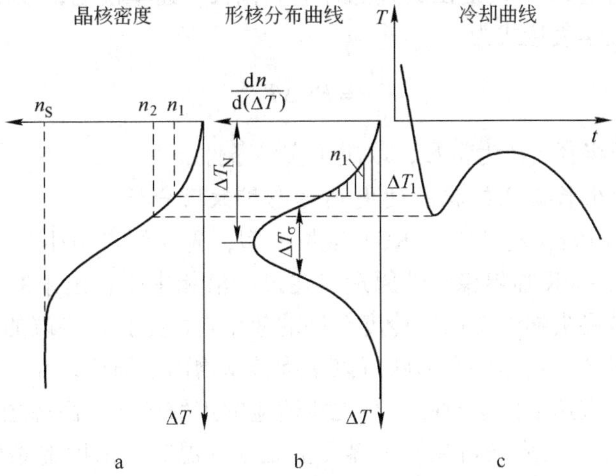

图5-5 Rappaz形核模型

a—晶核密度和过冷度关系曲线；b—形核分布曲线；c—冷却曲线

根据晶粒数呈分布曲线的类型，还可确定高斯正态分布曲线的中心值过冷度ΔT_N（这与分布曲线上的峰值相对应），高斯正态分布曲线的标准方差过冷度ΔT_σ，以及最大晶核密度（将分布曲线的过冷度为0至无穷大积分）。形核参数ΔT_N和ΔT_σ可由DTA实验获得。

对于给定的过冷度ΔT，Rappaz形核模型晶粒密度可以由积分给出

$$n(\Delta T) = \int_0^{\Delta T} \frac{dn}{d(\Delta t)} d\Delta T \tag{5-5}$$

$$\frac{dn}{d(\Delta T)} = \frac{n_S}{\sqrt{2\pi}\Delta T_\sigma} \cdot \exp\left[-\frac{1}{2}\left(\frac{\Delta T - \Delta T_N}{\Delta T_\sigma}\right)^2\right] \tag{5-6}$$

式中，$n(\Delta T)$为过冷度ΔT时的晶核密度；n_S为总的初始形核质点密度；ΔT_N和ΔT_σ分别为$dn/d(\Delta T)-\Delta T$正态分布曲线中心的过冷度和标准差。

根据Rappaz模型，$dn/d(\Delta T)$相对于ΔT呈正态分布：

当$\Delta T < \Delta T_N$时，$dn/d(\Delta T)$随ΔT的增大非线性迅速增大；

当$\Delta T > \Delta T_N$时，$dn/d(\Delta T)$随ΔT的增大非线性急剧减小；

当$\Delta T = \Delta T_N$时，$dn/d(\Delta T)$达到最大值。

一定过冷度的晶核（累积）密度$n(\Delta T)$为$dn/d(\Delta T)$在0—ΔT区域的定积分值，即正态曲线在0—ΔT区间所包含的面积。因此$n(\Delta T)$随ΔT的增大以慢→快→慢的速度持续增大。ΔT足够大时，晶核密度可最终达到总的初始形核质点密度n_S。实际凝固条件下所能达到的过冷度远小于n_S所对应的过冷度值，且在凝固过程中由于结晶潜热的释放及晶体生长所导致的晶核重熔和并聚现象，晶核密度远小于n_S。

5.2.2　生长模型

5.2.2.1　Oldfield 晶粒长大模型

Oldfield 在 20 世纪 60 年代提出的共晶合金晶粒长大速率模型，该模型得到 Kurz 等人的理论研究支持，数学表达式为：

$$\frac{\mathrm{d}R}{\mathrm{d}t}=B(\Delta T)^2 \tag{5-7}$$

式中，R 为晶粒生长半径；B 为常数，取决于实验条件。

5.2.2.2　自由生长孤立针状晶的尖端稳态扩散场分析

为了介绍以下的 Rappaz、LGK、KGT 生长模型，先介绍自由生长孤立针状晶的尖端稳态扩散场分析和 L－MK 临界稳定性原理。在过冷液相中生长出来的枝晶，没有相邻晶轴扩散场的影响，枝晶尖端能够以过冷度允许的速率自由生长，尖端的形态和扩散场是在相互耦合中自由形成的。枝晶尖端形状可以用旋转抛物面来描述，在一定的过冷度下枝晶尖端以稳速生长。尖端速度恒定意味着与之相适应的扩散场处于稳态之中，因而扩散方程必定有稳态解。Ivantsov 首先获得在假定界面上处处等温或等浓度的条件下，抛物枝晶尖端的稳态扩散解，其结果为：

$$\Omega=I(P)\equiv P\exp(P)E_1(P) \tag{5-8}$$

其中

$$E_1(P)=\int_P^{\infty}\frac{\exp(-z)}{z}\mathrm{d}z \tag{5-9}$$

式中，z 为与运动界面相连的轴向坐标，其正向与生长方向一致；无量纲 Peclet 数$P=vR/2D$；v 为生长速度；R 为尖端半径；D 为扩散系数，对于纯物质过冷熔体生长，$D=D_t$；D_t 为热扩散系数，而对于过饱和溶液中传质过程控制的枝晶生长，$D=D_L$，D_L 为溶质扩散系数。Ω 对于纯物质过冷熔体生长是无量纲过冷度 Ω_t，

$$\Omega_t=\frac{\Delta T}{\Delta H/c_p}=\frac{T^*-T_\infty}{\Delta H/c_p} \tag{5-10}$$

式中，T^* 是界面温度，T_∞ 是远离枝晶尖端的熔体温度，c_p 是定压热容，$\Delta H/c_p$ 称为单位过冷度。

对于过饱和溶液生长，Ω 是无量纲过饱和度 Ω_c，

$$\Omega_c=\frac{C_L^*-C_\infty}{C_L^*(1-k)} \tag{5-11}$$

式中，C_L^* 为界面上液相成分；C_∞ 为远离枝晶尖端的溶液平均成分；k 为溶质平均分配系数。

可见，只要对 Ω 和 D 作不同的解释，式（5－8）对纯热扩散或纯溶质扩散过程都是适用的。式（5－8）称作枝晶尖端扩散场的 Ivantsov 解，而 $I(P)$ 称作 Ivantsov 函数。

等温枝晶的稳态扩散解，它们都给出了在稳态生长条件下作为枝晶生长驱动力的过冷度或过饱和度与 Peclet 数之间的关系。这些工作存在两方面的问题：一是弯曲的生长界面上不可能是等温的或等浓度的；二是它们只给出了 Ω 与 vR 乘积之间的关系，不能在给定的 Ω 下单值确定 v 和 R，这就在实际上还没有完全解决问题。以后一段时期之内这方面的

工作主要是针对如何把界面张力的影响引入针状晶的稳态扩散解中，并希望由此能够单值地确定 v 和 R。

为了单值确定 R 和 v，还需要另一个新的制约关系。最方便的办法就是假定枝晶尖端以过冷度所容许的最大速度生长，最大速度假设被普遍接受，因为虽然没有特别的根据说明这种假设的合理性，但人们接受起来感到自然，1977 年，Langer 和 Muller - Krumbhaar 提出了一个尖端稳定性判据来取代最大速度假设，其形式是

$$\frac{l_c l_s}{R^2} \equiv \sigma = \sigma^* \tag{5-12}$$

其中 $\sigma^* = 0.025 \pm 0.007$，从而

$$\frac{l_c l_s}{R^2} \approx \frac{1}{4\pi^2} \tag{5-13}$$

或

$$R = 2\pi\sqrt{l_c l_s} \tag{5-14}$$

式中，毛细长度 $l_c = \dfrac{\Gamma}{\Delta T_0 k}$，溶质扩散长度 $l_s = \dfrac{2D_L}{\nu}$。L - MK 临界稳定性原理成为枝晶生长中除扩散制约外的另一个制约关系。

5.2.2.3 Rappaz 枝晶长大速率模型

Rappaz 和 Theovz 发展了更详细的等轴枝晶凝固的溶质扩散模型，如图 5 - 6 所示。做出如下假定：(1) 枝晶间溶质完全混合，(2) 固相内无扩散，(3) 晶粒外围的溶质扩散发生在一个球体扩散层内，(4) 球形晶粒同时满足热平衡和溶质平衡，(5) 晶粒生长速度由枝晶尖端生长动力学方程给出。

他们采用显式有限差分法计算浓度场、冷却曲线和固相分数。等轴枝晶长大过程中，将球状枝晶内的固相率 f_i（将等轴枝晶看作由枝晶尖端所构成的球体）表示成溶质过饱和度 Ω 与 Peclet 数的函数 $f(P)$ 的乘积，即 $f_i = \Omega f(P)$，并在 Kurz 等人的工作基础上，推导出枝晶长大速率 $\dfrac{dR_g}{dt}$ 的计算式

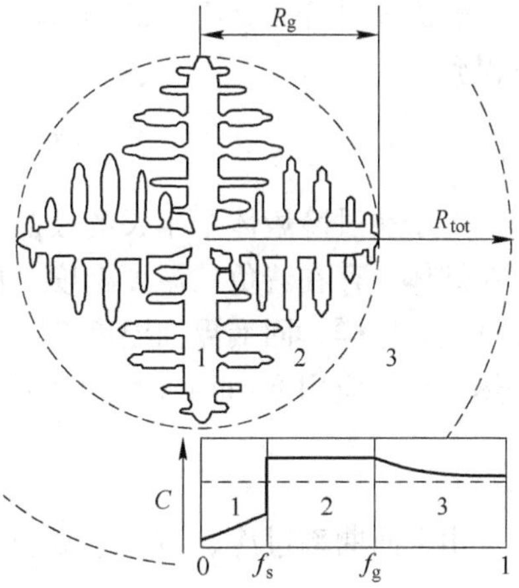

图 5 - 6 Rappaz 等轴枝晶溶质模型示意图

$$\frac{dR_g}{dt} = \frac{DmC_0}{\pi^2 \Gamma (k-1)} \left(\frac{C_L^* - C_R}{C_0} \right)^2 \tag{5-15}$$

式中 R_g——生长中晶粒外壳的半径；

m——合金液相线斜率；

C_0——球形扩散层（R_L）外液相中溶质浓度；

C_L^*——液固界面（R_s）处的液相中溶质浓度；

C_R——球形晶粒（R_g）内液相中平均溶质浓度；

Γ——Gibbs - Thomson 系数。

5.2.2.4 等轴枝晶生长 LGK 模型

对于在过冷熔体中生长的枝晶，其尖端的温度和成分如图 5－7 所示。熔体总过冷由三项组成，其中 ΔT_r 为曲率过冷，是由于枝晶生长界面的曲率引起平衡液相线温度的改变造成的过冷。根据 Gibbs－Thomson 关系，$\Delta T_r = \dfrac{2\Gamma}{R}$。

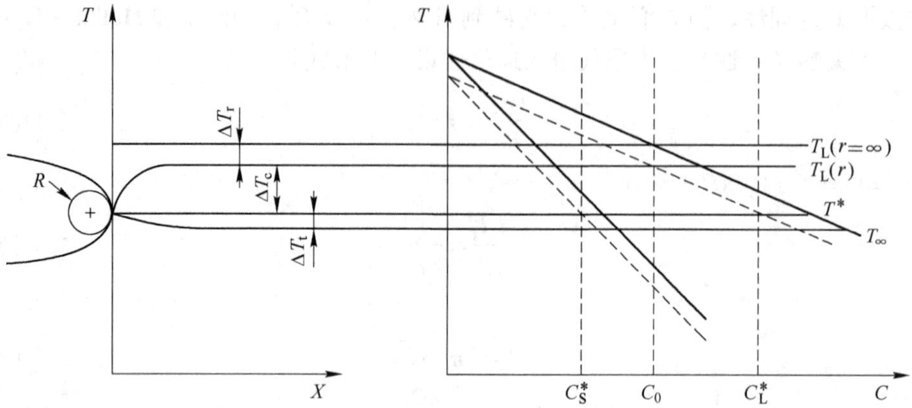

图 5－7 过冷熔体中自由生长的枝晶尖端过冷

若成分过冷为 ΔT_c，$\Delta T_c = m(C_0 - C_L^*)$，式中 C_0 为合金平均成分。应用 Ivantsov 解可以得到

$$\Delta T_c = mC_0\left[1 - \frac{1}{1-(1-k)I(P)}\right]$$

对于在过冷熔体中生长的枝晶，由于生长中释放的潜热只能通过周围的熔体排走，因此在熔体中存在着负的温度梯度，使潜热不断地排放到前方的熔体中去，并通过远处的熔体排走。这样，固液界面温度 T^* 和远离界面的液相远场温度 T_∞ 之间还存在着温差，这就是热过冷。应用 Invanstov 解可以得到热过冷 ΔT_t 为：

$$\Delta T_t = \frac{L}{c_p}I(P)$$

由上面曲率过冷、溶质过冷和热过冷可以得到枝晶尖端的总过冷：

$$\Delta T = \frac{2\Gamma}{R} + mC_0\left[1 - \frac{1}{1-(1-k)I(P)}\right] + \frac{L}{c_p}I(P) \tag{5-16}$$

根据 L－MK 临界稳定性原理，枝晶尖端半径 R 为

$$R = \sqrt{\frac{\Gamma}{\sigma^*(mG_C\xi_C - G)}} \tag{5-17}$$

式中的 $\sigma^* = \dfrac{1}{4\pi^2}$。

考虑尖端的溶质平衡和热平衡，假设固相和液相的导热系数相同，可以得到

$$R = \frac{\Gamma}{\sigma^*\left[\dfrac{PL}{c_p} - \dfrac{2PmC_0(1-k_0)}{1-(1-k_0)I(P)}\right]} \tag{5-18}$$

在给定的总过冷度下，由式（5－16）和式（5－18）可以唯一求得枝晶尖端生长速度和尖端半径。这一过冷熔体中的自由晶生长模型最早由 Lipton 等人提出，称为 LGK

模型。

5.2.2.5 快速凝固定向枝晶生长动力学 KGT 模型

Kurz 等人对于枝晶在定向条件下的生长行为进行了研究，也是将 L－MK 临界稳定性准则应用于枝晶尖端稳态扩散场的 Ivantsov 解，他们考虑了扩散系数的温度效应和分配系数的速度效应，因而可以描述快速定向枝晶生长，这个模型简称 KGT 模型。从 KGT 模型可以得到

$$V^2\left(\frac{\pi^2\Gamma}{P^2D^2}\right)+\frac{mC_0(1-k_0)}{D[1-(1-k)I(P)]}+G=0 \tag{5-19}$$

对于定向凝固，枝晶尖端过冷度为

$$\Delta T=\Delta T_k+\Delta T_R+\Delta T_c=\frac{V}{\mu}+\frac{2\Gamma}{R}+mC_0\left[1-\frac{1}{1-(1-k)I(P)}\right] \tag{5-20}$$

式中，ΔT_k 为动力学过冷度；μ 为动力学系数。

确定性模拟以凝固动力学为基础，理论明确，符合晶粒生长物理背景，具有实际意义。但正由于它的确定性，这类方法忽略了晶粒形核和生长过程中的一些随机过程，如随机形核分布，随机晶向生长等，还不能得到比较直观的晶粒组织图像，相同的初始条件会得到同样结果。晶粒生长确定模型一般用于形核率、固相分数和枝晶尖端长大速度等的原始计算。

5.3 概率模拟方法

凝固过程中主要存在传热和传质两个过程，传质过程是一个随机过程。另外，晶粒生长时能量和结构起伏也是一个随机过程，因此，采用概率方法来研究微观组织的形成过程更能接近实际。概率方法是部分或整体具有随机性的方法。概率模型是指主要采用概率方法来研究晶粒的形核和长大，概率模型能够再现凝固过程中每个晶粒的形貌和尺寸，可以考察包括形核位置的随机分布、随机晶粒取向以及凝固传输过程中能量和物质的随机起伏。目前，应用于晶粒生长的概率模型主要有蒙特卡罗法和元胞自动机法等。

概率方法借助于计算机作随机取样，根据问题的数学特征将一个确定性问题化为一个随机性问题，建立一个概率模型，并使它的参数与问题的解有关，然后通过计算机对模型作大量的随机取样，最后对取样结果作适当的平均而求得问题的近似解。概率模型的计算过程需要以下步骤：将区域分割成规则的胞网状；每个胞赋予一个变量和状态；每个胞按照一定的规则和相邻的胞相互作用；定义转变规则，控制凝固过程中每个胞可能的状态和变量。

5.3.1 蒙特卡罗方法

1946 年二战期间，物理学家 Von Neumen 和 Ulam 为了研制原子弹，在计算上用随机抽样方法模拟了裂变物质的中子连锁反应，他们把这种方法称为蒙特卡罗法。蒙特卡罗是摩纳哥世界闻名的赌城，用赌城的名字比喻随机模拟方法，风趣而贴切，这种称呼流传下来。蒙特卡罗法也称随机模拟法或统计实验法，它以概率统计理论为主要理论，以随机抽样为其主要手段。该方法主要依赖金属凝固的热力学原理。

5.3.1.1 蒙特卡罗法的基本思想

MC 法来源及发展始于 20 世纪 40 年代，但该法的特征可追溯到 18 世纪后半叶法国人

浦丰（Buffon）于1777年提出的用投针实验求圆周率 π 问题。

向平面内间距均为 a 的平行线内，随机投掷一枚长为 l（$l<a$）的针。试求此针与这一组平行线相交的概率 p。针的位置可由中点 A 与最近一平行线的距离 x 及针与平行线的夹角 Φ 确定，见图5－8。随机投针的概率含义为：针的中点 A 与平行线的距离 x 均匀分布在［0，$a/2$］区间内，夹角 Φ 均匀分布在[0，π]区间内，且 x 与 Φ 是相互独立的。显然针与平行线相交的充要条件为：

$$x \leqslant \frac{l\sin\Phi}{2} \tag{5-21}$$

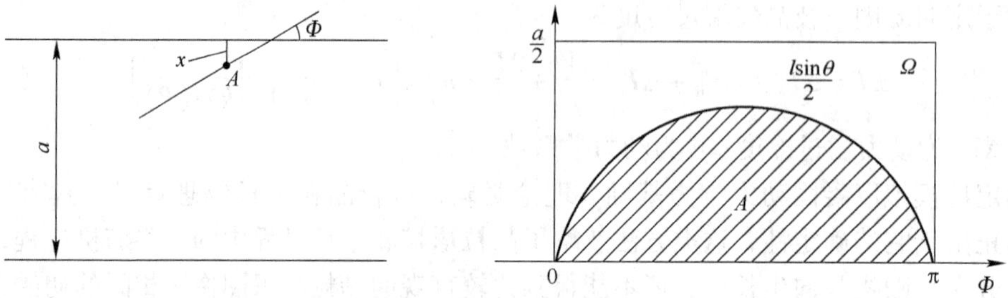

图5－8 随机投针试验

因此相交的概率为：

$$p = P\left\{X \leqslant \frac{l\sin\Phi}{2}\right\} = \frac{2}{a\pi}\int_0^{\pi}\left(\int_0^{\frac{l\sin\Phi}{2}} \mathrm{d}x\right)\mathrm{d}\Phi = \frac{2l}{\pi a} \tag{5-22}$$

相交的概率 p 是曲线 $x=\frac{l\sin\Phi}{2}$ 下的面积与矩形面积之比。利用 $p=\frac{2l}{\pi a}$，可以用投针实验可求出 π 值。说明随机投针 N 次，其中 M 次针线相交。当 N 充分大时，可用频率 M/N 作为概率 p 的估计值，从而求得 π 的估计值为

$$\pi = \frac{2lN}{am} \tag{5-23}$$

由浦丰问题可以看出，蒙特卡罗法的基本思想是：当所要求解的问题是某种事件出现的概率，或者是某个随机变量的期望值时，可以通过某种“试验”的方法，得到这种事件的概率，或者是这个随机变量的平均值，并用它做为问题的解。

应用 MC 的步骤是：

（1）建立一个随机模型；

（2）制造一系列随机数用以模拟这个过程；

（3）作统计性处理。

5.3.1.2 蒙特卡罗法在微观组织模拟中的应用

实际晶体形核是随机的，取决于形核处的热力学条件（温度、浓度和熔点等），生核后可能继续长大，也可能消失，有随机性或偶然性。

用蒙特卡罗法可模拟原子形核长大的过程。在模拟计算区内，可随机生成三角形晶格。按照动力学条件计算该处生核的可能性，可能性大就生核，可能性小就消失，重复这一过程。有些晶格留下来生成晶核，且六个晶格聚集在一起形成晶胞，如图5－9所

示。图5-9中d、e、f情况中心的晶胞凝固成为可能。

在晶核生长过程中，它将逐步向周围的液相微单元延伸，当所有的周围单元均成为固相，或原始单元的温度降至固相线温度 T_s 时，晶粒的生长停止，被捕获的微单元均由液相变为固相，但同时保持着与原始微单元相同的结晶取向。当柱状晶前沿的固相率或等轴晶半径大于临界值时，则柱状晶生长停止。

MC法模拟晶粒生长是建立在界面能最小原理基础上的。模拟过程是：

（1）将用于进行宏观传热与传质计算的每个网格，再细分为众多微单元，取微单元的初始尺寸等于活性衬底质点的半径，约为1～2μm。将微观结构映射到离散的三角形或四边形网格单元上，每一个网格单元被初始化为1（表示液相）。

（2）凝固开始时，如某网格的温度高于液相线温度 T_L，则形核概率为0，即 $P_n=0$。一旦网格温度低于 T_L，则在某一过冷度 ΔT 下，开始形核，形核数是 Δn，Δn 可用确定性方法给出的形核模型求出。这些新晶粒位置的选取，是根据在一时间步长内网格单元形核的概率来随机决定的。

（3）随机抽样选取单元（x，y，$t+\Delta t$），计算形核概率 P_n（x，y，$t+\Delta t$），并据此判断该单元形核可能性为

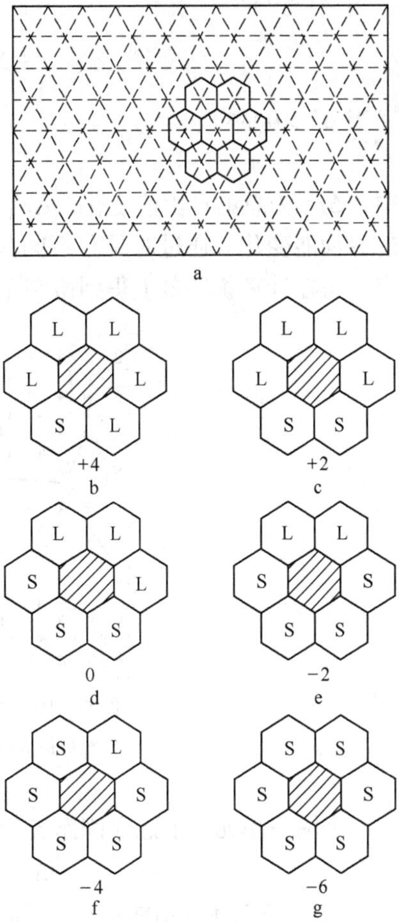

图5-9 MC法随机形核生长示意图

$$P_n(x,y,t+\Delta t)=\Delta N\cdot V_m \tag{5-24}$$

式中 ΔN——t 到 $t+\Delta t$ 时刻内单位体积熔体形核数目，其值可由确定性方法中的连续形核模型求出；

V_m——每个网格单元的体积，对于三角形网格，$V_m=\frac{\sqrt{3}}{2}\cdot L^2\cdot\delta$，其中 L 为边长，δ 为网格厚度。

（4）将 $P_n(x$，y，$t+\Delta t)$ 与一个随机数发生器 n（$0\leqslant n\leqslant 1$）作比较，若 $P_n(x$，y，$t+\Delta t)>n$，则该单元形核凝固，随机赋予一个从1到 Q 的标识晶向的整数值（Q 为可取的晶向数，宜取较大的值，以避免碰撞问题），以表示其晶向。对具有不同晶向值的相邻单元，按照界面能最小原理依附长大，如图5-10所示。

（5）液体金属中发生形核后，晶体不断长大，一方面使系统的体积自由能降低，即 ΔF_V 为负值；另一方面固液界面出现，增加了界面能 ΔF_S。根据概率生长模型，可计算网格单元（x，y）在 t 时刻的生长概率，其长大概率 $P_g(x$，y，$t+\Delta t)$ 为

$$P_g(x,y,t+\Delta t)=0 \tag{5-25}$$

当 $\Delta T \leqslant 0$ 时

$$P_g(x,y,t+\Delta t) = \exp\left[\frac{-\Delta F_g(x,y,t+\Delta t)}{k_b T}\right] \tag{5-26}$$

当 $\Delta T > 0$ 时

$$\Delta F_g = \Delta F_V + \Delta F_S \tag{5-27}$$

式中，ΔF_g 为总的自由能变化；ΔF_V 为过冷度决定的体积自由能变化；ΔF_S 为不同界面造成的界面能变化。通过对具有不同晶向值的两个相邻区域的边界单元（晶界）进行颜色填充，可在计算机屏幕上得到微观组织图像。

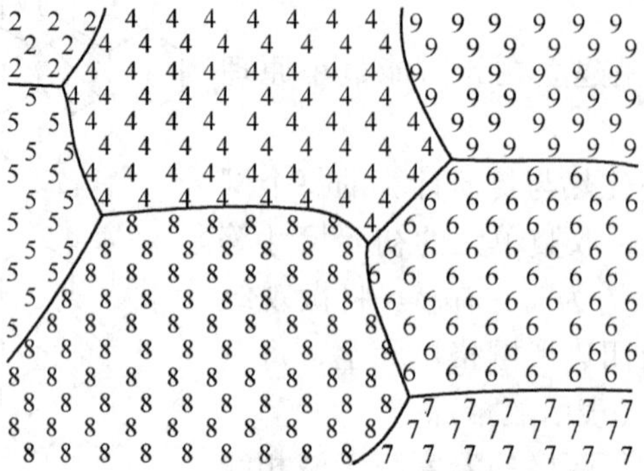

图 5－10　基于三角形网格的模拟微观组织
（整数值表示晶体结晶学取向，实线表示晶界）

一个网格单元由液态向固态转变的总的自由能的变化 ΔF_g 由两部分组成。由于

$$\Delta F_V = F_L - F_S = \Delta H - T\Delta S \tag{5-28}$$

式中，F_L 为液态体自由能；F_S 为固态体自由能；熔化热 $\Delta H = L$；熔化熵 $\Delta S = L/T_m$，可计算出体自由能

$$\Delta F_V = \Delta T(x,y,t) V_m L/T_m \tag{5-29}$$

式中，金属熔点 $T_m = 933 + mC(x,\ y)$，m 为该合金的液相线斜率；$C(x,\ y)$ 为点 $(x,\ y)$ 的当前浓度；V_m 为网格单元体积，$\Delta T(x,\ y,\ t)$ 为时刻 t 时的过冷度，界面能 F_S 由下式给出：

$$\Delta F_S = dx \cdot \delta(n_{SL}\sigma_{SL} + n_{SS}\sigma_{SS}) \tag{5-30}$$

式中　n_{SL}，n_{SS}——分别为代表固/液、不同晶向的固/固界面数目的增量，关于 n_{SL}、n_{SS} 的计算如图 5－11 所示；

σ_{SL}，σ_{SS}——分别代表固/液、不同晶向的固/固界面的界面能；

δ——网格单元的厚度；

$dx(dy)$——网格单元的边长。

图 5－11a 中 $n_{SL} = 3 - 1 = 2$；图 5－11b 中 $n_{SL} = 2 - 2 = 0$；图 5－11c 中 $n_{SL} = 1 - 3 = -2$；图 5－11d 中 $n_{SL} = 0 - 4 = -4$。

则有

$$\Delta F_g(x,y,t) = \frac{(n_{SL}\sigma_{SL} + n_{SS}\sigma_{SS})^2\delta}{4\Delta S(x,y,t)\Delta T(x,y,t)} \tag{5-31}$$

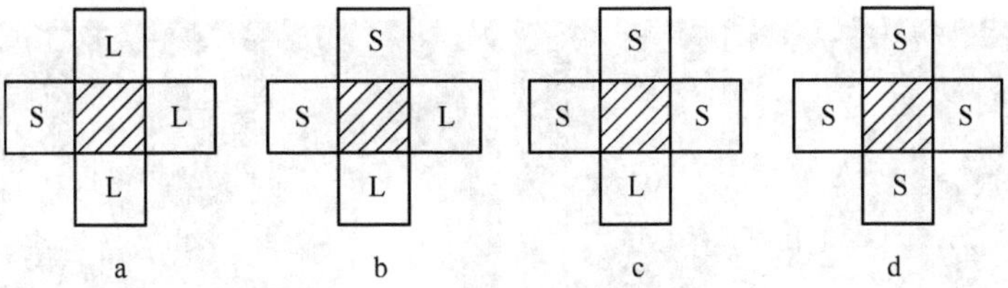

图 5-11 相邻单元状态不同的晶粒的界面结构及界面数的取值

MC 法是基于能量最小原理计算晶粒生长概率，缺乏对晶粒生长物理机制的考虑，如晶粒的择优取向生长，枝晶尖端生长动力学等问题。另外，凝固过程晶粒生长随凝固时间而演变，但蒙特卡罗法没有明确体现凝固时间因素，只是将整个计算单元随机抽样完毕，做为一个蒙特卡罗步长，究竟一个步长相当于多少实际凝固时间间隔不明确。

清华大学的柳百成等采用蒙特卡罗法与宏观传热模型相结合，模拟了过共晶 Al-Si 合金的微观组织形成过程，如图 5-12 所示。

5.3.2 元胞自动机方法

元胞自动机方法是 20 世纪 50 年代初由计算机创始人著名数学家 Von Neumann 在对自重复图灵自动机和粒子数演化问题的模拟时提出的。随后，许多人对元胞自动机方法进行了发展，元胞自动机被引入到物理学、化学、生物学、材料学等许多领域。它的基本思想是一个细胞或系统的基元，依据与其相邻的其他基元的情况，按事先设定的规则来决定自己的状态，从而通过定义局部简单的规则来描述系统整体复杂的演变规律。

5.3.2.1 概述

A 定义

作为一个数学模型，1990 年美国数学家 Hurd 等人从集合论观点出发对元胞自动机（Cellular Automaton，复数为 Cellular Automata，简称 CA）进行了严格定义。设 d 代表空间维数，k 代表元胞的状态，并在一个有限集合 S 中取值，r 代表元胞的邻居半径，Z 是整数集，表示一维空间，t 代表时间。如果在一维空间上考虑元胞自动机，即假定 $d=1$，那么整个元胞空间就是在一维空间。将整数集 Z 上的状态集 S 的分布，记为 S^Z。元胞自动机的动态演化就是状态组合随时间的变化，可以将动态演化规则 F 记为

$$F: S_t^Z \to S_{t+1}^Z \tag{5-32}$$

这个动态演化又由各个元胞的局部演化规则 f_r 决定。这个局部函数 f_r 通常又常常被称为局部规则。对于一维空间，元胞及其邻居可以记为 S^{2r+1}，局部函数则可以记为

$$f_r: S_t^{2r+1} \to S_{t+1} \tag{5-33}$$

对于局部规则 f_r 来讲，函数的输入、输出集均为有限集合。对元胞空间内的元胞，独立施加上述局部函数，则可得到全局的演化：

$$F(c_{t+1}^i) = f(c_t^{i-r}, \cdots, c_t^i, \cdots, c_t^{i+r}) \tag{5-34}$$

式中，c_t^i 表示在位置 i 处的元胞，于是就得到了一个元胞自动机模型。

CA 基本的组成为元胞、元胞空间、邻居及规则四部分。CA 可以看作由一个元胞空间和定义于该空间的变换函数组成，如图 5-13 所示。

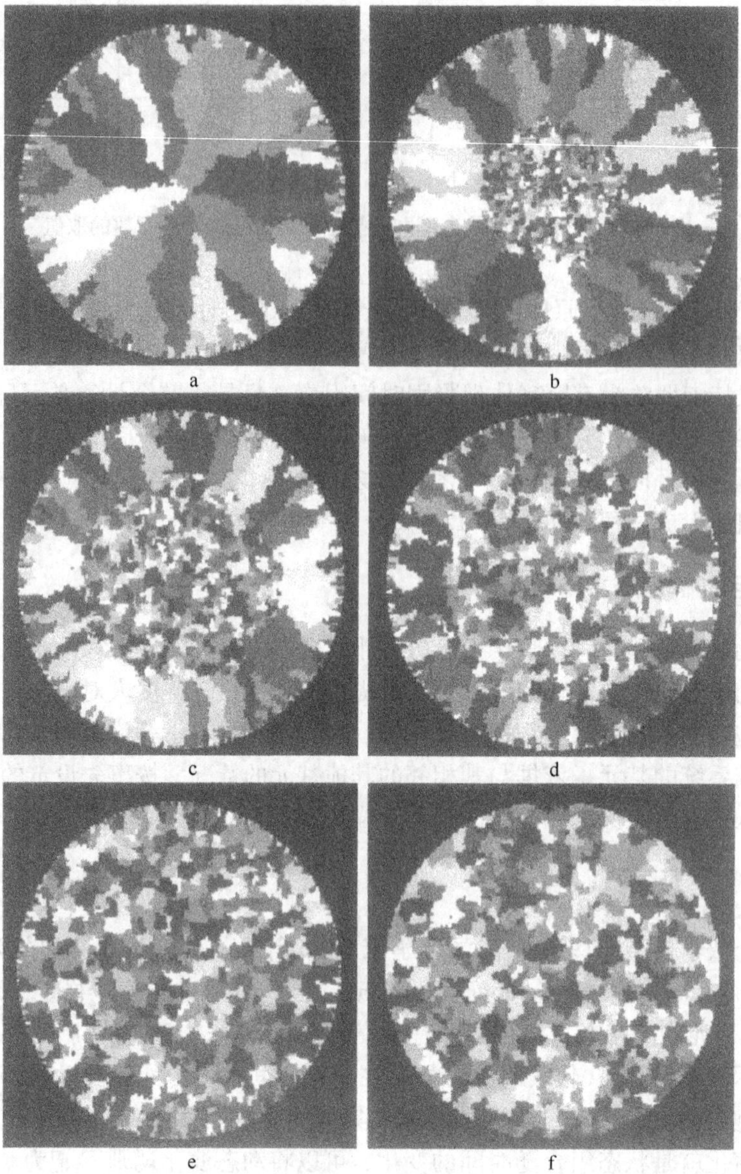

图 5 - 12　采用蒙特卡罗方法模拟不同过冷度 Al - Si 合金微观组织
a—过冷度 5K；b—过冷度 10K；c—过冷度 15K；d—过冷度 20K；
e—过冷度 25K；f—过冷度 30K

元胞自动机方法具有四个要素：

（1）求解区域由具有相同尺寸和几何结构的胞元规则排列而成，在二维情况下，正方或六方点阵是最常见的形式；

（2）胞元具有确定的邻域关系，在二维正方形点阵中，最常采用的是 Von Neumann 邻域和 Moore 邻域。前者由东西南北四个最近邻胞元构成，后者还包括对角上的四个次近邻胞元；

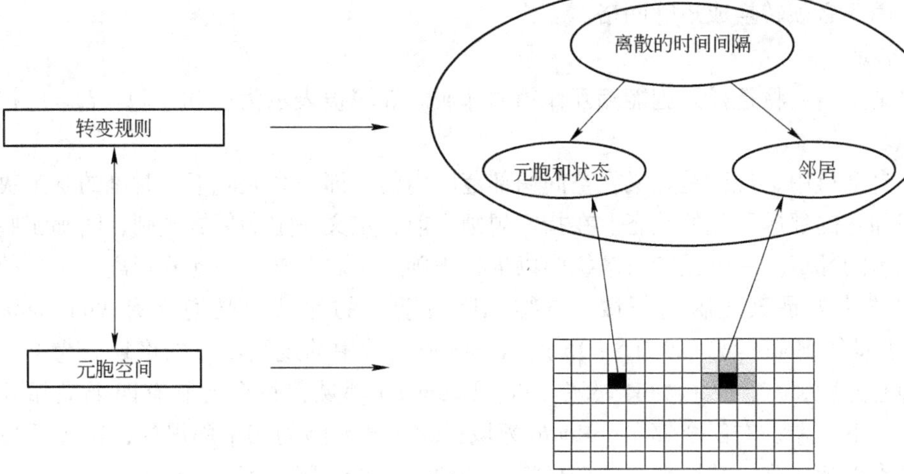

图 5-13 元胞自动机的组成

(3) 每个胞元具有不同的状态值或变量值来标识;

(4) 每个胞元自身的状态转变由预先定义的转变规则和邻胞状态决定。

B 元胞

元胞又可称为单元，是元胞自动机的最基本的组成部分。元胞分布在离散的一维、二维或多维欧几里得空间的晶格点上。元胞空间是元胞分布所在的空间网点集合。

对于元胞的划分，CA 的定义中要求有一个规律的网格，CA 的网格有以下几种：

(1) 一维元胞自动机，只有一种情况，元胞以线性排列，构成元胞的线性矩阵;

(2) 二维元胞自动机：常见的有三角形、正方形、六边形三种网格排列（如图 5-14 所示)。这三种规则的元胞空间划分各有优缺点。

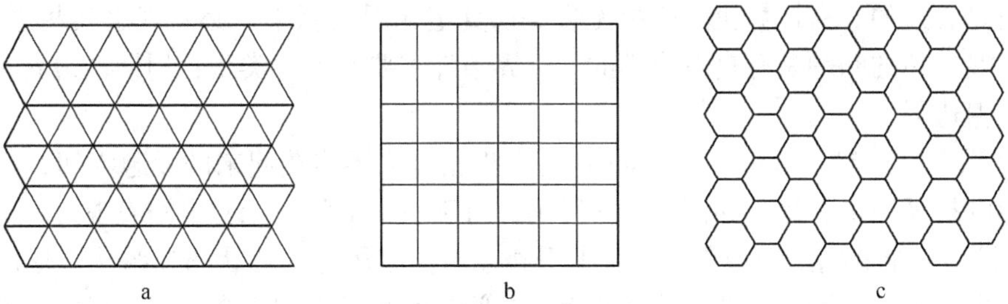

图 5-14 二维 CA 的三种网格划分

a—三角网格；b—四方网格；c—六边形网格

三角形网格的优点是具有最少的邻居数目（3 个），在处理一些简单情况时很有用，缺点是表达和可视化较困难，必须转换成正方形矩阵。四方网格的优点是矩形列阵表达及可视化简单，缺点是某些情况下，矩形网格不能满足各向异性。六边形网格的优点是在所有的规则二维网格中具有最低的各向同性，这种低的各向同性经常使模拟表现的比较自然。在某些情况下为了正确的模拟物理现象是必须的。缺点同三角网格一样是较难表达和可视化，因此必须转换成矩阵网格。

C　邻域

网格确定后，将选择元胞能相互作用的邻域。邻域被表示为已知元胞（i，j）相邻的一组元胞。

元胞自动机中，规则是定义在空间局部范围内的，即一个元胞下一时刻的状态决定于本身状态和它的邻居元胞的状态。在指定规则之前，定义一定的邻域规则，明确哪些元胞属于该元胞的邻域。一维元胞自动机中以半径来确定邻域。与中心元胞距离小于半径的所有元胞均被认为是该元胞的邻域。二维元胞自动机的邻域定义通常有 Von Neumann、Moore 和扩展的 Moore 型，如图 5－15 所示。图中以常用的规则四方网格划分为例，黑色元胞为中心元胞，灰色元胞为其邻域。Von Neumann 邻域：每个元胞有四个最邻近的元胞，即上、下、左、右四个邻居。Moore 邻域：除包含元胞的四个邻居外，还包括另外四个对角的次邻近元胞。邻域大小的选择将影响到 CA 法模拟的速度和形状。

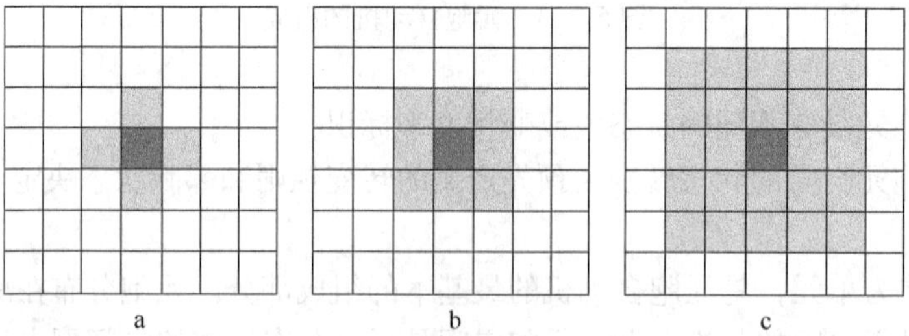

图 5－15　元胞自动机的邻域

a—Von Neumann 邻域；b—Moore 邻域；c—扩展的 Moore 邻域

D　边界条件

元胞自动机的定义中，从总体上讲网格是无限的。考虑到可计算性和复杂性，这是合理的，也是必须的。在计算机上模拟无法实现真正无限的网格，必须规定某些边界条件，实际中一些模拟的问题是有自然边界的。边界条件主要有三种类型：周期性边界、反射边界和固定值边界。

（1）周期性边界（Periodic Boundary）是指相对边界连接起来的元胞空间，边界可以通过周期的扩展网格获得。如图 5－16 所示，对于一维空间，元胞空间表现为一个首尾相接的“圈”。二维的周期性边界是一个上下相连、左右相连的环状拓扑结构。形成的一个拓扑圆环面，形似车胎。周期型空间与无限空间最为接近，因而在理论探讨时，常以此类空间型作为试验。

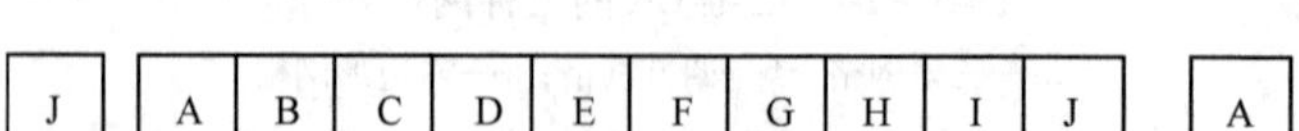

图 5－16　一维周期性边界

（2）反射边界（Reflective Boundary）是指在边界外邻居的元胞状态是以边界为轴的镜面反射，通过在边界放射网格得到，图 5－17 是一维的反射边界。这类边界条件适合于

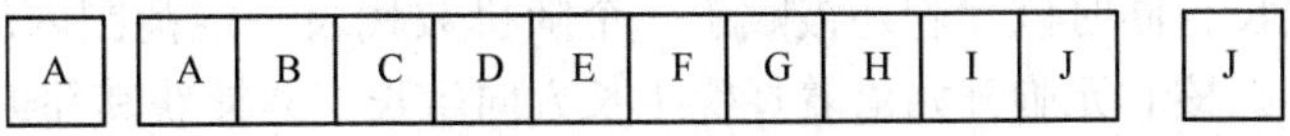

图 5-17 反射边界

被模拟的系统有一个边界，以及变量的值不固定。

(3) 定值（Constant Boundary）边界条件是通过在边界上的元胞指定一个固定值得到，这个值必须从应用中确定。

所有的三种边界条件可结合起来，以便不同的边界有不同的条件。但是，如果一个边界有周期性的边界条件，其相反的边界也必须有周期性边界条件。

E 初始条件

在大部分情况下，初始条件极大的决定着后来的发展。初始条件可以是特定的，或者是随机产生的。在确定初始条件时的一个重要考虑因素是 CA 转换规则对能量和动量守恒的假设。

F 状态组数目

状态可以是 {0，1} 的二进制形式。或是 $\{s_0, s_2, \cdots s_i \cdots s_k\}$ 整数形式的离散集。严格意义上，元胞自动机的元胞只能有一个状态变量。在实际应用中，往往将其进行了扩展。例如每个元胞可以拥有多个状态变量。实际应用中，大多数 CA 要简单得多，如研究相变只需取 0 和 1 代表两种不同的相即可；当研究金属结晶过程时，元胞的状态也可多一些。可以为各种晶粒取向分别标以不同的状态号，状态组的选取要根据具体问题确定。

G 转变规则

元胞自动机法中最重要的概念是转变或演变函数，转变规则取决于网格结构、邻域大小和状态组。元胞状态的转变规则方式很多，需根据实际问题，决定合适的转变规则。下面介绍几种常用的形式：

(1) 直接说明。直接写出邻域状态的每一种可能结构的转换结果。

(2) 规则表。用表格表示转变规则，通过规则表中状态的改变，表达元胞状态的变化。

(3) 总体规则。许多 CA 规则详细描述的不是邻域元胞的结构，而仅仅是一定状态的邻域数目。我们可用此方式得到一个较简单的说明和一个更简明的转变表。在经典的 CA 理论中，如果它取决于邻域中所有元胞的状态的和，则称为总体的；如果它还取决于当前元胞的状态，则称为外部总体。

(4) 暗示说明。以公式的形式给出转变规则，详细的规则需要从公式中得出。

(5) 多步规则。将转变规则分成几个步骤，而每个步骤可用不同的方式表达。

(6) 概率规则。当转变规则不是一个能从每一个邻域结构中得出精确结果的函数，而是一个依据相关的概率提供的一个或多个可能的结果时，采用概率规则。

在应用 CA 方法模拟凝固组织的过程中，除设定元胞形状、邻域关系、状态值外，需要结合形核、生长模型和相应的捕获算法来建立元胞的局部转变规则。

在晶粒组织的模拟中，元胞状态转变可以通过形核或生长两种机制发生。当元胞处于过冷状态并且其局部过冷度小于形核过冷时将发生形核，该元胞的状态被标记为固相并成为一个核心开始生长，同时该元胞还被赋予一个随机数代表一定范围内的择优生长方向。一旦有核心形成，则核心元胞开始沿着择优生长方向生长，并捕获其邻近的液相元胞，使邻胞的状态发生变化，被捕获的元胞将按照核心元胞的生长位向继续捕获其他胞元。当一个胞元的所有邻近元胞都被捕获后，该元胞停止生长。

在处理生长问题时，一般是将枝晶生长理论模型推导的结果进行数学回归处理，将尖端生长速度 v 表示为界面前沿过冷度 ΔT 的简单函数。这种方法比较简单，但函数的形式和参数的选择会因为合金体系和生长条件的变化而不同，适用性和准确性受到限制。需要注意这种方法计算的是枝晶尖端的速度，在离开尖端的其他各处则无法知道准确的生长速度，因此需要对晶粒的外形轮廓做简化处理，由尖端速度和捕获算法来确定元胞的状态转变规则。

5.3.2.2 元胞自动机模型在模拟凝固微观组织中的应用

在材料科学中 CA 法已被应用于合金的再结晶、马氏体生长、位错反应、材料中的多相滑移以及凝固过程。1993 年 Rappaz 等首先将 CA 方法应用到二维枝晶生长凝固微观组织模型中，该模型在一个均一的温度场内考察了形核以及枝晶生长过程，引入了两个不同的分布来描述不同部位的生核能力，赋予晶粒随机的晶体学取向，并利用 KGT 模型来确定枝晶尖端的动力学行为，给出了枝晶包络线形貌以及柱状晶向等轴晶转变的信息。他们还把 CA 方法和宏观传热计算的有限元方法结合起来，实现了宏微观耦合，并发展到三维非均匀温度场，较好模拟了晶粒的竞争演化机制。

从 Rappaz 和 Gandin 提出 CA 模型之后，研究者们用这种方法对于晶粒组织，自由枝晶生长，定向凝固组织，外加流场作用下的凝固组织以及共晶组织等多种情况进行了模拟研究。尽管 CA 方法存在物理基础不够坚实，模拟形貌易受网格各向异性影响等不足之处。但是它却能够和宏观物理场，例如温度场、浓度场或流场进行耦合，从而实现大尺度凝固过程的模拟。并且 CA 方法的计算量较小，可模拟的凝固区域较大。

朱鸣芳等提出了改进的 CA 模型 MCA，MCA 通过计算固相和液相的浓度场，考虑了曲率以及固液相之间的溶质再分配的影响，朱鸣芳将 MCA 与动量和成分传输模型进行耦合计算，还模拟了外加流场情况下枝晶的迎流偏转，如图 5 – 18 所示。P. D. Lee 等人将 CA 模型与有限差分（FD）耦合计算，对镍基高温合金的定向凝固枝晶列进行了二维和三维模拟，如图 5 – 19 所示。

CA 被广泛应用到社会、经济、军事和科学研究的各个领域。元胞自动机还用来模拟雪花等枝晶的形成。在化学中，元胞自动机可用来通过模拟原子、分子等各种微观粒子在化学反应中的相互作用，分析化学反应的过程。在信息学中，二维 CA 被应用到图像处理和模式识别中。在计算机科学中，CA 可以被看作是并行计算机而用于并行计算的研究。在社会学中，CA 用于研究经济危机的形成与爆发过程、个人行为的社会性，流行现象，如服装流行色的形成等。CA 法被生物学家用于模拟有生命物体的生长和扩散。CA 还被用于肿瘤细胞的增长机理和过程模拟、人类大脑的机理探索、自组织、自繁殖等生命现象的研究。

5.3.2.3 纯物质枝晶自由生长的元胞自动机模型描述

A CA 模型捕获规则

考虑一均匀分布，大小相同的方型网格构成的二维矩形区域，枝晶生长的 CA 模型遵

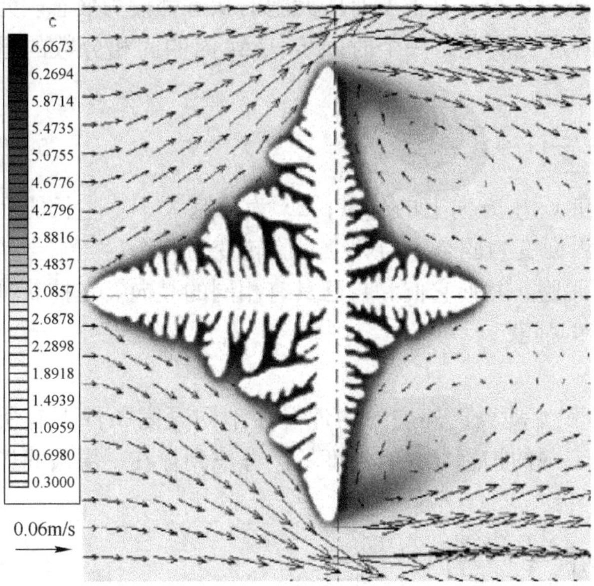

图 5-18 CA 法模拟 Al-Cu 合金枝晶在外加流场中的形貌

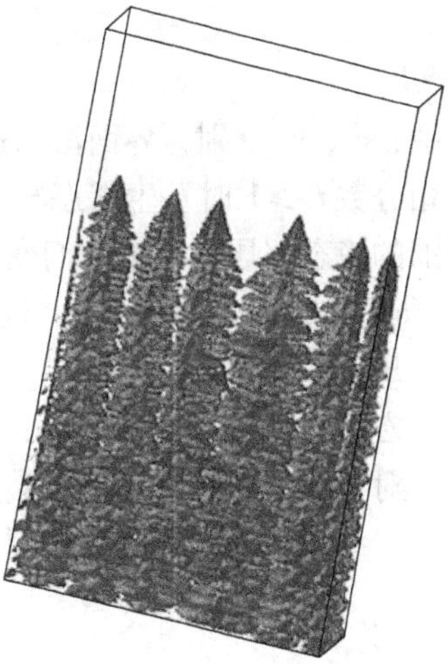

图 5-19 定向凝固枝晶列的三维模拟

循以下规则：

（1）每个网格是一个元胞；每个元胞包含描述枝晶的所有信息：坐标值（x，y）；温度 T（x，y，t）；浓度 C（x，y，t）；固相分数 f_S；晶粒取向 θ 等；

（2）每个元胞有三个状态：固态、液态和界面，每个元胞按照一套转变规则在三个状态间进行转变，顺序为：液态→界面→固态；

（3）转变规则为：所有液态元胞的固相分数 $f_S=0$；若中心元胞状态变为固相，则它的所有液相邻居都转变成界面元胞，如图 5-20 中的①；所有界面元胞的 $1\geqslant f_S\geqslant 0$，如图 5-20 中的②；若界面元胞的固相分数 $f_S\geqslant 1$，则状态转变成固态，如图 5-20 中的③。

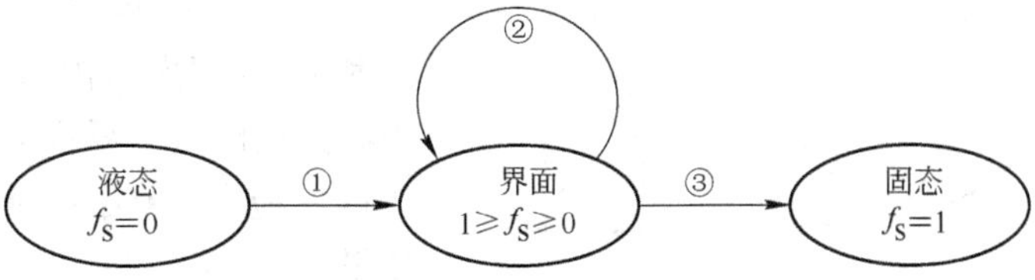

图 5-20 状态转变规则

①②③代表状态间转变

（4）CA 模型中，界面厚度是零，相当于固液之间是一个突然的不连续变化，称为尖锐界面。在图 5-20 的②步转变中，元胞的状态始终是界面，只是固相分数 f_S 发生变化，固相分数的变化由宏观物理场驱动。

纯物质熔体的温度低于熔点时，晶体形核后就会自发生长。不考虑具体的形核过程，假定在过冷熔体中都能形成晶核。考虑在熔体中心生成一个单一晶核，在模拟时选定熔体中心点的一个元胞设为形核点。一旦此元胞形核后其状态设为固态，它的邻居元胞的状态设为界面，它将会沿着优先生长方向进行生长，其他所有的元胞的状态都设为液态。元胞自动机在每一个离散的时间步长 Δt 内进行演化，一个时间步长 Δt 内的固相分数的增量 Δf_S 为

$$\Delta f_S = \frac{\Delta t}{\Delta x}\left[v_x + v_y - v_x v_y \frac{\Delta t}{\Delta x}\right] \tag{5-35}$$

式中，v_x、v_y 分别为界面法向速度 $\boldsymbol{v}$ 在 x、y 方向上的分量；Δx 为元胞大小。生长的元胞固相分数 $f_S \geqslant 1$ 时发生状态转变，由界面变为固态。当一个元胞转变为固态后，它会捕获周围的液态邻居元胞使它们变为界面元胞，并使它们和自己具有相同的晶向。在捕获时使用 Von Neumann 邻居定义，进行邻居的捕获。

B 宏观物理场

宏观物理场包括温度场、浓度场和流动场，外加的物理场在不同凝固条件下有所不同。对于纯物质过冷熔体枝晶生长，宏观的物理场只有温度场。考虑到存在一层液固界面层，二维情况下的温度场控制方程为

$$\frac{\partial T}{\partial t} = \alpha\left(\frac{\partial^2 T}{\partial x^2} + \frac{\partial^2 T}{\partial y^2}\right) + \frac{L}{\rho c_p}\frac{\partial f_S}{\partial t} \tag{5-36}$$

式中，T 为温度；ρ 为密度；t 为时间；x、y 为二维坐标；L 为凝固潜热；α 为热传导系数。方程右边最后一项只在界面处考虑，在区域边界处热传导的边界条件为 $T = T_0$，T_0 是区域边界处的恒定温度。

C 生长动力学

通过枝晶生长动力学确定固液界面生长速度，本例应用动力学上严格的界面通量守恒条件。对于纯物质的枝晶生长，界面的生长速率 v 可以通过下式确定

$$\boldsymbol{v} = \frac{1}{L}\left[k_S\left(\frac{\partial T_S}{\partial n}\right) - k_L\left(\frac{\partial T_L}{\partial n}\right)\right]\boldsymbol{n} \tag{5-37}$$

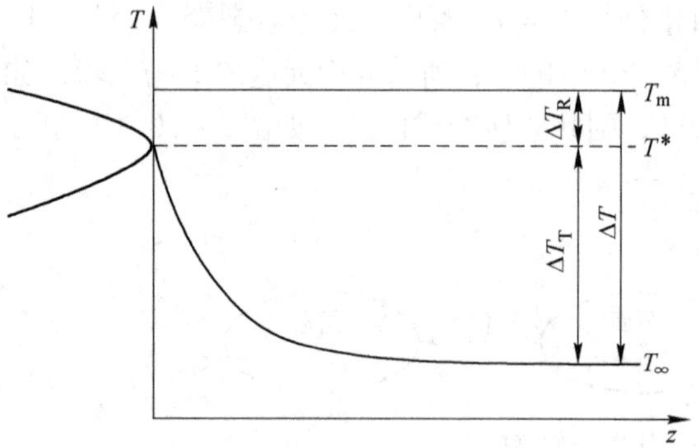

图 5-21 枝晶尖端温度场

式中，$\boldsymbol{v}$ 为界面法向速度；$\frac{\partial T_S}{\partial n}$ 为固相一侧温度梯度；$\frac{\partial T_L}{\partial n}$ 为液相一侧温度梯度；k_S 和 k_L 分别为固相和液相导热系数；$\boldsymbol{n}$ 为界面法向量。界面处由于凝固产生的热量，应等于沿着界面法向排出的热量。

固液界面温度如图 5-21 所示，T_m 是纯物质熔点，T^* 是固液界面温度，T_∞ 是无穷远处熔体温度，如果忽略动力学过冷度，纯物质枝晶生长界面的温度可表示为

$$T^* = T_m - \Gamma\kappa \tag{5-38}$$

式中，κ 是界面曲率。

D 曲率算法

本例采用的曲率算法采用数元胞算法。数元胞算法的基本思路是：界面曲率应当正比于已经发生相变的元胞数目与构成平界面的元胞数目之差。所给出的算法具体形式为

$$\kappa = \frac{1}{\Delta x}\left(1 - 2\frac{f_S + \sum_{i=1}^{N} f_S(i)}{N+1}\right) \tag{5-39}$$

式中，κ 为平均曲率；N 为邻居元胞的数目；f_S 为元胞的固相分数。根据上式算法，如果界面为凸，则曲率为正；如果界面为凹，则曲率为负。

E 数值模拟

采用二维空间的元胞自动机整个模拟区域是一个二维平面，划分成了具有相同大小的一组元胞，每一个元胞都被一个状态（例如固态、液态或界面）和一组值所标示（例如温度、固相分数、晶向等）。凝固过程开始以后，宏观的温度场被首先求解，从而确定出每一个元胞的宏观参数，然后根据这些参数值以及 CA 转变规则，来确定每一个元胞状态的转变，而元胞状态的改变又反过来影响宏观的温度场，这是一个耦合的过程。整个过程耦合交替进行，使得模拟出的枝晶不断的长大。

对宏观物理场温度场离散化求解的方法主要有两种，一是 Rappaz 等人采用的有限元法；二是很多研究者采用的中心差分的显式有限差分法，或者交替隐式中心差分算法。热传导方程使用交替方向的隐式中心差分算法来求解。隐式算法本身保证了网格划分的大小不会影响算法的稳定性，进行模拟的区域是一个 500μm×500μm 的正方形区域。整个区域采用正方形网格进行离散。为了考察网格相关性，网格大小 Δx 在 0.2～3μm 范围变化，可以比较网格在此范围模拟结果的变化情况。

当模拟出枝晶后，对尖端生长速率和尖端半径进行测量。记录凝固时间 Δt，然后测量出生长的格点数 n，Δt 时间内的平均尖端生长速率 v

$$v = \frac{n\Delta x}{\Delta t} \tag{5-40}$$

尖端半径采用常规的抛物线拟合方式确定。设拟合曲线的方程为

$$y = ax^2 + bx + c \tag{5-41}$$

相应尖端半径为

$$R = \frac{1}{2a}$$

F 模型算法流程

确定了 CA 模型分步骤的算法之后，模型的整体算法流程如图 5－22 所示。根据流程图，使用 C 语言编程序，进行计算。

G 模拟结果分析

图 5－23 为过冷度 $\Delta T = 0.5\text{K}$ 时模拟的纯丁二腈枝晶尖端点及其抛物线的拟合曲线，对应的尖端半径 $R = 14.5096\mu\text{m}$。

图 5－24 为过冷度在 1.5K 时，模拟的纯丁二腈枝晶形貌在不同凝固时间的演化和温度场的分布。可以看出，模拟出的枝晶从仅有微小的一次枝晶臂，演化到逐渐出现二次臂。模拟的形貌再现了真实枝晶的主要特征：抛物性尖端、二次枝晶臂和根部颈缩等。如图 5－24c、d 所示为温度场分布，可以看出，所有固相的温度几乎相等；在靠近枝晶尖端的液相，温度迅速下降，而远离枝晶的液相温度几乎都等于过冷熔体温度。

Rappaz 等人对凝固过程中的枝晶组织模拟进行了回顾，确定性方法和概率方法都可以

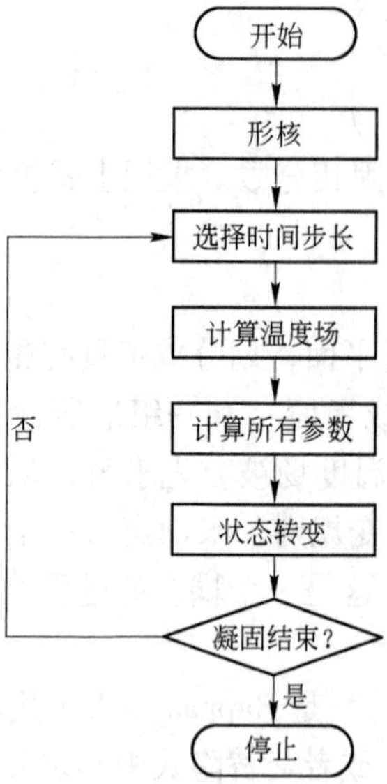

图 5－22　CA 模型整体算法流程

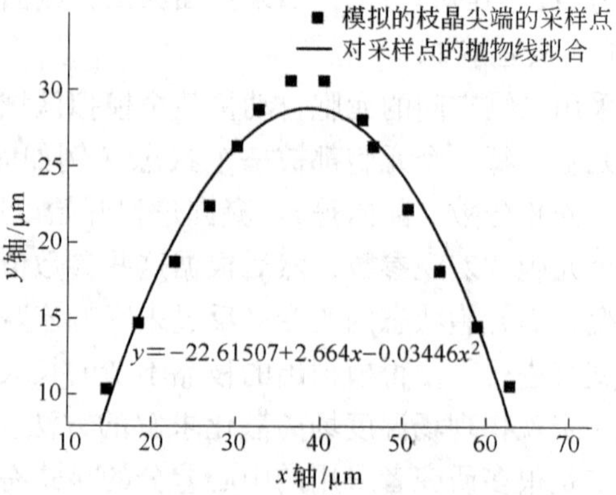

图 5－23　在过冷度 $\Delta T=0.5$K 下，模拟的纯丁二腈枝晶尖端采样点及抛物线拟合曲线

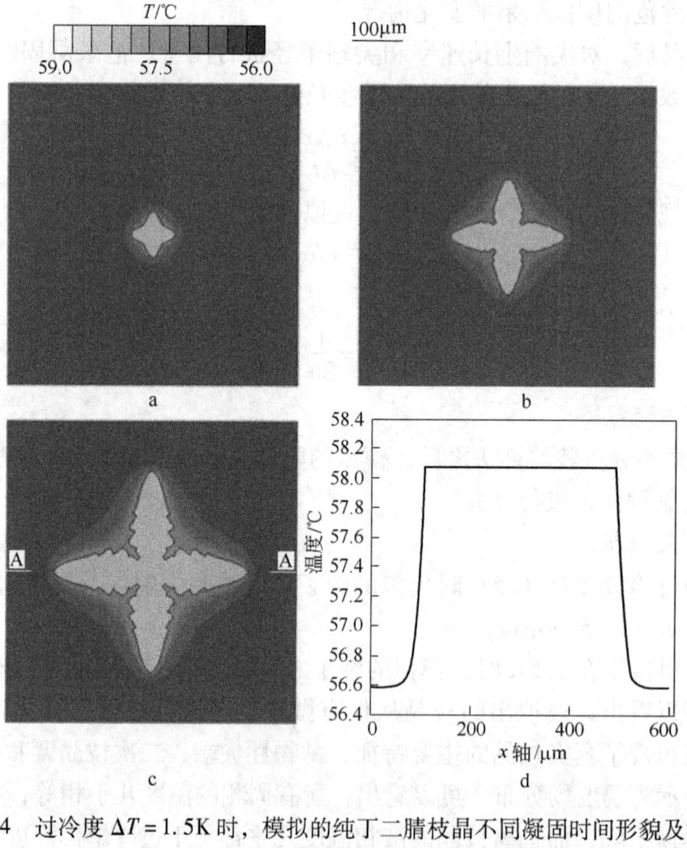

图 5－24　过冷度 $\Delta T=1.5$K 时，模拟的纯丁二腈枝晶不同凝固时间形貌及温度场

a—0. 034s；b—0. 122s；c—0. 188s；d—A—A 线的温度场

预测枝晶组织的形成，比较而言，确定性模型可以把凝固过程中所涉及到的物质守恒方程与晶粒形核和长大结合起来，概率模型只能将能量方程与形核和生长耦合起来。确定性方法无疑更接近实际凝固过程的物理机制，特别是考虑了宏观偏析和固态传输。概率方法则更适合于描述枝晶组织的形成及柱状晶和等轴晶的转变。

确定性模型和概率模型并不是独立和截然分开的，将二者结合起来是一个发展趋势。例如，用确定性模型计算形核密度和长大速率，再应用概率方法达到与实际接近的随机起伏的效果，最终得到与实验观察吻合的模拟结果。

5.4 相场法

5.4.1 概述

相场方法（Phase Field Method）是直接微观组织模拟的研究方法，相场方法引入新变量——相场标量 Φ（r，t），通过 Φ 来区分固相和液相，跟踪两相热力学状态的变化。相场 Φ（r，t）是一个序参量，表示系统内部状态的热力学变量，表示系统在空间和时间上每个位置的物理状态（液态或固态）。可以定义相场变量一个确定的值表示系统中的相。作为序参量的相场变量 Φ，本身没有也不需要真正的物理意义。从数学的观点来看，相场序参数可以认为是为了简化界面描述的一个工具，数学家们将此认为是凝固尖锐界面的重整化。在 Ginzburg－Landau 相变理论中，序参量是某个物理量的平均值，描述偏离对称的性质和程度，可以是标量、矢量、复数或更复杂的量。就具体问题，相场可以认为是相体积分数、有序度等。

在固/液相变系统中，可视固相体积分数为相场，如图 5－25 所示。固相体积分数在固相一侧为1，相场 $\Phi=1$；而液相侧固相体积分数为0，相场 $\Phi=0$；固/液界面为两相混合区，固相体积分数，即相场 Φ 由固相侧1 变化为液相侧0，形成一个由渐进变化的相场所描述的弥散界面区，代表了固/液界面。

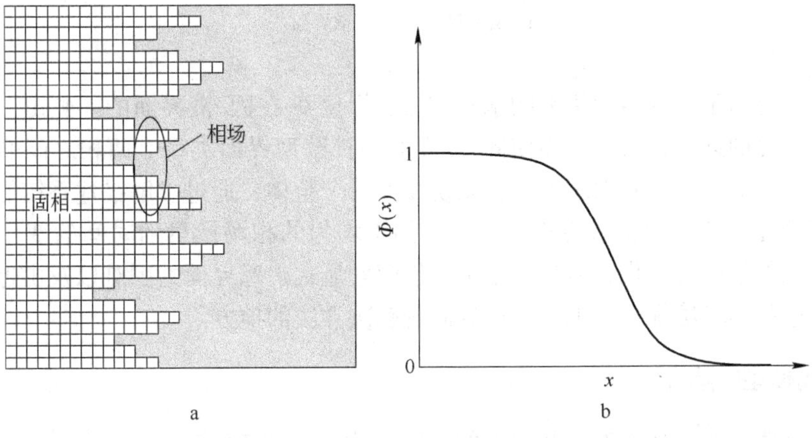

图 5－25 相场的物理意义

a—相场代表固相体积分数；b—弥散的固/液界面

在更加微观的尺度上，可以这样理解相场的物理意义：已凝固的晶体一侧，原子在晶格位置作微小的振动，将处于某个原子平面附近的概率值变化视为相场 Φ，固相内概率

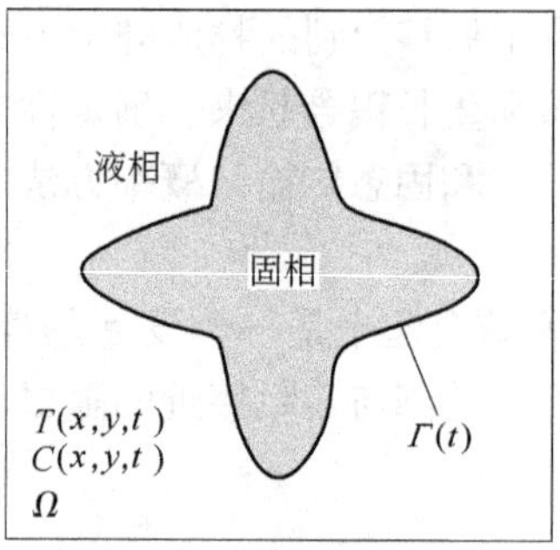

图 5-26 枝晶生长几何模型示意图

变化最为明显，因此 $\Phi=1$。当逐渐接近液相，原子的剧烈运动使在特定位置找到某个原子的概率趋于常数，其变化最弱，$\Phi=0$。由此概率幅值构成的随时间和空间变化的衰减波（$0<\Phi<1$）描述了固/液界面及其运动。

枝晶的生长可以由图 5-26 所示的几何模型来描述，对于二维情况下的有限求解区域 Ω，由固液界面 $\Gamma(t)$ 将整个区域分为固相 S 和液相 L，由于 Γ 本身并不是作为已知条件，而是作为求解的一部分，因此这一问题是典型的移动边界问题。根据对这一问题不同的处理方法，枝晶生长的数学模型可以大致分为两类，一类称为尖锐界面模型，一类称为扩散界面模型，如图 5-27 所示。尖锐界面模型认为，界面本身是没有厚度的，描述固、液相的性质的物理量在界面两侧锐变。扩散界面模型则认为在固、液相之间存在一个由界面厚度定义的扩散层，并用一个统一的物理量来描述固、液相和界面。物理量从界面一侧经过连续的变化过渡到另一侧。

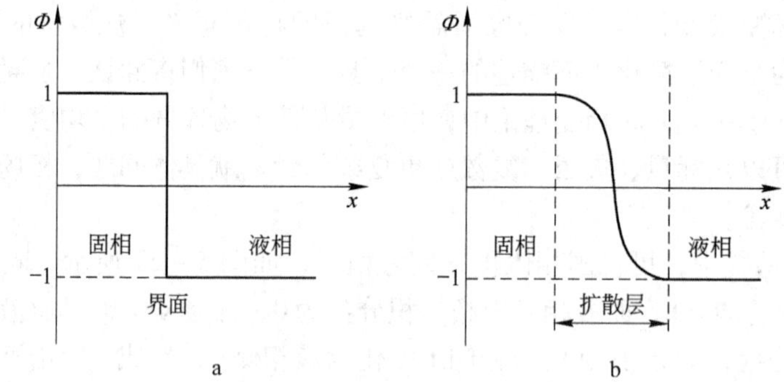

图 5-27 尖锐界面与扩散界面

a—尖锐界面；b—扩散界面

相场法正是基于扩散界面模型的求解方法。标量 Φ 在固/液界面的一侧由一个常数渐变至界面另一侧的某一常数，从而使固/液界面为扩散型界面类型。两相之间的相变发生在扩散界面内，应用扩散界面理论，将系统视为一个整体，通过求解描述系统的偏微分方程组（相场模型）来反映扩散界面行为。空间不均匀的相场标量随时间的变化直观地反映了微观组织的形成与演化，避免了自由边界问题显式追踪界面的困难以及由追踪界面带来的误差，这是相场法优于其他自由边界问题解决方法的地方。

5.4.2 相场模型的建立

相场法是建立在统计物理学基础上的，以金兹堡-朗道（Ginzburg-Landau）相变理论为基础，描述以热力学为基础的动力学过程，对描述非平衡状态下新相和母相界面以及复杂的微观组织生长过程，是一个有效的工具。相场方法通过微分方程反应扩散、有序化势及热力学驱动力的综合作用。相场方程的解可以描述金属系统中固/液界面的状态、曲率以及界面的移动。把相场方程与宏观场（温度场、溶质场、速度场等）耦合，可以对金属液的凝固过程进行模拟。相场模型的推导依据包括：

（1）严格热力学一致的熵增大原理；

（2）自由能减小原理。依据自由能减小原理的推导过程更简洁，且具有计算效率上的优势，因此相场模型的推导通常采用这一方法。

5.4.2.1 相关的理论

A 厄伦菲斯（P. Ehrenfest）对相变的分类

相变是指当外界约束（温度或压强）作用连续变化时，在特定的条件（温度或压强达到某定值）下，物相发生了突变。厄伦菲斯首先提出了对相变的分类方案，其分类标志是热力学势及其导数的连续性。

凡是热力学势本身连续，而第一阶导数不连续的状态突变，称为一级相变。一阶导数不连续，表明相变伴随着明显的体积变化和热量的吸放（潜热）。普通的气液相变、液相的凝固及在外磁场中的超导转变都属于一级相变。

热力学势和它的一阶导数连续变化，而二阶导数不连续的情形，称为二级相变。这时没有体积变化和潜热，但比热、压缩比、磁化率等物理量随温度的变化曲线出现跃变。气液临界点、没有外磁场的超导以及大量磁相变，属于二级相变。

B 朗道的唯象理论（Landau Phenomenological Theory）

1937 年，朗道概括了平均场理论的实质，提出了一种很普遍的表达，这就是二级相变的朗道唯象理论。这个理论强调了相变时对称性改变的重要性，并提出了可以用一个反映体系内部状态的热力学变量即序参量（order parameter）来描述相变时对称破缺（symmetry breaking）。序参量反映了系统内部的有序化程度，它在高对称相等于零，而在低对称相则不等于零。相变意味着序参量从零向非零的过渡（或其逆过程）。朗道理论方法的基本出发点在于把体系的自由能作为温度和序参量的函数展开为幂级数。它的基本内容为：一是热力学势在相变点附近是序参量的解析函数，可以写出体积自由能前几项的展开式：

$$f(\Phi,T)=f_0(T)+\frac{1}{2}b(T)\Phi^2+\frac{1}{4}d(T)\Phi^4 \qquad (5-42)$$

式中，$f_0(T)$ 是 Φ 为 0 时的自由能密度。

二是展开系数 $b(T)$ 在相变点变号，而 $d(T)$ 是正的，即 $b(T)$ 和 $d(T)$ 是温度的函数：

$$b(T)=B(T-T_C) \qquad (B>0) \qquad (5-43)$$

$$d(T)\approx d>0 \qquad (5-44)$$

式中，T_C 为相变点。

C 金兹堡－朗道（Ginzburg－Landau）相变理论

一级相变与二级相变的一个重要不同之处在于：前者存在新相与母相的界面，而后者没有。为了处理相界面，Landau 理论被发展成为金兹堡—朗道（Ginzburg—Landau）理论，其基本思想是当序参量在空间中有变化时，体系的自由能不仅与序参量的大小有关，也与它的梯度有关，因此涉及界面的相变问题需要采用金兹堡—朗道理论，即自由能函数中引入一个微分导数项，与界面能相联系。

对各向同性的系统 Ginzburg－Landau 自由能密度表示为

$$f(\Phi,\Delta\Phi,T)=f_h(\Phi,T)+\alpha(\nabla\Phi)^2 \qquad (\alpha>0) \tag{5-45}$$

式中，f_h 为 Landau 理论中的自由能。

5.4.2.2 基于自由能泛函的相场模型的建立

以纯物质过冷熔体中枝晶生长模型为例说明相场模型的建立。模型中包括两个变量，一个是相场 $\Phi(r, t)$，另一个是温度场 $T(r, t)$。变量 Φ 是一个序参量，表示系统中相的状态（液相或固相）。定义相场变量，$\Phi=0$ 代表液相，$\Phi=1$ 为固相。固液界面用连接 0 和 1 的陡界面层表示，如图 5-28 所示。

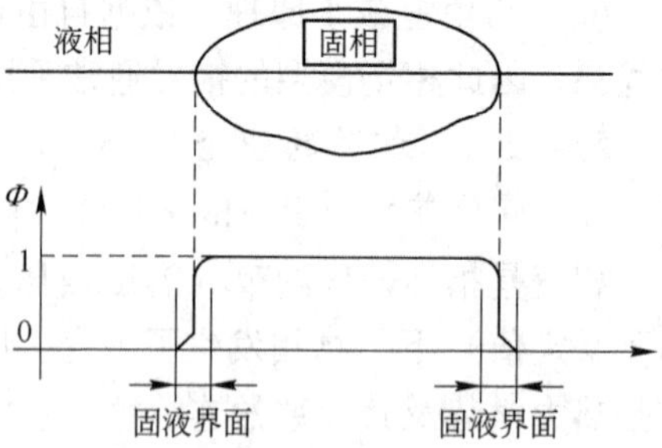

图 5-28 用相场 Φ 表示的固液界面示意图

首先，根据 Ginzburg—Landau 相变理论，写出系统的自由能泛函形式：

$$F(\Phi,m)=\int\left\{\frac{1}{2}\varepsilon^2|\nabla\Phi|^2+f(\Phi,m)\right\}\mathrm{d}r \tag{5-46}$$

式中 $F(\Phi, m)$——Ginzburg—Landau 型自由能泛函；

m——参数，表示热力学驱动力，是温度的函数；

ε——小参数，决定界面层的厚度，它是一个微观相互作用的长度并控制界面的移动；

$f(\Phi, m)$——Ginzburg—Landau 型自由能密度，是双阱势函数，对每一个 m 值来说，当 $\Phi=0$ 和 $\Phi=1$ 时 f 具有局部最小值；这里 f 的具体表达式为：

$$f(\Phi,m)=\frac{1}{4}\Phi^4-\left(\frac{1}{2}-\frac{1}{3}m\right)\Phi^3+\left(\frac{1}{4}-\frac{1}{2}m\right)\Phi^2 \tag{5-47}$$

式中，$m<\frac{1}{2}$，$\Delta f=f(0, m)-f(1, m)=\frac{m}{6}$，$f$ 和 m 之间的关系如图 5-29 所示。

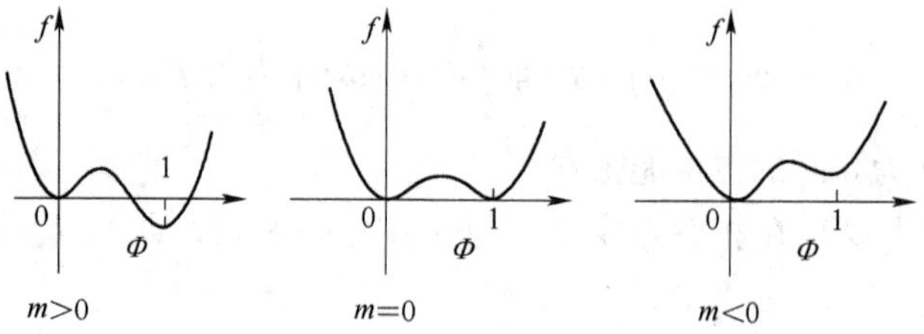

图 5-29 双阱势函数 f 与 m 之间关系示意图

各向异性由小参数 ε 引入，其形式为 $\varepsilon=\bar{\varepsilon}(1+\gamma\cos\lambda\theta)$；其中 $\bar{\varepsilon}$ 为小参数，决定界面层的厚度；θ 为界面法线方向与 x 轴正方向之间的夹角；λ 为各向异性模数；γ 为表面张力各向异性参数即各向异性强度。

根据式（5-46）推导相场的动力学方程，要求系统的自由能 F 随着时间单调减少，即

$$\tau\dot{\Phi}=-\frac{\delta F}{\delta\Phi} \tag{5-48}$$

进一步求解得到相场方程为：

$$\tau \frac{\partial \Phi}{\partial t} = -\frac{\partial}{\partial x}\left(\varepsilon\varepsilon' \frac{\partial \Phi}{\partial y}\right) + \frac{\partial}{\partial y}\left(\varepsilon\varepsilon' \frac{\partial \Phi}{\partial x}\right) + \nabla \cdot (\varepsilon^2 \nabla \Phi) + \Phi(1-\Phi)\left(\Phi - \frac{1}{2} + m\right) \tag{5-49}$$

式中，$\varepsilon' = \frac{d\varepsilon}{d\theta}$。

其次，修改热传导方程，增加适当的热源项考虑潜热的释放，则温度场方程为：

$$\frac{\partial T}{\partial t} + K \frac{\partial \Phi}{\partial t} = \nabla^2 T \tag{5-50}$$

式中，K 是无量纲潜热，与单位体积潜热成正比。

式（5-49）和式（5-50）二者的耦合构成了纯物质枝晶生长相场模型的控制方程。然后，根据定解条件（包括几何条件，边界条件和初始条件）和物理参数值进行数值计算，模拟枝晶的生长。

5.4.2.3 基于熵泛函的相场模型的建立

基于熵泛函热力学一致性的相场模型的基本框架，其基本思想是构造系统的熵泛函，并假定相场和温度场的动力学方程，使其满足熵随时间单调增加，这也正是热力学第二定律所要求的，即与热力学原理的一致性。之后，S. L. Wang 等人根据 Penrose 和 Fife 提出的基本框架，建立了热力学一致性的相场模型。

首先，写出系统的熵泛函

$$S = \int_v \left[s - \frac{1}{2}\varepsilon^2 (\nabla \Phi)^2 \right] dv \tag{5-51}$$

式中，s 为熵密度；ε 为参数（各向同性系统中为常数，在各向异性的系统中 ε 与界面法线方向有关）。

然后根据公式

$$\dot{\Phi} = M_\Phi \frac{\delta S}{\delta \Phi} \quad (M_\Phi > 0) \tag{5-52}$$

推导出相场的控制方程为：

相场方程 $$\tau \frac{\partial \Phi}{\partial t} = Q(T)p'(\Phi) - \frac{1}{4a}g'(\Phi) + \varepsilon^2 \nabla^2 \Phi \tag{5-53}$$

温度场方程 $$\{c + [p(\Phi) - 1]L'(T)\}\frac{\partial T}{\partial t} + L(T)p'(\Phi)\frac{\partial \Phi}{\partial t} = k \nabla^2 T \tag{5-54}$$

在此基础上推导的相场模型，具有以下特性：

（1）相场模型是基于非等温情况下熵泛函推导出来的，从而保证了局域正熵的产生。

（2）模型中的函数关系及参数与已有的理论和经验资料一致。

（3）相场模型中考虑了晶体的各向异性及随机扰动对枝晶形貌的影响。

这些特性使该模型具有双重优点：

（1）该模型与不可逆热力学原理一致，可以应用于等温或非等温情况。

（2）相场方程中 $\Phi=0$ 和 $\Phi=1$ 分别对应固相和液相，与温度无关。从而使得潜热仅仅释放在界面处。

5.4.3　相场模型数值求解方法

相场模型由一组非线性偏微分方程构成，目前最常见的相场模型数值求解方法包括：

（1）有限差分方法。有限差分法以差分代替微分来处理偏微分方程，对相场模型的离散过程简单，概念清晰直观，易于计算，其中显式格式在占用内存与计算时间上具有优点。但是，有限差分法的稳定性要求决定了在离散化时空间和时间步长受一定的限制，另外，有限差分法对计算区域的形状要求高，剖分灵活性以及边界适应性差。

目前，大部分相场模型的数值求解都采用有限差分法。实际求解过程中，往往结合相场描述弥散界面的特点，对相场动力学方程限制在界面附近区域进行迭代，而对具有更高特征尺度的其他物理场的计算，如对温度场（$l_T \gg \delta$，l_T 热扩散特征尺度，δ 为界面厚度），可采用具有级差的空间步长，以最大限度优化计算效率。

（2）有限体积方法。有限体积方法把计算域划分为若干个不重复的控制体，使每个网格点周围有一个控制体，同时假定网格点上因变量（相场，成分，温度等）在网格之间的变化规律，将相场微分方程对每个控制体积分，得到一组离散方程。有限体积法的基本思想明确，离散方程具有直接的物理意义，即因变量在有限大小的控制体积中满足守恒规律，同时对整体计算区域满足该规律。

（3）有限元方法。有限元方法的基础是变分原理和加权余量法，其基本求解思想是把计算域划分为有限个互不重叠的单元，在每个单元内，选择一些合适的节点作为求解函数的插值点，将微分方程中的变量改写成由各变量或其导数的节点值与所选用的插值函数组成的线性表达式，借助于变分原理或加权余量法，将微分方程离散求解。采用不同的权函数和插值函数形式，便构成不同的有限元方法。有限元方法的优势在于其网格剖分高度灵活，在计算中可灵活设置不同大小、不同阶数的单元，以提高解的精度，同时，有限元网格可以很好的逼近计算区域边界。另外，运用有限元方法求解相场模型时，同时采用自适应网格剖分能将计算效率提高至最大化。

5.4.4　相场方法的特点及应用

相场方法是直接微观组织模拟的研究方法，直接模拟方法对凝固过程中的固/液相变和热、质传输建立统一的数学物理方程，通过隐式或者显式方法追踪运动界面，直接模拟微观组织的形成。

比较而言，概率模型能够考虑形核生长过程的随机性和晶体生长过程的方向性，动态跟踪显示每个晶粒的形核生长过程及柱状晶向等轴晶转变过程。但该方法的缺点是只能模拟枝晶的近似形状，不能模拟枝晶的分枝、熟化过程。到目前为止，由于模型的复杂性，只能将能量方程与形核、生长耦合起来，不能将宏观多场（温度场、溶质场和速度场等）与组织形成过程集成计算。确定性方法可以将凝固过程中所涉及到的宏观多场与形核生长耦合起来，但确定性模型只能计算平均晶粒尺寸，难以考虑晶体学的影响，不能再现凝固时枝晶的生长过程，更不能预测每个枝晶的具体形貌。

相场方法提供了一种模拟复杂凝固界面结构的有效工具，它能够对金属的凝固过程进行真实的模拟。相场法模拟计算中，不需跟踪固/液界面，用相场跟踪系统中的相，因此在整个区域中可采用相同的计算方法，克服了原有跟踪界面模拟方法带来的形状误差，提高了计算效率和模拟结果的精度。相场法也有局限性，从理论上说，合金凝固时的固液界面只有几个原子的尺度，更接近尖锐界面模型，因此尽管相场法可以通过渐进分析复归于尖锐界面模型，但相场模型本身使得进行数值计算时所能用的界面厚度参数和界面动力学系数都有限制。为了在尽可能大的界面厚度参数下获得可靠结果，相场模拟通常采用远高于典型铸造工艺条件下的大过冷度才能获得发达的侧枝，这使得模拟结果的物理背景较工程背景更强。

相场方法应用范围很广，被广泛应用在界面动力学研究的不同领域，如描述组织形成与演化的各个领域，比如凝固过程、固态相变、马氏体转变、位错动力学等，其共同特征就是界面动力学与一个或者多个传输场耦合来描述复杂界面形貌的形成。应用相场法研究凝固过程时，需将相场变量与其他场变量（如溶质场、温度场、应力场等）结合起来以描述微观组织的形成与演化问题。相场方法在凝固过程组织模拟中的应用包括以下几个方面：

（1）枝晶生长过程中相场与温度场或溶质场的耦合；

（2）多个晶粒生长时多元相场的耦合；

（3）在包晶和共晶凝固中双相场与溶质场的耦合；

（4）当存在强制对流时相场与速度场的耦合。

1993 年，Kobayashi 用相场法模拟得到了过冷纯金属凝固的二维复杂枝晶形貌，定性研究了各向异性和噪声对枝晶形貌的影响，表现出相场法在模拟复杂微观组织形成中的巨大潜力，此后，深入的研究着眼于定量、三维以及复杂环境作用下的纯物质和合金枝晶的生长模拟。

Karma 等完成的纯物质二维定量模拟结果，通过薄界面渐进分析方法，结合高效的多尺度模拟算法，与边界元方法计算以及微观可解理论预测结果非常吻合。三维自由枝晶（如图 5－30 所示）生长过程中的相场法模拟表明，枝晶尖端形状与 Glicksman 等的透明有机物丁二腈自由生长枝晶经典实验结果符合。

图 5－30　三维枝晶形态的相场法模拟

随着相场法在单相凝固系统中的成功应用，在多相凝固系统中的应用受到更多的关注。为了描述多晶凝固过程，相场模型必须体现不同晶粒的取向错配。Granasy 等将晶粒取向的概念延伸至液相，建立了耦合取向场的合金单相场模型和共晶多相场模型，成功模拟了 Ni－Cu 合金的多晶形核与生长以及 Ag－Cu 共晶等轴晶的生长，如图 5－31 所示。

与热力学数据库相结合，将模拟应用于实际工业合金，是目前相场法模拟单相多组元以及多相多组元合金凝固的趋势之一。2003 年，Kobayashi 等人用耦合热力学数据库的等温相场模型，在界面化学位平衡条件下，模拟了三元系 Al－Si－Mg 的枝晶生长，再现了多元系的微观偏析现象，如图 5－32 所示。

凝固系统中往往存在杂质颗粒，杂质颗粒的性质、分布和数目等对枝晶生长形貌产生重要影响。李俊杰等的模拟结果表明，杂质颗粒与晶粒之间的取向错配引起枝晶臂的偏转以及分叉，如图 5－33a 和 b 所示，随着杂质颗粒数目的增多，枝晶由规则形貌向非规则形貌转变，最终呈现出海藻晶形貌，如图 5－33c 所示。

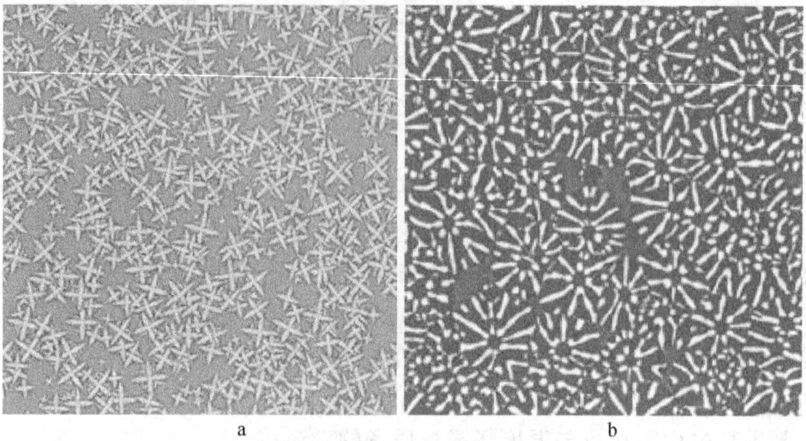

图 5－31 相场模拟多晶微观组织

a—Ni－Cu；b—Ag－Cu 共晶等轴晶

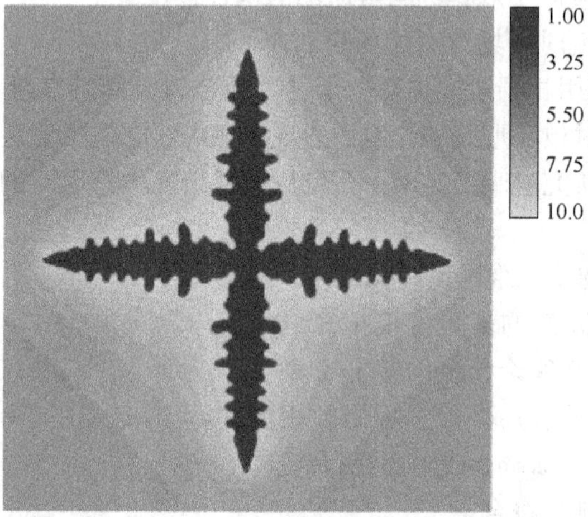

图 5－32 Al－6.7% Si－1.1% Mg（摩尔分数）枝晶生长中溶质 Si 的分布

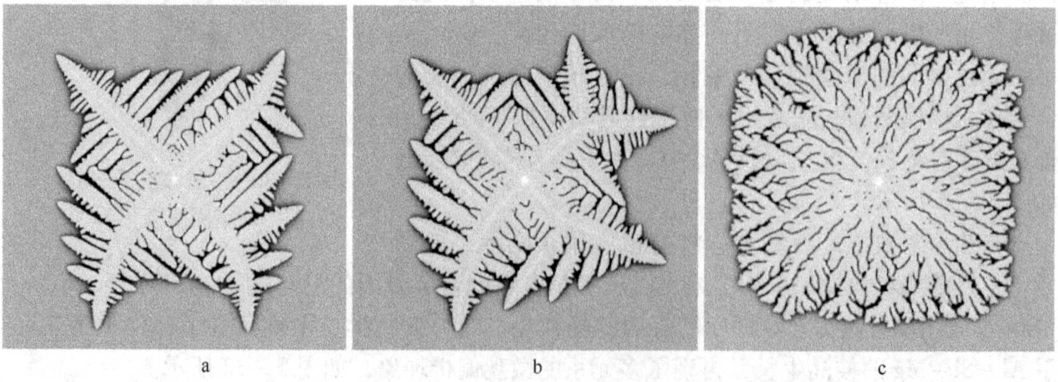

图 5－33 杂质对枝晶形貌的影响

a—偏转；b—分叉；c—海藻晶形貌

复习思考题

1. 凝固组织模拟从尺度上可以分哪几类?
2. 凝固组织微观模拟方法中什么是确定性方法?什么是概率方法?
3. 确定性模拟方法中有哪些经典的形核和生长模型?
4. 材料成形过程中有哪些具体问题可以采用蒙特卡罗方法解决?简述蒙特卡罗方法的基本步骤。
5. 元胞自动机方法的基本思想是什么?材料科学中哪些问题可以采用元胞自动机方法处理?
6. 作为微观组织模拟的研究方法,相场法的特点是什么?

6 铸造过程计算机模拟和工艺优化

铸造行业是制造业的重要组成部分，对国民经济的发展起着重要作用。同时，铸造行业又是产品质量不易保证、废品率较高的产业，因此，对铸件生产实现科学化控制，确保铸件质量，缩短试制周期，降低铸件成本，加速产品更新换代，对于促进传统工业的技术改造具有重要的现实意义。铸造过程计算机模拟的应用已经有几十年的历史，但是直到20世纪80年代，才开始实现模拟软件、计算机硬件和人力资源的完美结合，工业上以计算机为基础的模拟才开始普遍应用。近年来，随着计算机技术的飞速发展，铸造工艺CAD（计算机辅助设计），铸件凝固过程CAE（计算机辅助分析）等多项技术已大量应用于生产实际。目前，具有一定规模的铸造企业在生产中均采用凝固模拟分析技术，精确地预测缺陷和提高铸件的工艺出品率。计算机模拟已发展为铸造过程最具潜力的模拟预测工具，已经进入工业化应用阶段，成为铸造行业发展不可缺少的环节。

6.1 铸造过程计算机模拟概述

6.1.1 铸造过程计算机模拟的内容和意义

为了生产出合格的铸件，就要对影响其形成的因素进行有效控制。铸件的形成经历了充型和凝固两个阶段，宏观上主要涉及到流动、冷却和收缩3种物理现象。在充型过程中，流场、温度场和浓度场同时变化；凝固时伴随着温度场变化的同时存在着枝晶间对流和收缩等现象；收缩则导致应力场的变化。与流动相关的铸造缺陷主要有：浇不足、冷隔、气孔、夹渣；充型中形成的温度场分布直接关系到后续的凝固冷却过程；充型中形成的浓度场分布与后续的冷却凝固形成的偏析和组织不均匀有关。凝固过程的温度场变化及收缩是导致缩孔缩松的主要原因，枝晶间对流和枝晶收缩是微观缩松的直接原因。热裂冷裂的形成归因于应力场的变化。可见，客观地反映不同阶段的场的变化，并加以有效的控制，是获得合格铸件的充要条件。

传统的铸件生产因其不同于冷加工的特殊性，只能对铸件的形成过程进行粗糙的基于经验和一般理论基础上的控制，形成的控制系统—铸造工艺的局限性表现为：(1) 只是定性分析；(2) 要反复试制才能确定工艺。

要精确地分析场的变化又非人力能为，所以要依靠计算机来进行数值模拟。数值模拟的目的就是要对铸件形成过程各个阶段的场的变化进行准确的计算以获得合理的铸件形成的控制参数，其内容包括温度场、流场、浓度场、应力场的计算。当然，铸件形成时因高温下的化学反应产生的影响也是很重要的。初期的数值模拟主要是为了消除铸件缺陷，并未涉及组织控制，目前的研究工作已深入到组织模拟，以达到控制性能的目的。

6.1.2 铸造过程计算机模拟的原理

铸造过程计算机模拟技术的实质是对铸件成型系统（包括铸件—型芯—铸型等）进

行几何上的有限离散，在物理模型的支持下，通过数值计算来分析铸造过程有关物理场的变化特点，并结合有关铸造缺陷的形成判据来预测铸件质量。

铸造过程计算机模拟的一般步骤是：

（1）汇集给定问题的单值性条件，即研究对象的几何条件、物理条件、初始条件和边界条件等；

（2）将物理过程所涉及的区域在空间上和时间上进行离散化处理；

（3）建立内部节点（或单元）和边界节点（或单元）的数值方程；

（4）选用适当的数值计算方法求解线性代数方程组；

（5）编程计算。

其中，核心部分是数值方程的建立。根据建立数值方程的方法不同，又分为多种数值计算方法。铸造过程采用的主要数值计算方法有：有限差分法（FDM）、直接差分法（DFDM）、控制体积法（VEM）、有限元法（FEM）、边界元法（BEM）和格子气法（Lattice Gas Automation）。

无论采用哪种数值计算方法，铸造过程计算机模拟软件都包括3个部分：前处理、中间计算和后处理，如图6-1所示。其中，前处理部分主要为数值模拟提供铸件和铸型的几何信息、铸件及造型材料的性能参数信息和有关铸造工艺信息。中间计算部分主要根据铸造过程涉及的物理场为数值计算提供计算模型，并根据铸件质量或缺陷与物理场的关系（判据）预测铸件质量。后处理部分的主要功能是将数值计算所获得的大量数值以各种直观的图形形式显示出来。

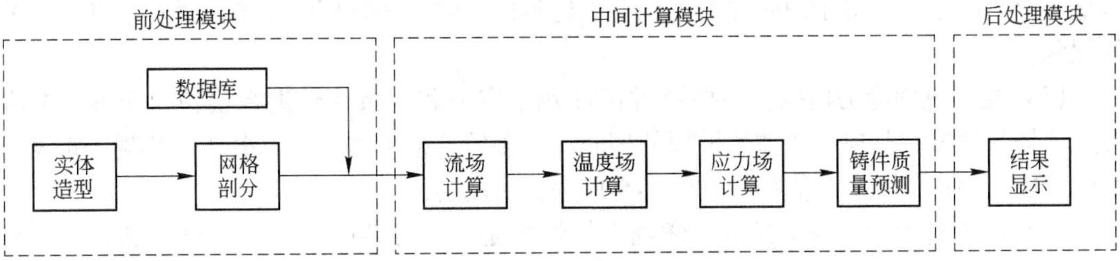

图6-1 铸造过程数值模拟系统的组成

6.1.3 铸造过程计算机模拟技术的发展和应用

最早用于铸造过程计算机模拟的是美国哥伦比亚大学的“Heat and Mass Flow Analyzer”分析单元，基于此分析单元 Victor Paschkis 于1944年在砂模上做了热传导分析，其很多研究成果发表在 AFS 公报上。1954年，Sarjant 和 Slack 计算了铸铁块内部温度分布，并使用数值方法计算了瞬时二维热流模型。1962年丹麦的 Fursund 研究热在砂模中传导对钢铸件表面影响的论文是铸造行业首次发表计算机模拟的文献。1959年 General Electric（GE）公司的 Campbell 和 Villen Weider 等研究了应用有限差分法（FDM）模拟生产大型铸件制品，在1965年发展了可预测的凝固模型。但 FDM 法无法追踪金属充型时的自由表面，所以在20世纪80年代早期，一种被称为流动体积法（Volume of Flow；VOF）由 Hirt 和 Nicholas 引入，把流动体积函数作为主要参数，用来追踪流动自由表面。1973年挪威的 Victor Davies 等人在浇注铝制品时，将 FDM 法应用于砂型铸造、金属型铸造和低压铸造。有限元法（FEM）最初是用来解决结构复杂应力分析问题的，但在20世纪60年代，有人开始应用FEM法解决稳态和瞬态热传导问题。1974年Los Alamos科学实验室开发了计算机生成的颜色移动图片技术，这种技术使用标准的缩微胶卷拍摄装置，通过对一系列光过滤器设置的控制程序，利用11种复合颜色描述不同温度范围，最终产生条状或斑点状图像，实现了凝固模拟技术铸型剖面的可视化。

从20世纪70年代到80年代，随着计算机技术的提高，建立了更多的模拟过程与计算模型，这些模型可进行充型模拟，预测浇注温度变化、模拟液体流动方式以及预测这些因素对铸件质量的影响。80年代早期瞬时充型的假设得到一定的应用，80年代后期充型模拟快速发展，这使得铸造厂能有效利用浇注系统消除由流动引起的铸造缺陷，对凝固和补缩能产生一个最佳的温度分布，提高了铸件质量。90年代后期，发展了微结构模拟，它除了对冶金学有更深意义的影响外，还能预测和控制铸件的力学性能。此后不久，人们通过对流和扩散模拟认识了熔融金属液体在生长的枝晶臂间流动的过程。90年代后期，对应力和变形的模拟研究，更有利于控制铸件的扭曲变形，减少残余应力，最大程度地消除裂纹，减少模具变形，提高了模具的使用寿命。

目前铸造过程计算机模拟技术的应用主要集中在以下4个方面。

（1）充型凝固模拟。已经研究许多算法，如并行算法、三维有限元法、三维有限差分法、数值法与解析法等，主要以砂型铸造、压力铸造的充型模拟为主，其发展趋势是辅助设计浇注系统。

（2）缩孔缩松预测。钢铸件的缩松判据可采用$G/R^{1/2}$，是将其由二维扩展到三维进行缩松形成的模拟，对于同时存在多个补缩通道的铸件，则采用多热节法进行缩孔、缩松的预测。

（3）凝固过程应力模拟。主要针对铸件残余应力和残余变形进行模拟，而液固共存时应力场数值模拟是应力场数值模拟的核心，许多铸造缺陷如缩松、缩孔、热裂等都发生在此阶段。国内外不少数值模拟软件具有应力分析的功能。

（4）凝固过程微观组织模拟。微观组织模拟是一个复杂的过程，比凝固和充型过程模拟具有更大的困难。近年来各种微观组织模拟方法纷纷出现，已成为材料科学的研究热点之一。这些方法虽能在一定程度上比较准确地模拟合金的凝固组织，但由于实际的凝固过程比较复杂，这些方法都作了很多假设，因此离实际的铸件凝固组织模拟还有一定距离。目前主要的模拟方法有确定性模拟、随机性模拟、相场方法、介观尺度模拟方法等。场相法是研究直接微观模拟的热点，主要的模拟模型有三种：Monte Carlo（MC）方法、元胞自动机模型、相场模型。

6.1.4 铸造过程计算机模拟软件

几十年来，国内外相继开发出许多不同类型的铸造过程计算机模拟软件，按发展过程可大致分为三代：第一代模拟软件只能用简单的模数计算方法模拟热流动，不能模拟某一时刻铸件特定区域温度变化；第二代模拟软件基于温度场计算，可以以时间为参数显示铸件的温度变化，但没考虑凝固过程液体流动和密度变化，也没考虑不同合金的凝固结晶特性；第三代模拟软件则考虑了温度场计算、凝固期间液体流动补缩、重量密度及合金显微组织的影响。

1989 年，世界上第一个铸造 CAE 商品化软件在德国第 7 届国际铸造博览会上展出，它以温度场分析为核心内容，在计算机工作站上运行，是由德国 Aachen 大学 Sahm 教授主持开发的，被称之为 MAGMA 软件。目前德国的 MAGMA 软件具有三维应力场分析功能，原采用 FDM/FEM 结合的技术路线，现改用全部 FDM 技术。国外铸造 CAE 商品化软件的功能一方面正向低压铸造、压力铸造及熔模铸造等特种铸造方面发展，另外一方面又正从宏观模拟向微观模拟发展，其中美国的 PROCAST 及德国的 MAGMA 软件已增加球墨铸铁组织中石墨球数及珠光体含量的预测功能。

从目前的铸造过程计算机模拟软件应用来看，主要是国外的软件占主要地位并且代表了计算机数值模拟的最高水平，这些软件基本可以模拟常用的砂型、金属型和压力铸造、低压铸造、熔模铸造的铸造过程。常用的国外软件有德国的 MAGMA Soft，芬兰的 Cast-CAE，美国的 ProCAST 和 Flow - 3D 等。表 6 - 1 列出了目前国外主要的铸造专用模拟软件的概况。从表 6 - 1 中可以看出，国外铸造过程模拟软件虽然各有特点，各有侧重，但基本都可以完成充型模拟、凝固分析、残余应力和变形分析，也能对铸件缺陷和性能预测等内容进行分析，MAGMA Soft 和 ProCAST 则可以进行铸件的显微组织分析，这也正是这一研究领域的发展方向。

表 6 - 1 主要的国外铸造过程模拟软件

软件名称	开 发 商	主要功能或特点	主要应用工艺
MAGMA Soft	德国 Magma Foundry Tec	可分析流动与传热、应力和微观组织，具有较强的前后处理功能	砂型、壳型铸造、熔模、金属型、压力铸造
Pro CAST	美国/法国 UES/ESI, Inc	可进行自由表面流动、应力、变形计算，模拟微观结构的形成如孔隙、气孔聚集	砂型壳模、低压铸造、消失模、熔模、离心铸造
Flow - 3D	美国 Flow Science, Inc	可自动划分网格并提供多组块网格划分；可进行凝固收缩、二元偏析、表面缺陷追踪等分析	砂型、压铸、消失模、离心铸造、连续铸造
PAM - Cast	美国 ESI North America	能进行充模分析，也能进行铸件温度分布及凝固过程分析，还可进行残余应力、应变、变形分析	砂型、熔模、低压铸造、压铸
Mavls Software	英国 AlphacastSoftware Ltd	预测熔体流动温度、压力、速度分布，预测凝固时间、宏观和微观收缩、枝晶臂间距	砂型、熔模、消失模、金属型、低压铸造
CastCAE	芬兰	计算凝固收缩、膨胀对发热冒口套和涂层的影响，能形成 32D 和类似 X 射线可视图	砂型、压铸
Z - CAST	韩国 KITECH	金属充型、流动、凝固的全程模拟，拥有适合多种铸造工艺的和模具设计的工具	砂型、高压铸造、消失模、金属型、挤压铸造、离心
JSCAST	日本 益德公司	适用于几乎所有的铸造工艺及合金的充型及凝固过程的数值解析，球墨铸铁件的缩孔预测	砂型、金属型、压铸、低压铸造、半固态铸造

国内清华大学的 FT - Star、华中科技大学的华铸 CAE、北方恒利科技发展有限公司的 CASTsoft 等软件，不仅能够有效地预测铸件缩孔类缺陷，其准确性基本上达到了定量的程

度，为铸造工艺的设计提供了可靠的理论基础和实用参数，可实现铸造工艺的设计从经验化走向科学化。

铸造过程计算机模拟软件，集铸造过程仿真、铸造缺陷预测及结果显示为一体，实现对铸件中的充型流态、凝固过程、温度场模拟和缺陷预测，从而对铸造过程中所涉及的工艺参数和工艺方案做出评价，达到大幅度缩短工艺定型周期、降低废品率的目的。

6.2 铸造过程模拟软件 MAGMA

MAGMA Soft 铸造过程模拟软件于 1988 年在德国发行，经过 20 多年的发展，在同类模拟软件中处于领先水平。2010 年 MAGMA 软件从 4 版本跨入 5 版本；2011 年推出包括有色金属方面的 MAGMA5. 1 版；2012 年推出包括优化制芯生产工艺及 3D 铸造模拟技术的 MAGMA5. 2 版。

6.2.1 软件特点

MAGMA Soft 铸造模拟软件是为铸造专业人员达到改善铸件质量，优化工艺参数而提供的有力工具，是铸造业改善铸件质量、生产条件、降低成本和增加竞争力的首选。

MAGMA Soft 适用于所有铸造合金材料的铸造生产，范围包括各种成型方法的铸铁件、铸钢件、铝合金等有色金属铸件。传统的方法对铸造工程的最佳化工作既耗资又费时，以往只有对铸造工艺参数及铸造质量的影响因素有透彻的了解，才能使铸造工程师对生产高质量的铸件拥有信心。而 MAGMA Soft 针对铸型的充填、凝固、力学性能、残余应力及扭曲变形等的模拟为全面最佳化铸造工艺提供了最可靠的保证。

MAGMA 软件支持模拟运行期间内用来控制过程参数的工艺设计。MAGMA 将自主优化融入不断发展的模拟技术之中，自主优化为正确的铸造布局或最佳工艺参数提供建议。计算机的虚拟铸造测试使得影响参数的参数变更和系统检查达到最优配置。MAGMA 3D——将模拟带入 3D 时代。随着图形技术的发展，铸造工艺模拟技术也将逐渐迈入 3D 时代，铸造者能更直观、清晰的找到铸造工艺过程中可能产生的缺陷。

6.2.2 软件模块

MAGMA Soft 由具有各种功能的模块构成，除基本模块外，各种专用模块能满足独特工艺的需求。MAGMA 标准模块包括：

（1）Project management module 项目管理模块；

（2）Pre - processor 前处理模块；

（3）MAGMA fill 流体流动分析模块；

（4）MAGMA solid 热传及凝固分析模块；

（5）MAGMA batch 仿真分析模块；

（6）Post - processer 后处理显示模块；

（7）Thermophysical Database 热物理材料数据库模块。

MAGMA 专用模块包括：

（1）MAGMA lpdc 低压铸造专业模块；

（2）MAGMA hpdc 高压铸造专业模块；

(3) MAGMA iron 铸铁专业模块;

(4) MAGMAsteel 铸钢专业模块;

(5) MAGMA tilt 倾转浇铸铸造专业模块;

(6) MAGMA roll - over 浇铸翻转铸造专业模块;

(7) MAGMA thixo 半凝固射出专业模块;

(8) MAGMA stress 应力应变分析模块;

(9) MAGMA DISAMATIC 重力铸造的迪砂线专业模块;

(10) MAGMA INVESTMENT CASTING 精密铸造专业模块;

(11) MAGMA C + M 射砂制芯专业模块。

(1) 项目管理模块:创建和管理工程,并对其进行编辑,为整个模拟计算过程创建一个独立的内存空间。

(2) 前处理模块:进行几何实体建模或者导入其他3D软件建好的模型,并对模型进行网格划分,为主处理模块中的模拟计算做准备。

(3) 主处理模块:对各计算过程(场)的全过程工艺参数进行输入,并进行过程计算。

(4) 后处理模块:可以对模拟所得的充型、凝固、缺陷分析等各结果进行查看,通过三维视图显示对运算结果进行评估。

(5) 热物理材料数据库模块:热物理特性数据库包含丰富的材料性能数据,用户可根据需求选择相应材料。

专业模块中,铸钢(MAGMAsteel)和铸铁(MAGMAiron)模块保持其稳健的扩展步伐,功能不断扩大,使铸钢铸铁厂对铸造工艺模拟信心加倍。MAGMA 铸钢模块能够计算铸钢件的宏观偏析和由热处理所造成的局部微观结构,MAGMA 铸铁模块能够预测铸铁材料从石墨增长到成为矩阵结构阶段分布的局部微观结构。

相对其他铸造过程模拟软件,MAGMA Soft 的功能更加齐全:

(1) 按材质:铸铁、铸钢、铸铝、铸镁,有专用模块;

(2) 按成形工艺:普通砂型铸造、高压铸造、迪砂线铸造、离心铸造、连续铸造、消失模铸造、压力铸造、低压铸造、差压铸造,有专用模块;

(3) 半固态成形:半固态铸造(触变铸造)、挤压铸造;

(4) 按计算物理场:温度场、流动场、应力场、显微组织、力学性能等,还可以模拟热处理过程。

以上各项还可以相互组合,进行复合或偶合模拟计算。

MAGMA Soft 的数据库也非常齐全,除了材料基本物理性能外,还有市面各种型号压铸机参数、迪砂线各种造型机参数、FOSCO(福斯科)的滤片和保温冒口等数据资料。MAGMA Soft 还考虑了很多铸造工艺措施,例如拔塞浇注、倾转浇注、补浇、开箱时间、排气塞、水冷槽等等。MAGMA Soft 不仅仅是模拟软件,更是一个铸造工具,例如出品率、冒口特性、铸件报价计算程序等等。

6.2.3 软件应用

利用 MAGMA Soft 可以仿真充填时间和金属流动速度、金属熔液的温度及压力、区域凝固时间、宏观及微观缩孔的判定功能、冷却曲线、铸件及铸型的温度、枝状结晶的宏观结构及分布、铸件的力学性能、铸件的残余应力及变形等等。

MAGMA Soft 直接协助工程技术人员达成下列目标：

（1）铸造工艺及铸造材料的最佳化选择；

（2）生产工艺的设计；

（3）建立多种工艺类型；

（4）开发浇注系统和补缩；

（5）最佳化浇冒口尺寸及位置；

（6）质量、力学性能预测；

（7）减小残余应力及扭曲变形；

（8）模具的热平衡计算和设计；

（9）完善和管理铸造工程档案。

6.3 铸造过程计算机模拟和工艺优化实例

本节以铸钢转轮为对象，以 MAGMA Soft 铸造过程模拟软件为工具，说明铸造过程进行计算机模拟和工艺优化的过程和方法。

6.3.1 转轮铸件的结构和参数

图 6－2 为电站冲击式水轮机上的转轮铸件实体造型图，具体材质和结构参数见表 6－2。转轮作为冲击式水轮机的关键部件，工作中受水流和泥沙的高强度、高频率载荷，因此对质量要求特别高。

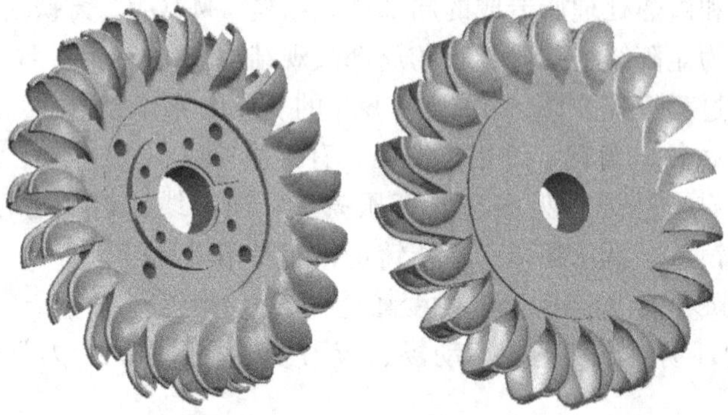

a　　　　　　b

图 6－2 转轮铸件的实体造型图

a—转轮顶面；b—转轮底面

表 6－2 转轮的主要参数

项　目	参　数
材　质	ZG0Cr13Ni4Mo
净重/kg	1020
毛重/kg	1329
最大尺寸/mm	1420.8

续表 6-2

项　目	参　数
最小壁厚/mm	2.4
生产批量	单件小批

转轮的材料是 ZG0Cr13Ni4Mo，属于低碳马氏体钢，淬透性好，具有良好的力学性能和抗腐蚀性能。由于含碳量低，含铬量高，钢液易氧化，收缩率大，且有较强氢脆倾向，易产生裂纹。

6.3.2 转轮的铸造工艺性分析和工艺方案确定

图 6-3 为转轮的零件简图，零件重 1020kg，最大轮廓尺寸为 1430.7mm，最小壁厚在水斗刃处，并带有尖端。铸造中，铸件的最小壁厚处金属液流动性差易出现浇不足和冷隔；铸钢件的收缩率大，厚大部分在凝固过程得不到足够的金属液补充，就很容易产生缩松缩孔等缺陷；在转轮的技术要求中水斗的横断面和纵断面需要用样板检查，即对水斗形状要求严格。

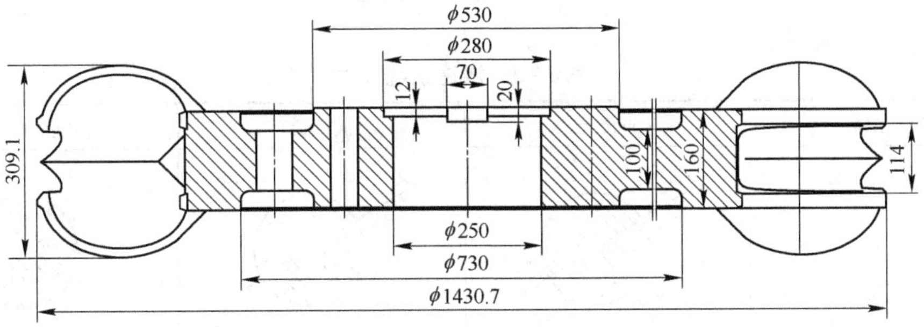

图 6-3　转轮的零件简图

分析转轮的结构可知，该铸件为复杂的轮类零件，为保证水斗曲面的尺寸精度和方案的可行性，针对其特殊的结构采取地坑组芯造型工艺。为方便放置 19 个水斗砂芯，冒口能够对铸件进行有效的补缩，采用水平浇注方式。转轮在凝固过程中容易产生热裂，因此型砂应具有较好的退让性，转轮对化学成分要求苛刻，应避免铸造过程中的渗硫渗碳的发生，所以造型材料选择碱性酚醛树脂砂。

转轮的铸造工艺方案如图 6-4 所示。

6.3.3 浇注系统的设计和优化

合理的浇注系统，应该是引导金属液平稳、连续的充型，避免由于湍流强烈而造成交卷空气、乱流、产生金属氧化物和冲刷型芯。对于转轮的浇注系统，主要从以下几个方面考虑其是否合理：是否出现喷溅的情况；浇注系统中是否产生涡流而造成的交卷空气；充型过程是否乱流。

6.3.3.1　浇注系统尺寸对充型过程的影响

选择底注开放式浇注系统漏包浇注（见图 6-5）。为考察铸造过程数值模拟的作用，现拟定两种浇注系统尺寸方案（见表 6-3）。

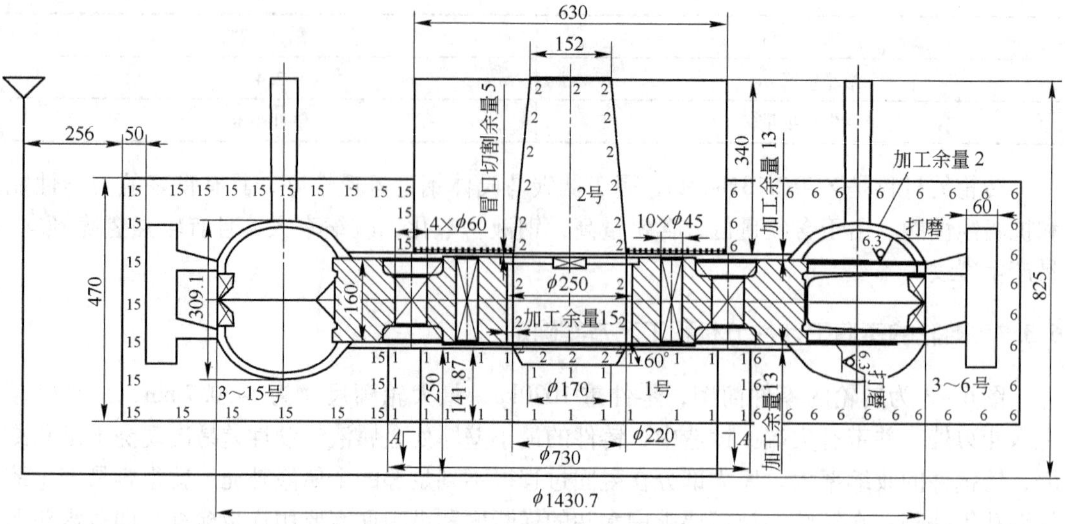

图 6－4 转轮的铸造工艺简图

表 6－3 浇注系统尺寸

浇注系统		直浇道	横浇道	内浇道（4 个）
图 例		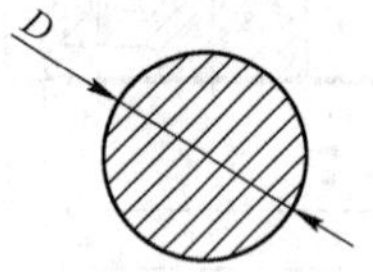	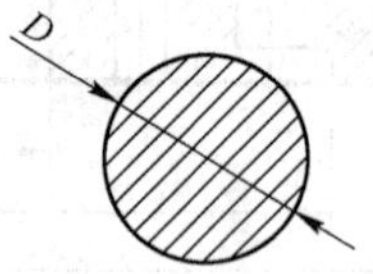	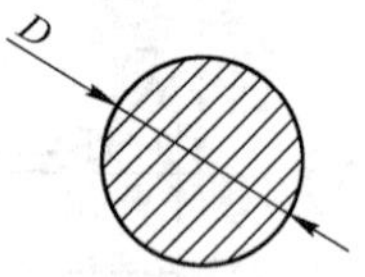
方案一	直径/mm	80	80	60
	截面积/cm^2	50.24	50.24	28.26
方案二	直径/mm	100	100	80
	截面积/cm^2	78.5	78.5	50.24

图 6－5 转轮的底注环形浇注系统

使用 MAGMA Soft 模拟充型过程中的速度场，两种方案的模拟结果如图 6－6 和图 6－7 所示。

对于第一种浇注方案，当 $t=3.237$s 时，内浇道喷溅出的金属液就已经超过了冒口的高度，由此可见喷溅相当严重。

由充型速度场可以看出，方案二的喷溅较小，所以方案二的浇注系统尺寸较合理。

6.3.3.2 横浇道形式对充型过程的影响

采用方案二的浇注系统尺寸，把横浇道由直入式改为切线式，即横浇道笔直部分与环形部分相切，这样不仅能够减小高温金属液对型壁的冲击，使环形横浇道内的金属液的流向相同，避免交汇冲击。切线式横浇道如图 6－8 所示。

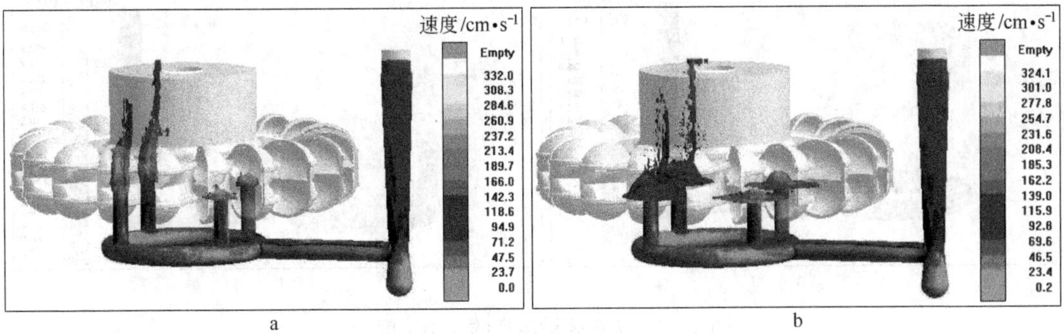

a b

图6-6 方案一的充型速度场

a—浇注时间 $t=3.237$s；b—浇注时间 $t=3.599$s

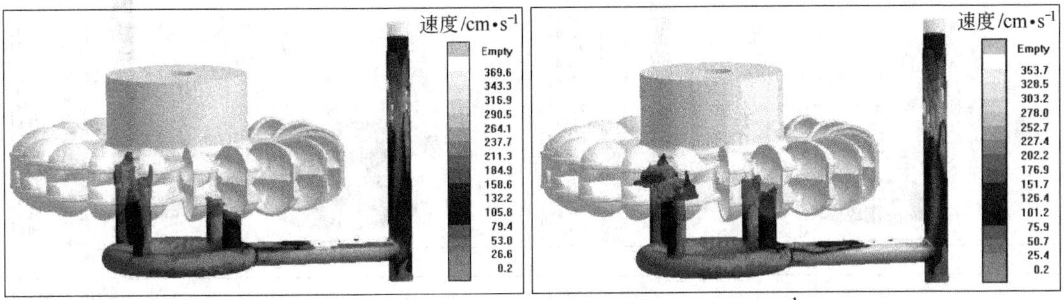

a b

图6-7 方案二的充型速度场

a—浇注时间 $t=3.672$s；b—浇注时间 $t=4.203$s

使用 MAGMA Soft 模拟充型过程中的速度场，改进后切线式横浇道的模拟结果如图6-9所示。

改进后的切线式横浇道浇注系统在 $t=3.598$s 时有一个内浇道存在轻微的喷溅，喷溅的金属量较小。

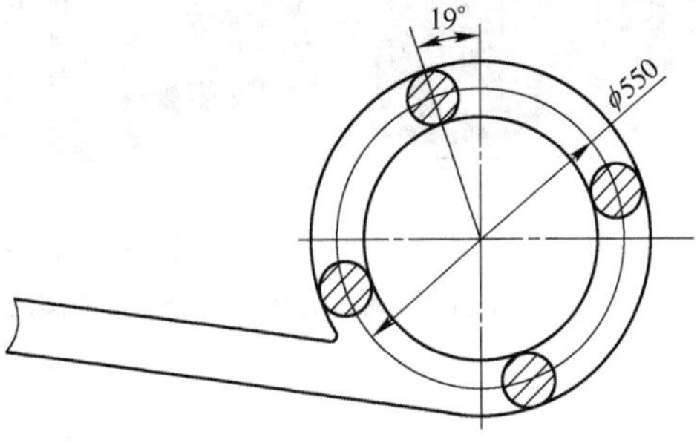

图6-8 切线式横浇道浇注系统

6.3.3.3 充型过程的数值模拟

使用 MAGMA Soft 模拟转轮铸件在充型过程的速度场，结果如图6-10所示。在充型过程中，金属液沿着切线式环形横浇道平缓的充入内浇道，对比速度色标可知，金属液进入型腔时的速度很小，在整个充型过程中，金属液的流动比较平稳。

6.3.4 补缩系统的设计和优化

转轮是典型的轮类件，冒口的设置应位于转轮的厚大部位，即转轮的转盘处。轮类零件的冒口设计有环形冒口和分散冒口两种形式，为了使转盘和19个水斗得到充分而均匀的补缩，现采用图6-11所示的环形冒口。

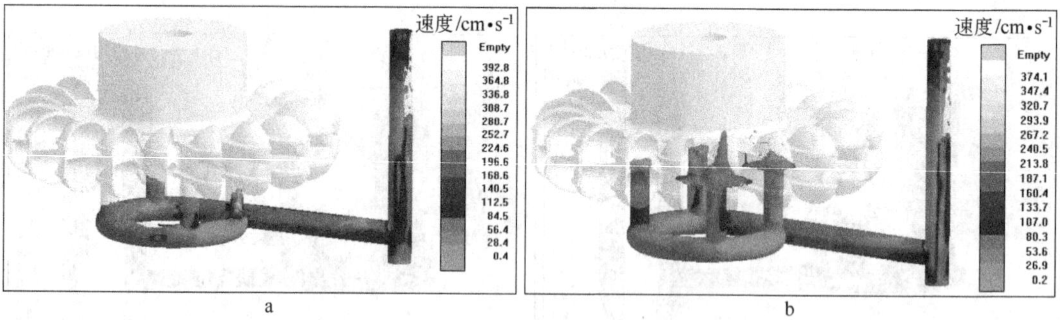

图6-9　切线式横浇道的充型速度场

a—浇注时间 $t=3.238$s；b—浇注时间 $t=3.598$s

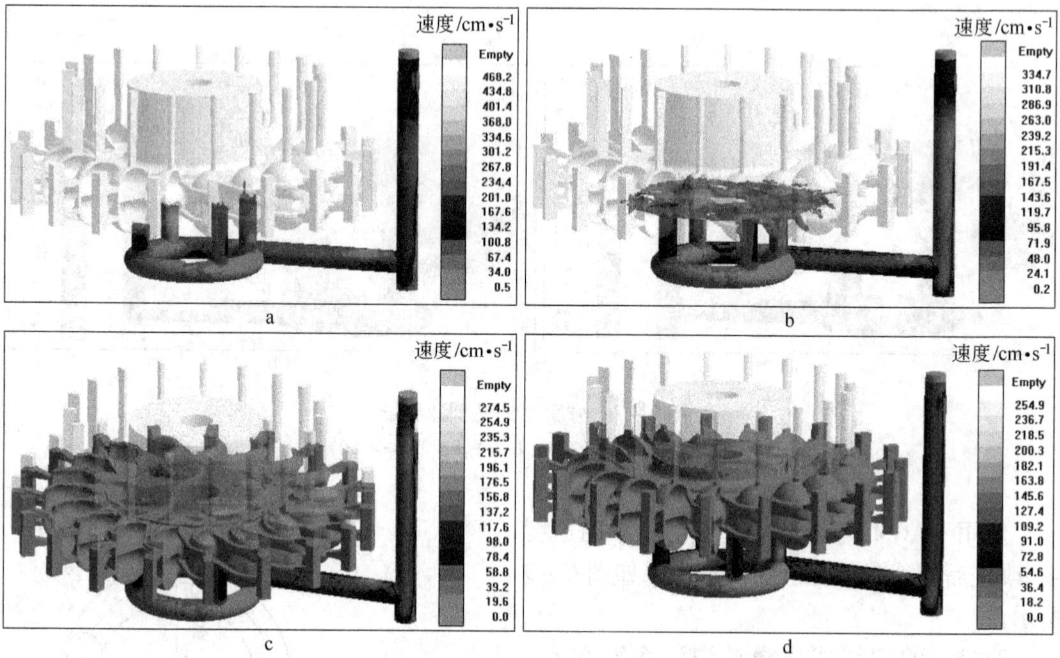

图6-10　充型过程的速度场

a—金属液充入内浇道；b—金属液充满内浇道；c—金属液充满转盘；d—金属液充满水斗

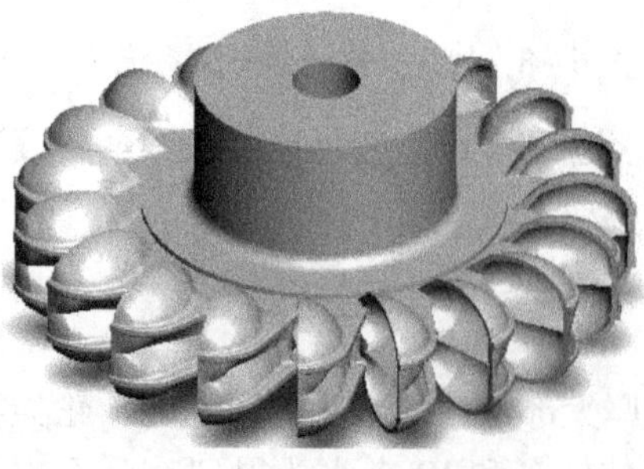

图6-11　转轮的环形冒口

6.3.4.1　*初始冒口尺寸*

按照模数法设计冒口，得到冒口尺寸（见图6-12）：冒口外径 $D=630$mm，冒口内径 $d=220$mm，冒口高度 $H=340$mm。

使用 MAGMA Soft 对转轮铸件凝固过程进行模拟，液相率的模拟结果如图6-13所示，缩孔缩松预测如图6-14所示。在凝固开始后，水斗部分壁薄，且与砂芯接触面积大，散热条件较好，环形冒口的内、外壁都与型砂接触，且上方与大

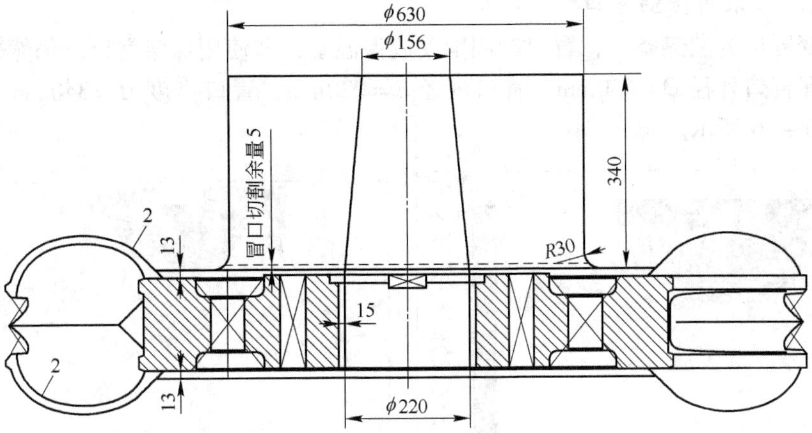

图6－12 转轮的环形冒口尺寸

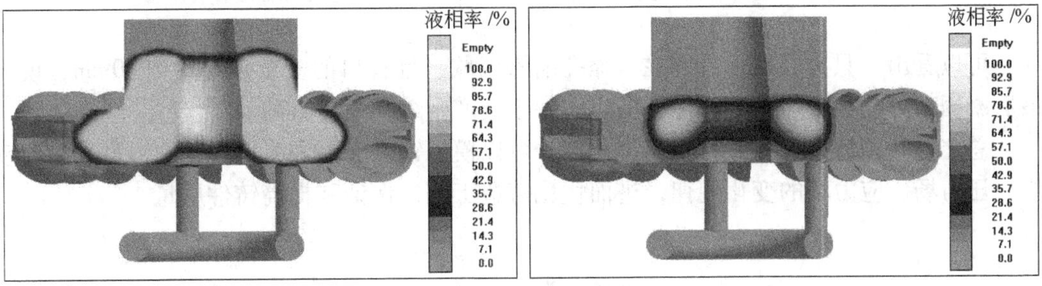

a b

图6－13 凝固过程的液相率分布

a—凝固50%；b—凝固90%

气相通，散热快，这些部位先凝固。而转盘中心部位厚大，上方与冒口接触，所以散热条件较其四周的铸件部位差，致使转盘后凝固。

由图6－14可以看出，缩孔缩松缺陷从高度方向遍及了整个冒口，并在转盘的上部产生了缩松缺陷，这说明冒口的补缩并不充分，需要改变冒口尺寸或补缩方式。

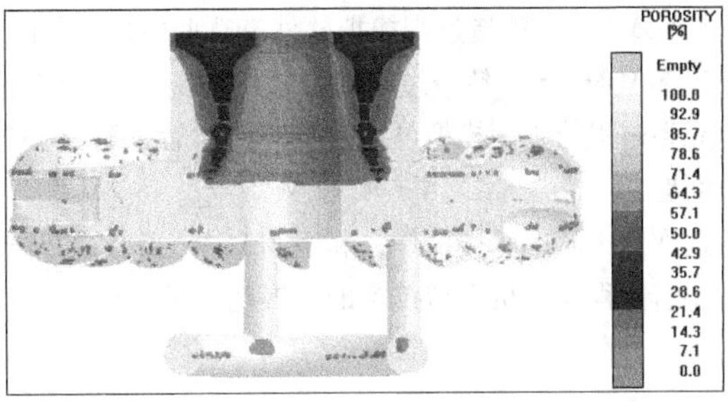

图6－14 转轮凝固过程的缩孔缩松预测

6.3.4.2 增大冒口尺寸

增大冒口尺寸并在铸件的底部放置6块冷铁。经计算，冒口外径 $D=730$mm，冒口内径 $d=300$mm，冒口高度 $H=340$mm。使用 MAGMA Soft 对转轮铸件凝固过程进行模拟，缩孔缩松预测如图6－15所示。

与改进前的图6－14相比，增加冒口尺寸和放置冷铁后，缩孔缩松的区域上移并变小，但是冒口根部和转盘顶部仍存在缩孔缩松区域，不能保证铸件质量。

6.3.4.3　采用保温冒口

为改变冒口的散热条件，冒口的周围安放保温套，即使用保温冒口。仍然采用初始冒口尺寸，即冒口外径 $D = 630\text{mm}$，冒口内径 $d = 220\text{mm}$，冒口高度 $H = 340\text{mm}$。缩孔缩松预测如图 6－16 所示。

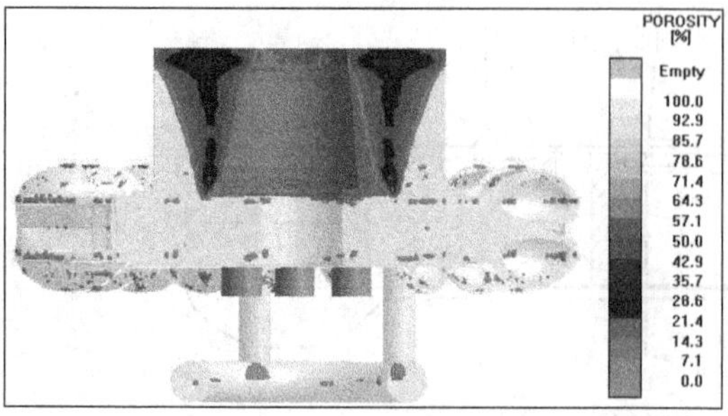

图 6－15　增大冒口尺寸和设置冷铁后转轮凝固过程的缩孔缩松预测

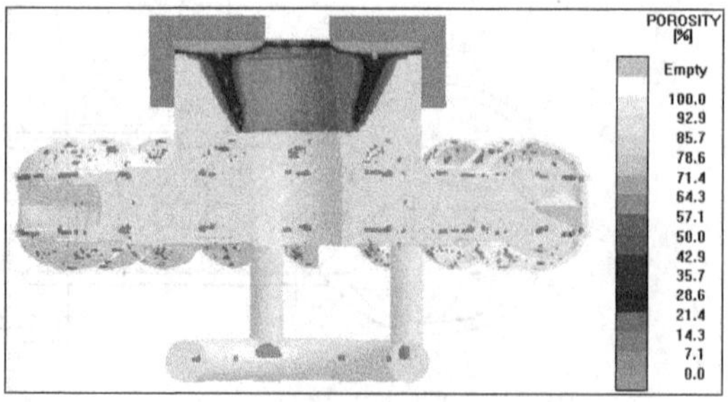

图 6－16　使用保温冒口后转轮凝固过程的缩孔缩松预测

可以看出，只有冒口顶部存在着缩孔缩松区域，且冒口的安全距离达到 80mm，说明最后凝固部分是在冒口中上部进行的，铸件不会产生缩孔缩松缺陷。

总之，利用铸造过程计算机模拟软件，可以模拟铸件充型和凝固过程中温度场、流动场、压力场、应力场的变化规律，进而优化铸造工艺，保证和提高铸件质量。

复习思考题

1. 铸造过程计算机模拟的意义和内容是什么？
2. 铸造过程计算机模拟技术经历了怎样的发展过程？
3. MAGMA Soft 铸造过程模拟软件有哪些模块，其应用范围有哪些？
4. 以 MAGMA Soft 铸造过程模拟软件为工具，了解和掌握进行铸造过程数值模拟的步骤和方法。
5. 充型过程的数值模拟可以解决铸造过程的什么问题？凝固过程的数值模拟用于解决铸造过程的什么问题？
6. 选取某一简单轮类铸件，利用 MAGMA Soft 进行凝固过程的温度场模拟，预测缩孔缩松位置。
7. 铸造过程计算机模拟技术的发展趋势是什么？

参考文献

[1] 董湘怀．材料成形计算机模拟［M］．北京：机械工业出版社，2006.
[2] 赵德文．材料成形力学［M］．沈阳：东北大学出版社，2002.
[3] 陈海清，等．铸件凝固过程数值模拟［M］．重庆：重庆大学出版社，1991.
[4] 李东辉．铸件凝固过程三维温度场数值模拟软件的开发与应用［D］．沈阳：东北大学，2000.
[5] 柳百成，等．铸造工程的模拟仿真与质量控制［M］．北京：机械工业出版社，2002.
[6] 侯华，靳玉春，赵宇宏，等．液态成型工艺及 CAD［M］．北京：国防工业出版社，2012.
[7] 邱大年，等．计算机在材料科学中的应用［M］．北京：北京工业大学出版社，1990.
[8]［美］Daryl L. Logan. 有限元方法基础教程（第三版）［M］．北京：电子工业出版社，2003.
[9] 刘建生，等．金属塑性加工有限元模拟技术与应用［M］．北京：冶金工业出版社，2003.
[10] 宋叔尼，等．刚塑性有限元中的非线性分析方法［M］．沈阳：东北大学出版社，2001.
[11] 武思宇，等．ANSYS 工程计算应用教程［M］．北京：中国铁道出版社，2004.
[12] 赵海峰，蒋迪．ANSYS8. 0 工程结构实例分析［M］．北京：中国铁道出版社，2004.
[13] 陈晋．基于胞元自动机方法的凝固过程微观组织数值模拟［D］．南京：东南大学，2005.
[14] 朱耀产．二元共晶层片生长的多相场法数值模拟［D］．西安：西北工业大学，2007.
[15] 单博炜．枝晶形态选择的元胞自动机模拟［D］．西安：西北工业大学，2009.
[16] 李依依，等．金属材料制备工艺的计算机模拟［M］．北京：科学出版社，2006.
[17] 王同敏．金属凝固过程微观模拟研究［D］．大连：大连理工大学，2000.
[18] 王琳琳．单相合金定向凝固前沿过冷度与形态选择［D］．西安：西北工业大学，2008.
[19] D. 罗伯．计算材料学［M］．项金钟，等译．北京：化学工业出版社，2002.
[20] M. Rappaz，Ch－A. Gandin. Probabilistic modeling of microstructure formation in solidification progress［J］. Acta Metall. 1993，41（2）.
[21] Zhu M F，Lee S Y，Hong C P. Modified cellular automaton model for the prediction of dendritic growth with melt convection［J］. Phys. Rev. E. 2004，69（6）.
[22] 曹洪吉，宋延沛，王文焱．铸造过程计算机模拟研究应用现状与发展［J］．河南科技大学学报，2006（1）.
[23] 周建新，廖敦明，等．铸造 CAD/CAE［M］．北京：化学工业出版社，2009.
[24] 谷佳伦，杜鹏举．转轮铸造工艺设计．“永冠杯”第四届中国大学生铸造工艺设计大赛参赛作品，2013. 5.
[25] 李魁盛，李国禄，李日．铸件成型技术入门与精通［M］．北京：机械工业出版社，2012.